谨以此书献予中山大学百年校庆

普通高等学校光电信息科学与工程一流本科专业建设系列教材

光电信息专业实验

主编　蔡志岗　雷宏香　陈　科

参编　黄　敏　周张凯　王福娟

　　　王嘉辉　李佼洋

科学出版社

北　京

内 容 简 介

本书共6章,主要内容包括光学基础测量、信息光学与显示、激光原理与技术、光电测量技术、光通信器件与技术,以及光纤光学.每章包含4~6个极具代表性的专业实验(覆盖基础、综合、应用和拓展不同层次),章后设有与章节内容密切相关的科学小故事和部分拓展内容,旨在全面强化学生专业技能训练的同时,满足不同层次学生的实验需求,激发学生的自主探索欲,提高学生在实践中解决实际问题的能力,培养学生的创造力和科学素养.

本书可作为普通高等学校光电信息科学与工程及相关专业本科生、专科生的实验教材,同时也可以作为相关专业指导老师和工作人员的参考书.

图书在版编目(CIP)数据

光电信息专业实验 / 蔡志岗,雷宏香,陈科主编. -- 北京 : 科学出版社,2024.11. -- ISBN 978-7-03-080367-2

Ⅰ. TN2-33

中国国家版本馆 CIP 数据核字第 20240UF021 号

责任编辑:罗 吉 龙嫚嫚 田轶静 / 责任校对:杨聪敏
责任印制:吴兆东 / 封面设计:无极书装

斜 学 出 版 社 出版

北京东黄城根北街 16 号
邮政编码:100717
http://www.sciencep.com

三河市春园印刷有限公司印刷
科学出版社发行 各地新华书店经销

*

2024 年 11 月第 一 版 开本:787×1092 1/16
2024 年 11 月第一次印刷 印张:13 1/4
字数:314 000

定价:59.00 元

(如有印装质量问题,我社负责调换)

前　言

2023 年 2 月，中山大学第十四次党代会明确提出今后五年的高质量内涵式发展目标，强调要以立德树人为根本，全面提高人才自主培养质量，将创新能力培养融入学生学习全过程，培养学生的学习力、思想力、行动力，塑造学生的创造力，培养能够引领未来的高水平人才，将"加强教材建设，突出教材育人功能"作为其中一项重要举措. 结合党的二十大报告精神和中山大学第十四次党代会精神，中山大学物理学国家级实验教学示范中心（下面简称"实验中心"）将加强完善"一体化、多层次、开放型、研究式"的实验教学创新体系，全面推动落实"加强基础、重视应用、开拓思维、培养能力、提高素质"的指导思想，其目标是培养与提高学生的科学实验素质和创新能力. 光信息科学与技术实验室（又名光电信息专业实验室）作为实验中心的重要组成部分，将继续增强光电信息科学与工程专业"一必三选"课程体系和第二课堂建设.

中山大学物理学院（原物理科学与工程技术学院）历来十分重视本科教学，在 2001 年光信息科学与技术专业（光电信息科学与工程专业前身）正式获批并招生之初，就把光信息科学与技术实验室建设纳入学院发展规划中. 2002 年底光信息科学与技术实验室在十友堂二楼建成，2003 年学院正式开设本专业实验课程，在同类本科生实验室中该实验室率先采用了适中的空气净化设施，在保证光学仪器和光电设备在相对洁净的环境中长期正常使用的同时，也能促使学生沉浸在一定的专业科研氛围中开展实验课学习和自主实验探究，并参与实验室自制仪器研发. 可以说，师生与实验室相互促进、共同成长. 在实验项目和内容的选择和确定方面，学院在深入领会光信息科学与技术专业设置内涵的同时，紧密跟进光电行业和科研发展动态趋势，并兼顾基础与前沿. 实验室大量采用通用仪器和专业设备搭建实验装置、编制实验内容，开设基础、综合和自主设计实验，以培养学生扎实的专业实践技能和创新竞争力. 此外，实验室采取"开放式"管理，学生可以利用非实验课时间进入实验室预习或完成自己感兴趣的实验项目，也可开展学科竞赛准备、实验小制作、自主设计实验探索等. 2003 年起，我们推行实施"$N+1$ 菜牌式"教学模式，学生可以根据自己的兴趣在开设的多个实验中选取规定数量的项目，并通过预约的方式进行实验，充分发挥学生的自主性；经过二十多年的教学实践，"$N+1$ 菜牌式"教学模式得到不断充实和完善，其中"$+1$"（即开展"自主设计实验"）教学方式在实验中心全面推广并向兄弟高校辐射示范.

2000 年，为应对 21 世纪学科的发展，特别是光通信行业急速发展的热潮，一大批新的专业涌现出来，光信息科学与技术专业可以说是其中最亮眼的专业. 光信息科学与技术专业主要来源于两个专业：一个是物理学，另一个是通信工程. 有这些学科专业的学校纷纷设立了光信息科学与技术专业，而一些新建学院也把光信息科学与技术专业设置为首选专业. 在这期间，还出现了一批相似名称的专业，如光电子技术科学、信息显示与光电技术、光电信息工程、光电子材料与器件等. 在重新编制的《普通高等学校本科专业目录（2012

年)》中，部分专业名称进行了调整，其中光信息科学与技术专业和其他几个相近名称的专业合并为光电信息科学与工程专业（代码080705）.

本书是结合光电信息科学与工程专业要求和中山大学物理学国家级实验教学示范中心的现行实验课程体系编写的一本专业实验教材，主要包括光学基础测量、信息光学与显示、激光原理与技术、光电测量技术、光通信器件与技术、光纤光学六章内容，每章包含4～6个极具代表性的专业实验（覆盖基础、综合、应用和拓展不同层次），旨在全面强化学生专业技能训练的同时，满足不同层次学生的实验需求. 其中，光通信器件与技术部分与光通信器件行业应用密切相关，是根据光通信器件厂家的质检和研发环节整理而成的；部分实验紧跟当前科学研究热点，是科研成果转换后的内容呈现，如立体图像拍摄实验、光镊实验等，旨在实现教研融合，推动科研反哺教学，强化科研育人功能，培养学生的科学素养，激发学生的创新潜力. 每章末设有与章节内容密切相关的科学小故事和部分拓展内容，旨在让学生了解相关学科或专业的发展史及其背后的科学家故事，开阔学生的知识面，加深其对专业实验的了解和掌握.

本书是在已有讲义的基础上重新整理和编写的，由光信息科学与技术实验室的教师们共同完成，其中蔡志岗负责全书整体策划和指导，第1章内容由雷宏香、王嘉辉负责；第2章内容由王嘉辉、李佼洋、王福娟负责；第3章内容由雷宏香、黄敏、王福娟负责；第4章内容由王嘉辉、李佼洋、陈科负责；第5、6章内容由王福娟、周张凯、李佼洋负责. 在建设和发展光信息科学与技术实验室以及编写教材过程中，还得到了赵福利、焦中兴、张蕾等教师及崔静、罗烽庆、温伟能、陈健沛、马鸿键、赵伟鸿等研究生和梁业旺、余娜、颜龙、曾万祺等本科生的积极帮助和支持，特此致谢.

由于编者水平有限，书中难免存在不妥之处，恳请阅读的老师和同学们批评指正，有任何意见和建议欢迎联系光信息科学与技术实验室，公共邮箱：lab207 @netease.com，或者致电020-84110909.

编 者

2024 年 1 月

目　录

第 1 章　光学基础测量

1.1　光度学测量实验

一、实验目的

掌握光度学中光通量、发光强度、照度的物理概念和测量方法.

二、实验要求

(1) 了解光通量、发光强度、照度的定义，并掌握其测量方法.

(2) 了解视见函数 $V(\lambda)$ 的含义、发光强度测量标准条件 A 和 B 的差异及其适用场合.

三、实验原理

1. 概述

光度学 (photometry) 是由物理学家、数学家、哲学家和天文学家约翰·海因里希·朗伯 (Johann Heinrich Lambert) 于 1760 年创立的，旨在通过量化的物理量描述人对光强度的感知. 朗伯在《光度学》一书中创造性地提出了光通量 (luminous flux)、发光强度 (luminous intensity)、照度 (illuminance) 和亮度 (brightness) 等一系列参数，从不同角度对光进行了量化分析. 这些物理量作为光度学的基础，一直沿用至今. 1967 年，法国第十三届国际计量大会规定了以流明 (lm)、坎德拉 (cd)、坎德拉/米²(cd/m²)、勒克斯 (lx) 分别作为光通量、发光强度、亮度和照度等物理量的单位. 而光通量、发光强度和照度三个物理量的相互关系可用图 1.1.1 表示. 图 1.1.1 中，S 为光辐照的面积，Ω 为空间立体角，D 是光辐照接收面距离光源的距离.

亮度又称光亮度，表示发光表面的明亮程度，在数值上等于光源在垂直光传输方向的平面上的正投影单位表面积、单位立体角内发出的光通量，其单位为坎德拉/米² (cd/m²). 对于一个漫散射面，尽管各个方向的光强和光通量不同，但各个方向的亮度都是相等的. 亮度是主动发光显示设备（如显示器、手机和平板等的屏幕）明亮程度的量化指标.

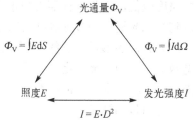

图 1.1.1　光通量、发光强度和照度的相互关系

2. 光度学的主要物理量

1) 光通量

光源发射的辐射通量中能引起人眼视觉的部分称为光通量 Φ_V（单位是流明，lm），是指光源向整个空间在单位时间内发射的能引起人眼视觉的辐射通量. 但要考虑人眼对不同波长的可见光的光灵敏度是不同的，国际照明委员会(CIE)针对人眼对不同波长单色光的灵敏度作了总结，在明视觉条件(亮度为 3 cd/m² 以上)下，得出人眼标准光度观测者光谱光效率函数(也叫"视见函数"①) $V(\lambda)$，它在 555 nm 上有最大值，此时 1 W 辐射通量等于 683 lm，如图 1.1.2 所示，其中 $V'(\lambda)$ 为暗视觉条件(亮度为 0.001 cd/m² 以下)下的光谱光效率. 例如，一个 100 W 的灯泡可产生 1500 lm 的光通量，一个 40 W 的日光灯可产生 3500 lm 的光通量.

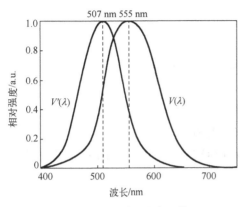

图 1.1.2　光谱光效率函数

通常，光通量的测量以明视觉条件作为测量条件，在测量时为了得到准确的测量结果，必须把光源在 4π 立体角内辐照的光都收集进来，且探测器的光谱响应需与视见函数 $V(\lambda)$ 一致. 但现有的探测器无法涵盖 4π 立体角，所以要使用专门的设备——积分球来收集光源所发出的全部能量. 积分球又叫光度球，是一个球形空腔，由内壁涂有光谱反射比近似平坦且朗伯漫射特性好的材料(如硫酸钡、氧化镁、聚四氟乙烯等)的球壳组装而成. 被测光源置于空腔内，其光辐射经积分球壁的多次反射，以使整个球壁上的照度均匀分布. 此时，可用一置于球壁上的探测器进行空间角的抽样测量，这个抽样的照度数值(图 1.1.1)与光通量成正比. 基于积分球的原理，挡屏的设计是为了避免光源直射到探测器. 球和探测器组成的整体要进行校准，同时还要关注探测器与视见函数 $V(\lambda)$ 的匹配程度，使之比较符合人眼的观测效果. 工程实践中一般认为，如果要保证积分球内表面辐照度均匀性在 99%或以上，内置的光源尺寸或积分球开口的直径最好不大于积分球直径的十分之一.

光通量的测量一般有两种方法：①使用光谱仪作为探测器，把光纤接到积分球表面，将积分球表面辐照的光传输到光谱仪，通过计算光源光谱与视见函数 $V(\lambda)$ 的乘积获得抽样照度数值，再将抽样照度数值所占的面积与整个积分球的总内表面积按比例计算，即可得到光源光通量. ②使用单点的光探头作为探测器，而这个光探头在表面覆盖着一片滤光片，滤光片的透过率曲线和探头感光元件(一般采用硅材料制作)光谱响应曲线的乘积与视见函数 $V(\lambda)$ 一致. 此时，根据光电流的数值即可换算出抽样的照度，进而计算出光源的光通量. 第一种方法的测量精度更高，但是成本也较高；第二种方法则具有较高的性价比.

光通量的计算公式为

---

① 人眼视觉特性的数学表达为"视见函数"(visibility function)，其符号是"$V(\lambda)$". 人的视网膜内有两种光感受细胞(亦称视细胞)——视杆细胞和视锥细胞，由于人眼在明亮和黑暗的环境中对光的感受程度不同，所以视见函数又细分为明视函数与暗视函数. 明视函数与暗视函数可根据实际情况来使用.

$$\Phi_{\mathrm{V}} = K_{\mathrm{m}} \int_{380}^{780} \frac{\mathrm{d}\Phi_{\mathrm{e}}(\lambda)}{\mathrm{d}\lambda} \cdot V(\lambda)\mathrm{d}\lambda \tag{1-1-1}$$

式中，Φ_{e} 为(不考虑人眼响应的)辐射通量，所以 $\mathrm{d}\Phi_{\mathrm{e}}(\lambda)/\mathrm{d}\lambda$ 为辐射通量的光谱分布；K_{m} 为最大光视效能(单位为 lm/W)．1977 年，包括中国在内的 10 个国家的计量研究部门将各自关于最大光视效能的测量值递交给国际计量委员会，这些测量值的平均值为 683 lm/W．于是，国际计量委员会光度和辐射度咨询委员会决定采纳 683 lm/W 作为 K_{m} 值．

2) 发光强度

光源的发光强度 I 可视为人眼观看点光源的明亮强度．它的数值与光源输入的电功率及其自身的电-光转换效率相关．发光强度通常指的是法线方向上的发光强度．发光强度 I 与光通量 Φ_{V} 的关系，如图1.1.3所示，对应的数学表达式为式(1-1-2)．若在该方向上辐射强度为 $\dfrac{1}{683}$ W/sr(即单位立体角内的光通量为 1 lm)，则称其发光强度为 1 坎德拉

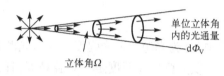

图 1.1.3 发光强度与光通量的关系

(candela，符号为 cd，国际单位制七个基本单位之一)．对于部分发光强度小的光源(例如小灯珠、早期的发光二极管(LED)等)也常用毫坎德拉(mcd)作为单位．

$$I = \frac{\mathrm{d}\Phi_{\mathrm{V}}}{\mathrm{d}\Omega} \tag{1-1-2}$$

式中，Ω 为立体角．对于电光源，发光强度 I 可简化为 $\Phi_{\mathrm{V}}/(4\pi)$．

发光强度的概念要求光源是一个点光源，或者要求光源的尺寸和探测器的面积与离光探测器的距离相比足够小(这种要求被称为远场条件)．但是在光源测量的许多实际应用场合中，往往是测量距离不够长，光源的尺寸相对太大或者与探测器表面构成的立体角太大，在这种近场条件下，并不能很好地满足距离平方反比定律，实际发光强度的测量值随上述几个因素的差异而不同，所以严格地说并不能测量得到光源真正的发光强度．

为了解决这个问题，增强测量结果的普适性，国际照明委员会推荐使用"平均发光强度"的概念：照射在离发光二极管一定距离处的光探测器上的通量与由探测器构成的立体角的比值．其中立体角可通过计算探测器的面积 S 与测量距离 d 的平方的商得到．

从物理本质上看，这里的平均发光强度的概念与发光强度的概念不再紧密相联，而更多地与光通量的测量和测量机构的设计有关．国际照明委员会关于近场条件下的光源测量有两个推荐的标准条件：国际照明委员会关于发光二极管平均发光强度的标准条件 A 和 B 都要求所用的探测器有一个面积为 1 cm^2(对应直径为 11.3 mm)的圆入射孔径，光源面向探测器放置，并且要保证光源端面的法线通过探测器的孔径中心．两个条件的主要区别为光源顶端到探测器的距离、立体角、平面角(全角)不同，如表 1.1.1 所示．

表 1.1.1 国际照明委员会关于发光二极管平均发光强度标准测试的条件

	光源顶端到探测器的距离 d	立体角	平面角(全角)	应用
标准条件 A	316 mm	0.001 sr	2°	窄视角光源
标准条件 B	100 mm	0.01 sr	6.5°	一般光源

实际应用中，用得较多的是标准条件 B，它适用于大多数低亮度光源. 高亮度且发射角很小的 LED 光源应使用标准条件 A.

3）照度

照度（即光照强度）是单位面积上接收到的光通量，具体的数学表达式为

$$E = \frac{\mathrm{d}\Phi_\mathrm{V}}{\mathrm{d}S} \tag{1-1-3}$$

而照度与发光强度的关系则如式(1-1-4)所示

$$E = \frac{I}{D^2} \cdot \cos\theta \tag{1-1-4}$$

式中，I 为光源的发光强度；D 为光源与接收面的距离；θ 则是光源的入射角度.

发光强度和照度是一对容易混淆的概念. 发光强度描述的是光源的发光能力，而照度描述的是单位面积接收光通量的能力. 例如，当光源远离物体时，光源的发光强度不变，但是作用在物体上的照度变小了.

4）亮度

光源的种类除了点光源还有面光源. 通常用光强 I 来衡量点光源，相应地，用亮度 L 来衡量面光源. 亮度指的是面光源单位面积对单位空间立体角所发出的光通量. 其数学表达式为

$$L = \frac{\mathrm{d}^2\Phi_\mathrm{V}}{\mathrm{d}S_\mathrm{L}\mathrm{d}\Omega} = \frac{\mathrm{d}I}{\mathrm{d}S_\mathrm{L} \cdot \cos\theta} \tag{1-1-5}$$

式中，S_L 表示光源的面积.

四、实验装置及仪器

光通量测量装置图如图 1.1.4 所示，所需实验仪器为若干不同规格、峰值波长的发光二极管，小灯珠，稳流稳压电源，积分球（推荐其直径在 30 cm 或以上），光度计等. 发光强度测量装置图如图 1.1.5 所示，所需实验仪器为若干不同规格、峰值波长的发光二极管，小灯珠，稳流稳压电源，光探头，直尺，光阑，光度计等. 照度测量装置图如图 1.1.6 所示，所需实验仪器为若干不同规格、峰值波长的发光二极管，小灯珠，稳流稳压电源，照度计，直尺等. 亮度测量装置图如图 1.1.7 所示，所需实验仪器为显示面板（可选择显示器、手机或平板电脑）、亮度计、直尺等.

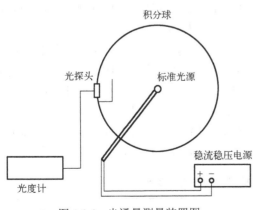

图 1.1.4 光通量测量装置图

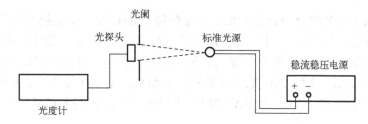

图 1.1.5 发光强度测量装置图

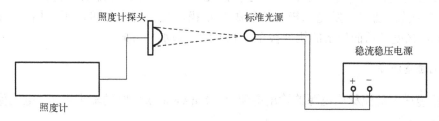

图 1.1.6 照度测量装置图

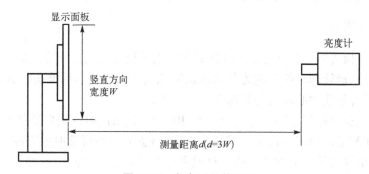

图 1.1.7 亮度测量装置图

五、实验内容

1. 校零

(1)将稳流稳压电源与光度计连接起来，并把光探头及标准光源正确装入积分球相应位置.

(2)关闭积分球，并确保稳流稳压电源无电流、电压输出.

(3)将 Photo-2000J 光度计后面板上的钥匙拨至"CAL"，即垂直方向.

(4)按下 Photo-2000J 光度计前面板上的校零键"校零/ZERO"，数码管显示"zErO"，再按"校零/ZERO"，"采样/SAMPLE"指示灯与"校零/ZERO"指示灯同时亮起，此时仪器处于校零状态，需 1~2 min，直到"校零/ZERO"指示灯灭，校零完毕.

2. 定标

(1)打开稳流稳压电源，慢慢调大电流至标准光源的标定电流(如果标准光源产品检定报告上所写的是标定电压，则调至标定电压)，约稳定 5 min.

(2)按下 Photo-2000J 光度计前面板上的定标键"定标/CAL",数码管显示"CAL","定标/CAL"指示灯亮起,再次按下"定标/CAL"键,数码管闪烁,此时输入标准光源产品检定报告上的标定光通量(可用">"键选择输入的位置,"∧"键改变闪烁位置的取值). 第三次按下"定标/CAL"键,此时数码管显示定标系数,第四次按下"定标/CAL"键,此时"定标/CAL"指示灯灭,"采样/SAMPLE"指示灯闪烁,此时数码管显示光通量的标定值,完成定标.

(3)慢慢将电压调至零,标准光源逐渐熄灭,待标准光源冷却后再将其取出,替换为待测发光二极管(切记:发光二极管长引脚为正极,短引脚为负极,不可插错!),并将 Photo-2000J 光度计后面板上的钥匙拨至"TEST",即水平方向.

3. 光通量测量

(1)慢慢增大稳流稳压电源的输出电流至 30 mA,记录此时的输出电压、电流值以及光度计上显示的光通量.

(2)更换其余峰值波长的发光二极管样品和小灯珠,重复上一个步骤.

4. 发光强度测量

(1)将发光二极管安装在插座上,注意引脚的正负极是否连接正确. 调整光探头位置使其感光面与发光二极管顶端的间距为所需的国际照明委员会测量标准条件 A 或 B 的数值,且保证发光二极管顶端中心轴线与光探头中心对齐.

(2)逐渐增大稳流稳压电源的输出电流至 30 mA,记录此时探测器所得光通量. 由于本项目在开放空间测量,为减少误差,需扣除本底(减去未点亮屏幕时的亮度示数).

(3)更换其余峰值波长的发光二极管样品和小灯珠,重复上两个步骤.

5. 照度测量及照度与测量距离的关系

(1)将发光二极管安装在插座上,注意引脚的正负极是否连接正确. 调整照度计探头位置,使其与发光二极管顶端贴近,并保证发光二极管顶端中心轴线与照度计探头中心对齐.

(2)逐渐增大稳流稳压电源的输出电流至 30 mA,记录此时探测器所得照度数值.

(3)改变探头与发光二极管顶端的距离,记录不同距离时对应的照度数值. 通过数值拟合,得出照度与测量距离的变化规律. 由于本项目在开放空间测量,为减少误差,需扣除本底.

(4)更换其余峰值波长的发光二极管样品和小灯珠,重复上三个步骤.

6. 亮度测量

(1)点亮待测屏幕,令其显示红绿蓝色阶为(255,255,255)的纯白色图像.

(2)将亮度计放置在屏幕正前方,垂直对准屏幕中心,且距离为屏幕竖直方向高度的3倍. 调节亮度计,使其观察窗中的屏幕成像清晰(其标准可以参考能否清晰看见屏幕上的红绿蓝子像素).

(3)选择自动曝光模式,对屏幕亮度进行测量,记录此时的亮度读数. 由于本项目在开放空间测量,为减少误差,需扣除本底.

7. 实验过程要求

(1)标准光源的供电电流不能超过其标定电压,以免烧坏标准光源. 为防止标准光源的供电电源开路电压过大,在装灯、卸灯时须将电源的输出逐步调至"零",并关闭.

(2)标准光源发光时,灯丝脆弱,受到震动容易断裂. 因此,要求标准光源工作时不能受到震动,且熄灭后需等待 5 min,待标准光源冷却后再行拆卸.

(3)标准光源一般采用恒流方式点燃,参数以电流为准.

①发光二极管安装时切记分清正、负极,严禁反装,以免被烧毁.

②使用发光二极管为样品时,工作电压禁止超过 4 V,以免被烧毁.

(4)做完实验后,将实验结果交由老师检查. 将实验记录牌、实验打印结果整理得当. 将标准光源(发光二极管或小灯珠)从积分球中取出并放好.

六、思考题

(1)为什么光源的发光强度的测量值(单位:cd)不能转换成光通量(单位:lm)?

(2)请思考亮度和发光强度的异同.

(3)影响照度数值的因素有哪些?

七、参考文献

梅遂生. 2008. 光电子技术. 2 版. 北京: 国防工业出版社.

王嘉辉, 邓玉桃, 黎奕宁, 等. 2014. 眼镜式 3D 显示设备综合性能测试方案的研究. 液晶与显示, 29(6): 1071-1076.

中华人民共和国工业和信息化部. 2010. 普通照明用发光二极管 性能要求: QB/T 4057—2010. 北京: 中国轻工业出版社.

中华人民共和国国家质量监督检验检疫总局, 中国国家标准化管理委员会. 2010. 普通照明用 LED 模块测试方法: GB/T 24824—2009. 北京: 中国标准出版社.

中华人民共和国国家质量监督检验检疫总局, 中国国家标准化管理委员会. 2017. 普通照明用 LED 产品和相关设备 术语和定义: GB/T 24826—2016. 北京: 中国标准出版社.

1.2 色度学与光谱学测量实验

一、实验目的

理解色度学中加光混色的基本原理,熟悉 RGB、CIE 1931 Yxy、HSV 色度系统.

二、实验要求

(1)了解 RGB、CIE 1931 XYZ、CIE 1931 Yxy、HSV 几种色度系统之间的关系,以及它们之间相互变换的数学方法.

(2)掌握光谱仪的使用方法,对主动发光样品、透射式样品和反射式样品进行光谱测量,通过计算求出样品的主波长、色纯度、色坐标等物理量.

三、实验原理

1. RGB 色度系统

色度学是对颜色刺激进行度量、计算和评价的一门学科，是以光学、视觉生理、视觉心理、心理物理等学科为基础的综合科学. 色度学测量是将主观颜色感知与客观物理测量值联系起来建立的科学、准确的定量测量方法.

根据我们的视觉感知，自然界中所有的颜色分黑灰白和彩色两个系列，黑灰白以外的所有颜色均为彩色系列，如红、橙、黄、绿、青、蓝、紫等. 彩色有三个特性，也称为"色彩三要素"，即亮度、色调(又名色相)和色纯度(也称为饱和度).

自然界中各种物体所表现出的不同色彩都是由蓝色、绿色和红色按适当比例混合起来，即通过不同的吸收或反射作用而呈现在人们眼中的. 所以，蓝色、绿色和红色就是组成各种色彩的基本成分. 因此，这三种颜色单元被称为三原色，而各自对应的波长分别为 435.8 nm、546.1 nm 和 700 nm. 调配不同颜色时，所需的三原色光亮度不同，可用颜色方程(1-2-1)表示

$$C = R(R) + G(G) + B(B) \tag{1-2-1}$$

式中，C 表示待配色光；(R)、(G)、(B) 代表产生混合色的红、绿、蓝三原色的单位量；R、G、B 分别为匹配待配色所需要的红、绿、蓝三原色的数量，称为三刺激值，可为负值. 式中的"="代表视觉上的相等. 在颜色匹配实验中，当红、绿、蓝三原色光的相对亮度比例为 1.0000:4.5907:0.0601 时就能匹配出等能白光，对应的辐射量度比率是 72.0962:1.379:1.0000，所以国际照明委员会选取这一比例作为红、绿、蓝三原色的单位量，即 $(R):(G):(B) = 1:1:1$. 尽管这时三原色的亮度值并不相等，但国际照明委员会却把每一原色的亮度值作为一个单位看待，所以色光加色法中三原色光等比例混合的结果为白光，即 $(R)+(G)+(B) = (W)$.

因为任何颜色都可以由不同光谱的光合成，所以 R、G、B 三刺激值就可以根据测量的光谱得到

$$R(\lambda) = K \int_{380}^{780} \varphi(\lambda)\overline{r}(\lambda)\mathrm{d}\lambda \tag{1-2-2}$$

$$G(\lambda) = K \int_{380}^{780} \varphi(\lambda)\overline{g}(\lambda)\mathrm{d}\lambda \tag{1-2-3}$$

$$B(\lambda) = K \int_{380}^{780} \varphi(\lambda)\overline{b}(\lambda)\mathrm{d}\lambda \tag{1-2-4}$$

其中 $\varphi(\lambda)$ 为待测光的光谱分布函数，$\overline{r}(\lambda)$、$\overline{g}(\lambda)$、$\overline{b}(\lambda)$ 为对应各波长的光谱三刺激值，K 为常数.

2. CIE 1931 XYZ 色度系统与 CIE 1931 Yxy 色度系统

CIE 1931 XYZ 色度系统(简称为 XYZ 色度系统)就是在上述 RGB 色度系统的基础上，

用数学方法，选用三个理想的原色来代替实际的三原色. 经数学变换，两组颜色空间的三刺激值有以下关系：

$$\begin{cases} X = 0.490R + 0.310G + 0.200B \\ Y = 0.117R + 0.812G + 0.010B \\ Z = 0.000R + 0.010G + 0.990B \end{cases}$$
(1-2-5)

为了方便理解，XYZ 色度系统常会进一步进行一个简单的转换，变换为 CIE 1931 Yxy 色度系统(简称为 Yxy 色度系统)进行更为直观的评价与分析. 这两个色度系统的转换公式如下所示：

$$\begin{cases} x = \dfrac{X}{X+Y+Z} \\ y = \dfrac{Y}{X+Y+Z} \\ z = \dfrac{Z}{X+Y+Z} \end{cases}$$
(1-2-6)

在图 1.2.1 所示的 CIE 1931 Yxy 色度系统中，马蹄形的灰度渐变区域是自然界中所能产生的最大颜色范围，它的弧形边沿对应的是可见光区域(380~780 nm)每个波长理想单色光对应的色坐标. 而马蹄形中坐标为(0.33, 0.33)的坐标点称为等能白光 E，它代表红、绿、蓝三种基色在人眼中的视觉响应完全相同，是最纯的白色，其色温为 5500 K. 通过观察可以发现：光谱的红色波段集中在色度图的右下部，绿色波段集中在色度图的上部，蓝色波段集中在色度图的左下部. 中心的白光点 E 的饱和度最低，光源轨迹线上饱和度最高.

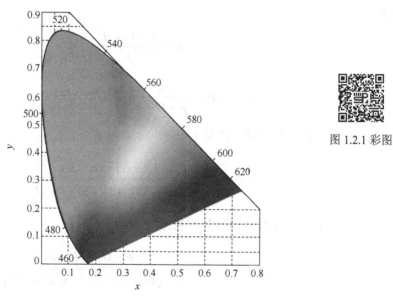

图 1.2.1 彩图

图 1.2.1 CIE 1931 Yxy 色度系统

马蹄图中向 x 和 y 色度坐标延伸，会发现颜色往红与绿两种颜色过渡，因此可以将马蹄图中代表某一具体颜色的横坐标 x 和纵坐标 y 视为该颜色中红、绿两种原色的比例. 如果将光谱轨迹上表示不同色光波长点与色度图中心的白光点 E 相连, 则可以将色度图划分为各种不同的颜色区域, 当然不同的色彩有不同的色度坐标, 在色度图中就占有不同的位置. 因此, 色度图中点的位置可以代表各种色彩的颜色特征.

前面曾经讨论过, 色度坐标只规定了颜色的色度, 而未规定颜色的亮度, 所以若要唯一地确定某颜色, 还必须指出其亮度特征. 从三原色单位量的功率可以知道, 绿色的亮度高于其他两种原色很多. 因此亮度大小基本等于虚拟三原色的刺激值 Y.

如前述, 一种颜色可以由多种波长的光合成, 比如人眼能看到一个物体是红色, 则意味着该样品反射或者发射的光中红色波段的光占优势成分. 从这一客观事实引申可知, 任一种颜色可由某一种光谱色和等能白光按照一定比例混合得到, 而其中所涉及的光谱色对应的波长则称为该颜色的主波长.

而色纯度则指主波长的光谱色在样品亮度中所占的比例, 在 CIE 1931 Yxy 色度系统中用参考光源到样品点的距离与样品点和主波长点距离之比表示. 注意, 在 CIE 1931 Yxy 色度图中, 自红光 780 nm 到紫光 380 nm 的一段呈洋红色部分, 由于不存在对应单一波长自然光, 所以也没有对应的主波长.

3. HSV 色度系统

CIE 1931 Yxy 色度系统已经广泛使用于印刷、显示、视觉感知场合中对颜色的测量与评价. 而相应地, 在颜色的输出或者再现控制上, 则常用 HSV 色度系统. 例如, 在显示设备(显示器、电视机)与图像处理软件(Photoshop、Illustrator 等)中就可以使用色相、饱和度和亮度作为调整图像输出的途径.

HSV 色度系统的亮度 V、饱和度 S 与色相 H 可以从 RGB 色度系统求出, 其具体公式如下:

$$V = \frac{R+G+B}{3} \tag{1-2-7}$$

$$S = 1 - \frac{3}{R+G+B}[\min(R,G,B)] \tag{1-2-8}$$

当 $G \geqslant B$ 时, H 在[0°, 180°]之间

$$H = \arccos\left[\frac{(R-G)+(R-B)}{2\sqrt{(R-G)^2+(R-G)(R-B)}}\right] \tag{1-2-9}$$

反之, 当 $G < B$ 时, H 在(180°, 360°]之间

$$H = 360° - \arccos\left[\frac{(R-G)+(R-B)}{2\sqrt{(R-G)^2+(R-G)(R-B)}}\right] \tag{1-2-10}$$

根据上述公式即可求出样品对应的色相、饱和度和亮度.

四、实验装置及仪器

发光样品的色度测量实验装置图如图 1.2.2 所示，所需实验仪器为光纤光谱仪、光纤、稳流稳压电源、发光样品(如发光二极管)、计算机. 透射样品的色度测量实验装置图如图 1.2.3 所示，所需仪器为光纤光谱仪、光纤、透射样品(即彩色玻璃或滤色片)、计算机、支架(带准直透镜)、标准光源. 反射样品的色度测量实验装置图如图 1.2.4 所示，所需仪器为光纤光谱仪、反射式光纤、反射样品(如彩色色板)、计算机、标准光源.

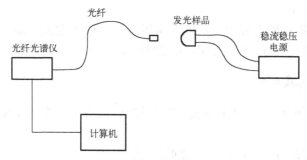

图 1.2.2　发光样品的色度测量实验装置图

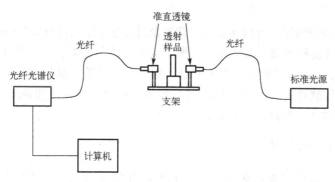

图 1.2.3　透射样品的色度测量实验装置图

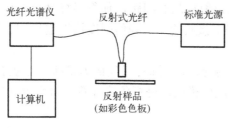

图 1.2.4　反射样品的色度测量实验装置图

五、实验内容

1. 发光样品的色度测量

(1)按照光路图接好光路. 打开光纤光谱仪的控制软件，记录此时的光谱为背景光谱 $D(\lambda)$.

(2)将发光样品的两个电极按正负极性接到稳流稳压电源上. 打开稳流稳压电源,将电流或电压(视实验时电源稳定的是电流还是电压而定)缓慢调节至额定工作电流或电压,发光样品持续发光 5 min 以上,待光强稳定后进行实验.

(3)打开光纤光谱仪的控制软件,调整光纤端面的位置与光谱仪的积分时间,使得入射光谱的峰值强度接近饱和.

(4)适当调整光谱仪的平均次数,减少光谱的噪声,记录此时的光谱 $S_0(\lambda)$,扣除背景光谱后,得到待测光源的发射光谱 $S(\lambda)$. 打开光谱仪软件的色度学模块,进行色度计算,得到色度坐标信息 (x, y).

(5)逐步调小稳流稳压电源的电流或者电压至零,取下发光样品,更换不同颜色的发光样品,重复步骤(2)～(4),记录它们的色度坐标.

2. 透射样品的色度测量

(1)按照光路图接好光路(先不要放入透射样品),将光纤光谱仪和标准光源分别用光纤接到支架的两端.

(2)打开标准光源,预热 5 min,使光强稳定.

(3)打开光纤光谱仪,调整光谱仪的积分时间,使得所接收的光谱峰值强度接近饱和,适当调整光谱仪的平均次数,减少光谱的噪声.

(4)记录此时标准光源的发射光谱,扣除背景光谱 $D(\lambda)$ 后,设定为参考(reference)光谱 $r(\lambda)$.

(5)在光纤光谱仪和标准光源之间的支架上插入待测的透射样品,重复步骤(3),扣除背景光谱 $D(\lambda)$ 后,记录此时的透射光谱为 $t(\lambda)$,根据公式计算样品的透射率光谱 $T(\lambda)$.

(6)打开光谱仪软件的色度学模块,进行色度计算,得到色度坐标信息 (x, y).

(7)取下透射样品,收好支架与光纤.

3. 反射样品的色度测量

(1)按照光路图接好光路,更换反射式光纤,并将光纤光谱仪和标准光源分别接到反射式光纤的两端.

(2)调整反射式光纤与反射样品的间距,使得经样品反射后得到的光谱峰值最大,调整光谱仪的积分时间,使得所接收的光谱峰值强度接近饱和,适当调整光谱仪的平均次数,减少光谱的噪声.

(3)记录此时样品的反射光谱,扣除背景光谱 $D(\lambda)$ 后,根据公式计算反射率光谱 $R(\lambda)$.

(4)打开光谱软件的色度学模块,进行色度计算,得到色度坐标信息 (x, y).

4. 色差分析

(1)在上述三类中,可选择其中一种样品为实验对象,对多个实验样品进行色度坐标测试,记录各个样品的色度坐标 (x_i, y_i),其中 $i = 1, 2, 3, \cdots, n$,n 为样品的数量.

(2)根据上述若干样品的色度坐标,计算出平均色度坐标 (x_0, y_0),以平均色度坐标为标准,计算出每个样品与平均色度坐标的色差.

(3)重复步骤(2)和(3),完成对红、绿、蓝三种基色样品的色差分析,比较三种基色情况下色差的程度.

5.　实验过程的要求

(1)将实验图像打印放于实验报告中.

(2)做完实验后,将实验结果交由老师检查.将实验记录牌、实验打印结果整理得当.取下实验仪上的测量样品(发光二极管、彩色色板等)、光纤与反射式光纤、支架等,并将其恢复原位放好,将标准光源与光纤光谱仪收回干燥箱;依次关闭标准光源的电源、计算机.用防尘袋装好彩色玻璃或滤色片.

六、思考题

(1)在色度学测量中,主波长与峰值波长是否为同一个参数?

(2)影响一种颜色的饱和度的最关键因素是什么?

(3)进行色度学测量时,光纤与样品之间的距离是否会对测量结果,即色度坐标,产生明显的影响?为什么?

七、参考文献

汤顺青. 色度学. 1990. 北京: 北京理工大学出版社.

1.3　发光二极管特性测量实验

一、实验目的

测量发光二极管(light emitting diode,LED)的重要特性参数.

二、实验要求

(1)了解发光二极管的发光机理、光学特性与电学特性,并掌握其测量方法.

(2)设计简单的测量装置,并对发光二极管的 V-I 特性曲线、P-I 特性曲线、配光曲线等进行测量.

三、实验原理

1.　概述

20 世纪 50 年代,人们已经了解半导体材料可产生光线的基本知识,第一个商用二极管产生于 1960 年. LED 的内在特征决定了它是替代传统热光源的最理想的新一代光源,它具有以下特性与优点.

(1)体积小、重量轻. LED 多数情况下是一块很小的晶片,被封装在环氧树脂里面,它的体积非常小,质量非常轻.

(2)光效高. LED 耗电非常低,一般来说 LED 的工作电压是 2～3.6 V,工作电流是 20～30 mA.能量消耗较同亮度的白炽灯减少 80%.

（3）寿命长. 在恰当的电流和电压下，LED 的使用寿命可达 10 万小时，比传统光源的寿命长 5 倍以上.

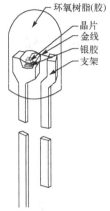

（4）低热量、环保. LED 是冷光源，眩光小，无辐射，由无毒的材料制成，不像荧光灯含水银会造成污染，同时 LED 也可以回收再利用.

（5）坚固耐用. LED 被完全封装在环氧树脂里面，它比灯泡和荧光灯管都坚固，其结构如图 1.3.1 所示. 灯体内也没有松动的部分，所以 LED 的抗震性能好.

LED 的核心部分是由 p 型半导体和 n 型半导体组成的芯片. 图 1.3.2 是常见的 InGaN/ 蓝宝石 LED 芯片剖面图，主要包括衬底、外延层（包括 n 型氮化镓、铝铟镓氮有源区和 p 型氮化镓）、透明接触层、p 型与 n 型电极、钝化层等部分. 其中钝化层的作用是保护透明接触层. 图 1.3.3 是其俯视图.

图 1.3.1 LED 结构图

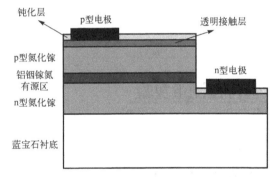

图 1.3.2 常见的 InGaN/蓝宝石 LED 芯片剖面图

图 1.3.3 InGaN/蓝宝石 LED 芯片俯视图

在 p 型半导体和 n 型半导体之间存在一个过渡层，称为 pn 结. 跨过此 pn 结，电子从 n 区扩散到 p 区，而空穴则从 p 区扩散到 n 区，如图 1.3.4(a) 所示. 作为这一相互扩散的结果，在 pn 结处形成了一个高度为 $e\Delta V$ 的势垒，以阻止电子和空穴的进一步扩散，达到平衡状态（图 1.3.4(b)）.

当外加一足够高的直流电压 V，且 p 型材料接正极，n 型材料接负极时，电子和空穴将克服在 pn 结处的势垒，分别流向 p 区和 n 区. 在 pn 结处，电子与空穴相遇、复合，电子由高能级跃迁到低能级，电子将多余的能量以发射光子的形式释放出来，产生电致发光现象. 这就是发光二极管的发光原理（图 1.3.4(c)）. 通过材料的选择可以改变半导体的能带带隙，从而可以发出从紫外到红外不同波长的光线，且发光的强弱与注入电流的大小有关.

例如，由目前流行的第三代半导体材料——GaN 所制成的 LED 光谱分布很宽，可以从紫外的 380 nm，到蓝色的 465 nm，直至翠绿色的 525 nm.

2. LED 的主要特性

LED 作为一种常见的光源，除了在 1.1 节"光度学测量实验"中提到的光通量、发光强度、照度外，还具有以下主要特性.

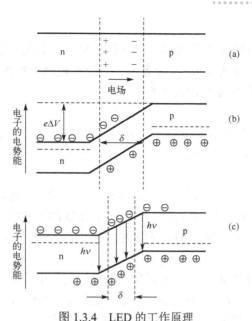

图 1.3.4 LED 的工作原理

(a)电子和空穴扩散；(b)形成势垒；(c)电子和空穴复合发光

1)光谱分布、峰值波长和光谱辐射带宽

LED 发出并非单一波长的光，其波长具有正态分布的特点，在最大光谱能量(功率)处的波长称为峰值波长. 峰值波长在实际应用中其意义并不是十分明显，这是因为即使有两个 LED 的峰值波长是一样的，但它们在人眼中引起的色度视觉仍可能存在差异. 光谱辐射带宽是指光谱辐射功率大于等于最大值一半的波长间隔，它表示发光物体的光谱纯度. GaN 基发光二极管的光谱辐射带宽为 25～30 nm.

2)色温

不同的光源，由于发光物质成分不同，其光谱功率分布有很大差异，一种确定的光谱功率分布显示为一种相应的光色，我们可以通过将光源所发出的光与"黑体"辐射的光相比较来描述光源所发出光的光色. 人们用黑体加热到不同温度所发出的不同光色来表达一个光源的颜色，称作光源的颜色温度，简称色温. 用光源最接近黑体轨迹的颜色来确定该光源的色温，这样确定的色温叫做相关色温，以绝对温度 $k(\mathrm{K}) = t(^{\circ}\mathrm{C}) + 273.15$ 来表示，即将一黑体加热，当温度升到一定程度时，其颜色逐渐发生深红—浅红—橙红—黄—黄白—白—蓝白—蓝变化. 例如，当黑体加热到呈现深红色时温度约为 550 ℃，即色温为 550 ℃ + 273.15 = 823.15 K.

3)发光效率

光源发出的光通量除以所消耗的功率(单位是 lm/W)称为发光效率. 它是衡量光源是否节能的重要指标. 测得 LED 的光通量后，就可以进一步经计算获得 LED 器件的发光效率. 其计算关系式定义为

$$\eta_{\mathrm{V}} = \frac{\varPhi_{\mathrm{V}}}{I_{\mathrm{F}}V_{\mathrm{F}}} \tag{1-3-1}$$

式中，I_{F}、V_{F} 分别是 LED 的正向电流和正向电压.

4) 显色指数

光源对物体本身颜色的呈现程度称为显色性，也就是颜色的逼真程度. 国际照明委员会把太阳的显色指数 (Ra) 定为 100. 各种类型的光源其显色指数各不相同. 例如，白炽灯的显色指数大于 90，荧光灯的显色指数在 60～90.

5) 正向工作电压 V_F

正向工作电压是在给定的正向电流 I_F 一般为 20 mA 下得到的. 以常见的 GaN LED 为例，正向工作电压 V_F 在 3.2 V 左右.

6) V-I 特性

当 LED 的正向电压小于阈值时，正向电流极小，不发光. 当电压超过阈值后，正向电流随电压迅速增加. 由 V-I 曲线 (图 1.3.5) 可以得出 LED 的正向电压、反向电流及反向电压等参数. 正常情况下常见的 GaN LED 反向漏电压在 $V_R = -5$ V 时，反向漏电流 $I_R < 10$ μA.

7) P-I 特性

P-I 特性反映的是 LED 轴向光强与正向注入电流之间的关系. 由于实际工作中，一个产品中往往要使用许多个 LED，各 LED 的发光亮度必须相同或呈一定比例后才能呈现均一的外观，因此我们必须使用恒流源控制好各 LED 的工作电流，从而使各 LED 的亮度达到一致. 要研究 LED 工作电流与亮度的关系，就必须先测量它的 P-I 特性.

LED 光强的测量是按照光度学上的距离平方反比定律来实现的. 根据 CIE 127—2007 标准，取 LED 到探测器端面距离 $d = 100$ mm，探测器接收面直径 $a = 11.3$ mm.

8) 配光曲线

配光曲线其实就是表示一个灯具或光源发射出的光在空间中的分布情况，是照明行业衡量灯具或光源性能最重要的参数之一. 配光曲线一般有三种表示方法：一是极坐标法，二是直角坐标法，三是等光强曲线法.

极坐标法是最常见的配光曲线表示方法. 在通过光源中心的测光平面上，测出光源或灯具在不同角度的光强值. 从某一方向起，以角度为函数，将各角度的光强用矢量标注出来，连接矢量顶端的连线就是照明灯具极坐标配光曲线. 如果灯具有旋转对称轴，则只需用通过轴线的一个测光面上的光强分布曲线就能说明其光强在空间的分布. 如果灯具在空间的光分布是不对称的，则需要若干测光平面的光强分布曲线才能说明其光强的空间分布状况. 图 1.3.6 为典型的极坐标法下的 LED 配光曲线与光源光束角的关系.

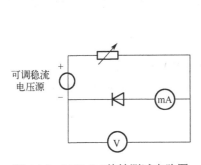

图 1.3.5　LED V-I 特性测试电路图

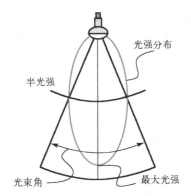

图 1.3.6　配光曲线与光源光束角的关系

9) 发光强度与时间的关系

LED 虽然是冷光源，但是其 pn 结在进行电子-空穴对复合发光时，除了释放光子，仍有部分能量以热的形式释放. 这将导致结温升高，从而使得电子-空穴对辐射复合效率降低，令发光效率下降. 所以 LED 发光强度随点亮的时间增长必然不是恒定的，会出现下降的趋势.

四、实验装置及仪器

LED $V\text{-}I$、$P\text{-}I$ 特性测量装置图如图 1.3.7 所示，所需实验仪器为标准光源(若干封装格式、不同峰值波长的 LED)、稳流稳压电源、光功率计、光阑等. LED 配光曲线测量装置图如图 1.3.8 所示，所需实验仪器为 LED(若干封装格式、不同峰值波长)、稳流稳压电源、光功率计、直尺、光阑、旋转台等.

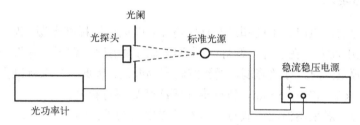

图 1.3.7 LED $V\text{-}I$、$P\text{-}I$ 特性测量装置图

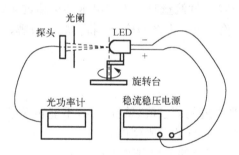

图 1.3.8 LED 配光曲线测量装置图

五、实验内容

1. LED 光通量、发光效率测量

(1) 光通量测量的实验步骤参考本书 1.1 节 "光度学测量实验".

(2) 在获得光通量后，将此时稳流稳压电源上所示的 LED 工作电流和电压代入公式 (1-3-1)，即可算出目前工作状态下的发光效率.

(3) 改变 LED 的工作电流，记录发光效率随工作电流变化的规律.

2. LED 发光强度测量

发光强度测量的实验步骤参考本书 1.1 节 "光度学测量实验".

3. LED *V-I*、*P-I* 特性测量

(1)将 LED 安装在插座上,注意引脚的正负极是否连接正确. 调整光探头位置使其感光面与 LED 顶端的间距为所需的国际照明委员会测量标准条件 A 或 B 的数值,且保证 LED 顶端中心轴线与光探头中心对齐.

(2)逐步改变 LED 的工作电流,记录不同电流下对应的工作电压和光功率.

4. LED 配光曲线测量

自行拟定实验的装置与步骤,记录小功率、大功率等不同封装格式的 LED 的配光曲线.

5. 实验过程要求

(1)标准光源的供电电流不能超过其标定电压,以免烧坏标准光源. 为防止标准光源的供电电源开路电压过大,在装灯、卸灯时须将电源的输出逐步调至"零",并关闭.

(2)标准光源发光时,灯丝脆弱,受到震动容易断裂. 因此,要求标准光源工作时不能受到震动,且熄灭后需等待 5 min,待标准光源冷却后再行拆卸.

(3)标准光源一般采用恒流方式点燃,参数以电流为准.

(4)LED 安装时切记分清正、负极,严禁反装,以免被烧毁.

(5)在进行 LED *V-I*、*P-I* 特性测量时,工作电压禁止超过 4 V,以免烧坏标准光源.

(6)做完实验后,将实验结果交由老师检查. 将实验记录牌、LED、旋转台、光探头等器件恢复原位放好.

六、思考题

(1)为什么 LED 的发光强度的测量值(单位:cd)不能转换成光通量(单位:lm)?

(2)有哪些方法可以提高 LED 的发光强度?

(3)影响配光曲线测量准确度的因素有哪些?

七、参考文献

卡意莱斯, 马斯登. 1992. 光源与照明. 陈大华, 胡忠浩, 胡荣生, 译. 上海: 复旦大学出版社.

青木昌治. 1981. 发光二极管. 黄振岗, 译. 北京: 人民邮电出版社.

中华人民共和国工业和信息化部. 2010. 普通照明用发光二极管 性能要求: QB/T 4057—2010. 北京: 中国轻工业出版社.

中华人民共和国国家质量监督检验检疫总局, 中国国家标准化管理委员会. 2010. 普通照明用 LED 模块测试方法: GB/T 24824—2009. 北京: 中国标准出版社.

中华人民共和国国家质量监督检验检疫总局, 中国国家标准化管理委员会. 2017. 普通照明用 LED 产品和相关设备 术语和定义: GB/T 24826—2016. 北京: 中国标准出版社.

Commission Internationale de L'Eclairage. 2007. Measurement of LEDs: CIE 127—2007.

1.4　谱线宽度测量实验

一、实验目的

测量光源的谱线宽度.

二、实验要求

(1) 了解与光干涉仪器性能相关的几个物理量.

(2) 掌握谱线宽度的物理概念及测量方法.

三、实验原理

普通光谱仪的分辨率一般都不到 0.1 nm,特别是一些小型化或便携式光谱仪,其分辨率多在 1 nm 量级,这些光谱仪测量不了谱线的宽度,测量到的光谱"线"都只是入射狭缝的影子而已. 如果要测量谱线宽度,需采用高分辨光谱仪(器),分辨率需达到至少 0.001 nm,能达到 0.0001 nm 更好. 就原子光谱而言,光谱的谱线来自特定的原子能级间跃迁,由于高能级都有一定的寿命,故从理论上讲也不存在纯粹的"谱线",所有谱线都是有一定宽度的.

这里摘录高兆兰、黄旭和谢沧三位老师在 1965 年编写的《原子与分子光谱》中关于谱线宽度的生动又形象的描述:"通常在标准大气压下燃烧的电弧比在辉光放电中所发射的谱线有较宽的宽度,主要是由于在电弧中与辐射原子碰撞或微扰的其他原子、离子和电子的密度(或压力)较大. 因而我们称这种变宽为'压力变宽'(现称之为洛伦兹宽度). 此外,与这种压力效应相联系一般还会引起谱线的'压力位移'. 当光源中气体压力和电流密度逐渐减小时,谱线宽度趋近于一般依赖于温度的有限值. 这一宽度主要是辐射原子的热运动所引起的多普勒效应导致的,故称它为多普勒宽度. 在辉光放电中所发射的谱线宽度多半以多普勒宽度占优势. 如果我们尽量降低光源温度或采用原子束光源,则多普勒宽度可以减小到被忽略的程度,这时剩下的谱线宽度为自然宽度. 在光学光谱中因为自然宽度一般远小于多普勒宽度,故很难直接测量."

一般来说,谱线的自然宽度在 10^{-5} nm 量级,多普勒线型(又称高斯(Gauss)线型)在 10^{-3} nm(即 0.001 nm)量级,洛伦兹线型也在 0.001 nm 量级. 可以说,多普勒线型和洛伦兹线型实际上是从两个不同方面对原子吸收和发射谱线展宽的一种描述,多普勒线型是从光源和观测者之间的多普勒效应来描述的,而洛伦兹线型是从原子自身的跃迁和碰撞所导致的展宽来描述的,这些描述均与实际光谱线型有一定差别. 研究表明,最接近实际的光谱线型是多普勒线型和洛伦兹线型的卷积——沃伊特(Voigt)线型.

实际的单色辐射都包含一定的波长范围. 所谓谱线,只不过是一个很狭窄的光谱区域而已. 在这一区域,辐射的能量分布从中心到边缘迅速递减,如图 1.4.1 所示. 通常规定在谱线强度等于峰值强度一半处的宽度作为谱线宽度,称此宽度为半峰全宽(full width at half maximum,FWHM),也称谱线宽度,用 $\Delta\lambda$ 表示.

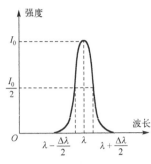

图 1.4.1　谱线及谱线宽度

测量谱线可以使用陆末-格尔克板（Lummer-Gehrcke plate，L-G 板）或者法布里-珀罗（Fabry-Perot，F-P）标准具，本实验主要借助前者，下面介绍两者的工作原理.

1. L-G 板测量谱线宽度

如图 1.4.2 所示，汞灯光进入 L-G 板后，在上下板面间发生多次反射和透射，形成一系列平行相干光束，在透镜焦面上产生上下对称的两组干涉条纹，它们有固定的光程差

$$\Delta = 2h(n^2 - \sin^2\Phi)^{1/2} \tag{1-4-1}$$

故在透镜焦面上形成干涉极大值（亮条纹）的条件为

$$2h(n^2 - \sin^2\Phi)^{1/2} = K\lambda, \quad K = 1,2,3,\cdots \tag{1-4-2}$$

式中，K 为干涉光谱序数；λ 为入射光波的波长；h 为 L-G 板厚；n 为 L-G 板的折射率；Φ 为出射角.

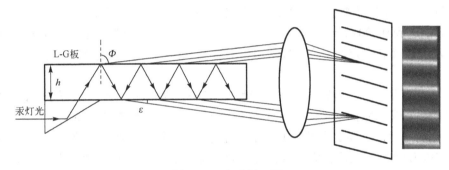

图 1.4.2　实验原理图

设 $d\Phi$ 对应于光谱序数间隔 dK 的角距离，则相邻光谱序数（$dK=1$）的角距离为

$$\Delta\Phi = -\lambda(n^2 - \sin^2\Phi)^{1/2}(h\sin 2\Phi)^{-1} \tag{1-4-3}$$

定义 $d\Phi/d\lambda$ 为 L-G 板的角色散. 式(1-4-2)两边平方求微分（K 不变）得

$$d\Phi/d\lambda = -2(\sin 2\Phi)^{-1}[(n^2 - \sin^2\Phi)/\lambda - n\,dn/d\lambda] \tag{1-4-4}$$

当以两个不同波长 λ_1、λ_2 入射时对应有两套干涉条纹，它们的位置有相对位移. 当波长差（$\Delta\lambda' = \lambda_1 - \lambda_2$）大到使相邻序数重叠时，我们称这时的 $\Delta\lambda'$ 值为色散范围. 所以使用仪器时，除注意仪器的分辨本领外，还要选择色散范围大于两光束波长差的仪器，否则就会重叠. 色散范围的定义式为 $\Delta\Phi = \dfrac{d\Phi}{d\lambda}\cdot\Delta\lambda'$，一般我们取 $\Phi = \pi/2$，此时根据式(1-4-3)、式(1-4-4)即可得到色散范围为

$$\Delta\lambda' = \lambda^2(n^2-1)^{1/2}(2h)^{-1}(n^2 - 1 - n\lambda\,dn/d\lambda)^{-1} \tag{1-4-5}$$

当光线从板内掠面出射时，$\Phi = 90°$，ε 很小，可采用近似计算方法，则有 $\sin\Phi \approx 1$，$\sin 2\Phi \approx \sin(\pi - 2\varepsilon) \approx 2\varepsilon$. 若 $n\,dn/d\lambda \ll (n^2 - \sin^2\Phi)/\lambda$，则式(1-4-3)~式(1-4-5)可化为

$$\Delta\Phi = -\lambda(n^2-1)^{1/2}/(2h\varepsilon) \tag{1-4-6}$$

$$d\Phi / d\lambda = -(n^2 - 1) / (\lambda\varepsilon) \tag{1-4-7}$$

$$\Delta\lambda' = \lambda^2 (2h)^{-1} (n^2 - 1)^{-1/2} \tag{1-4-8}$$

则波长 λ 与 $\lambda - d\lambda$ 的干涉亮条纹相对角位移为

$$d\Phi = [(n^2 - 1) / \lambda\varepsilon] d\lambda \tag{1-4-9}$$

以 L 表示波长 λ 的干涉条纹相邻数序的线距离, l 表示波长 λ 与 $\lambda - d\lambda$ 的干涉条纹相同数序的线距离. 若透镜与焦面的距离 f 足够大, 而且 L、l 是在靠近干涉图样中心数序中测得的, 则有

$$d\varepsilon = l / f = d\Phi, \qquad \Delta\varepsilon = L / f = \Delta\Phi$$

所以

$$d\Phi / \Delta\Phi = l / L \tag{1-4-10}$$

结合式(1-4-6)和式(1-4-7)得

$$d\lambda = (l / L)\lambda^2 (2h)^{-1} (n^2 - 1)^{-1/2}$$

又由式(1-4-9)得

$$d\lambda = (l / L)\Delta\lambda' \tag{1-4-11}$$

则从干涉谱线图样上测得 l、L 值, 已知 n、h、λ 值, 从式(1-4-8)算出 $\Delta\lambda'$ 后, 即可从式(1-4-11)求出小波长差值 $d\lambda$. 以小波长差值作为横坐标波长单位, 以某一干涉亮条纹强度值作为纵坐标, 画出谱线的强度分布, 就可求出该谱线的宽度 $\Delta\lambda$.

2. F-P 标准具测量谱线宽度

接下来, 补充 F-P 标准具测量谱线宽度的方法, 供大家了解(本实验不涉及).

F-P 标准具是由两块平行放置的镀高反膜(反射率一般高于 90%)的玻璃镜片组成的, 当激光束经过扩束镜以不同角度入射到标准具上, 经标准具内部多次反射后, 出射的平行光经透镜会聚后发生干涉将形成等倾干涉环, 入射角度相同的光线对应同一条干涉条纹, 详见图 1.4.3. 假设标准具内部两个反射镜之间的间距为 d(很小), 折射率为 n(空气约为 1), 则相邻两束出射光之间的光程差为(具体计算过程可参考大学物理教材中"薄膜干涉"章节之等倾干涉出射光光程差的计算)

$$\Delta = 2nd\cos\theta = 2d\cos\theta \tag{1-4-12}$$

干涉极大满足的条件是

$$2d\cos\theta = k\lambda \tag{1-4-13}$$

其中, θ 是出射角(与入射角及在标准具内部反射角均相同). 所以, 当氦氖激光入射时, 干涉条纹为一系列明暗相间的同心圆.

我们考虑第 n 个干涉明环, 将其直径设为 D_n, 内、外直径分别设为 $D_{n\text{内}}$ 和 $D_{n\text{外}}$, θ_n 为出射角, 透镜焦距为 f, 如图 1.4.4 所示. 实验中使用的透镜一般都采用长焦距, 所观察

的干涉环对应的出射角均很小，所以

$$D_n/2 = f \cdot \tan\theta_n \approx f \cdot \sin\theta_n \approx f \cdot \theta_n \qquad (1\text{-}4\text{-}14)$$

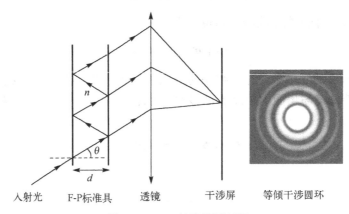

图 1.4.3　F-P 标准具原理图

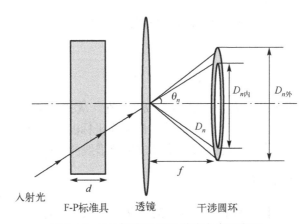

图 1.4.4　F-P 标准具测量谱线宽度示意图

由于 θ_n 很小，$\cos\theta_n$ 可以根据泰勒级数展开，略去高阶项后代入式(1-4-13)中，并与式(1-4-14)结合得

$$2d\cos\theta_n = 2d\left(1-\frac{\theta_n^2}{2}\right) \approx 2d\left(1-\frac{D_n^2}{8f^2}\right) = k_n\lambda \qquad (1\text{-}4\text{-}15)$$

于是可得

$$\lambda = 2d\left(1-\frac{D_n^2}{8f^2}\right)\Big/k_n \qquad (1\text{-}4\text{-}16)$$

所以，谱线宽度 $\Delta\lambda$ 可计算为

$$\Delta\lambda = 2d\frac{(D_{n外}^2 - D_{n内}^2)}{8f^2}\Big/k_n \qquad (1\text{-}4\text{-}17)$$

上式在 θ_n 非常小的情况下还可进一步化简．在式(1-4-15)中，$\cos\theta_n$ 可以取 1，此时 $\lambda = 2d/k_n$，

代入式(1-4-17)，可得到谱线宽度的简化版公式为

$$\Delta\lambda = \frac{\lambda(D_{n外}^2 - D_{n内}^2)}{8f^2} \tag{1-4-18}$$

将入射光(如氦氖激光)的波长和借助 F-P 标准具测得的相关数据代入即可求出光源的谱线宽度.

四、实验装置及仪器

实验用具包括：汞灯、透镜、L-G 板、棱镜摄谱仪、毛玻璃片、电荷耦合器件(CCD)、计算机等. 实验装置示意图如图 1.4.5 所示.

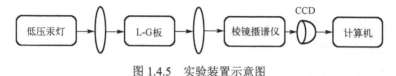

图 1.4.5　实验装置示意图

实验步骤要求学生阅读本实验内容后自行拟定. 具体实验注意事项参见实验牌.

五、实验数据处理软件及实验内容

本软件是中山大学光信息科学与技术实验室开发的用于图像和数据处理的软件，基于.NET Framework 3.5 平台，主要用 C 语言编写，使用的编程软件是 Visual Studio 2008.

1. 软件功能

(1)读取任意大小或格式的由 CCD 捕获的干涉条纹图片，并由实验者从中选取需要处理的条纹图样.

(2)以条纹图样的像素灰度值作为数据源，作出光强-像素曲线.

(3)对曲线进行检峰，并对每一个峰进行谱线宽度的计算.

(4)得到最终的谱线宽度测量结果，并输出光强-像素曲线的数据，便于实验者进行其他数据处理.

(5)其他功能：协调原始 CCD 捕获图片、选取的条纹区域以及作出的光强曲线的大小关系；优化检峰算法，使得软件可以对任意多的干涉条纹进行处理；对于光强-像素曲线，可以输出用于 Origin 等作图软件的数据文件；优化软件界面，支持窗口最大化等各种功能.

2. 软件工作环境

PC Windows XP/Vista/7(×86/×64)；

.NET Framework 3.5 SP1.

3. 详细的软件使用说明

1)软件界面

软件主界面如图 1.4.6 所示.

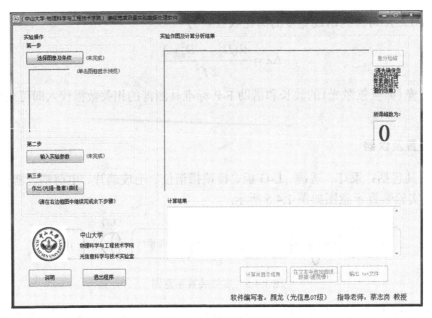

图 1.4.6　软件主界面

2) 使用方法

(1) 首先点击"选择图像及条纹"按钮，进入读取图像的窗口.

(2) 点击"打开图像"按钮，选择正确路径读取实验所得的条纹图像.

(3) 通过"放大"或"缩小"按钮以及图框的垂直水平滑动条将条纹区域放缩并移至图框中央，且条纹线度不要太小(占整个图框一半左右).

(4) 点击"选择条纹区域"按钮，并且在图框中拖选尽可能多的亮条纹，但是要保证所选条纹为完整的、水平的条纹，且不要让选框的上下边经过亮条纹；检查条纹预览区域，若有误选，请重复进行此步.

(5) 点击"确定选框"按钮.

(6) 点击背景光强的"开始抽样"按钮，在图片中不同的暗区域均匀选取 10 个点(一次单击选择一个点)，完成后有提示.

(7) 点击"返回程序主界面"返回.

(8) 进行第二步：点击"输入实验参数"按钮，输入相应参数.

(9) 进行第三步：点击"作出(光强-像素)曲线"按钮，则右边图框中将作出像素灰度值-纵向像素位置曲线.

(10) 点击"差分检峰"按钮进行检峰，并检查检出的峰数是否与所选条纹数相同，如果不同，即检峰有误，则需从第一步重新开始，读取图片并选择更合适的条纹区域.

(11) 点击"计算并显示结果"按钮，以及"追加曲线数据"，查看文本框中的数据及结果.

(12) 最后点击"输出.txt 文件"，将所有结果输出到特定文件中.

3) 使用案例

首先点击软件主界面上的"选择图像及条纹"进入读取图像的窗口，然后点击"打开图像"按钮，读取"测试图片 1(取下 CCD 镜头).bmp"，如图 1.4.7 所示.

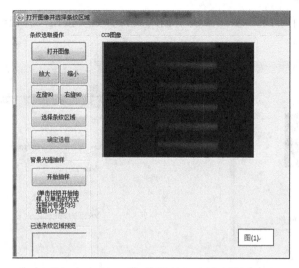

图 1.4.7　选择和读取实验获得的干涉条纹

　　由于原始图片的尺寸太小，为了使得选择条纹区域时的选框内有更多的光强数据信息，通过"放大"或"缩小"按钮以及图框的垂直水平滑动条将条纹区域放缩并移至图框中央，并点击"选择条纹区域"按钮选择 4 条条纹，如图 1.4.8 所示.

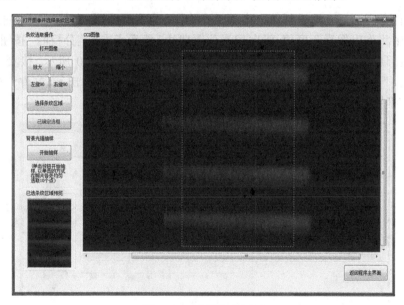

图 1.4.8　选择条纹区域

　　点击"确定选框"按钮后，按钮颜色变成绿色并且提示已确定选框. 然后点击背景光强的"开始抽样"按钮，开始在图片中不同的暗区域均匀选取 10 个点(一次单击选择一个点). 提示完成后点击"返回程序主界面"，返回软件主界面. 在软件主界面上单击"第一步"里的预览图框，显示条纹区域的灰度数据图样的预览，并有"第一步"已完成的相关提示. 注意，此时图框里显示的图样是刚刚我们选择的条纹区域通过双线性放缩处理得到的 300×450 标准尺寸灰度数据图样，后面我们将利用这个图样来进行作图.

现在进行软件操作的第二步，点击"输入实验参数"按钮，弹出输入窗口后输入相应参数，如图 1.4.9 所示.

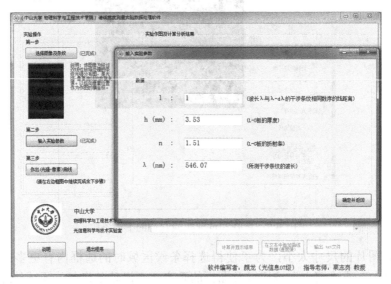

图 1.4.9　输入实验参数界面

返回软件主界面后，即进行第三步骤——作图. 点击"作出(光强-像素)曲线"按钮，则右边图框中将作出像素灰度值-纵向像素位置曲线，然后点击"差分检峰"按钮进行检峰，曲线图框中出现峰值标识，以及每个峰的半高宽位置，如图 1.4.10 所示. 接着，点击"计算并显示结果"按钮，计算结果将显示在文本框中. 最后点击"输出.txt 文件"按钮，将所有结果输出到特定文件中.

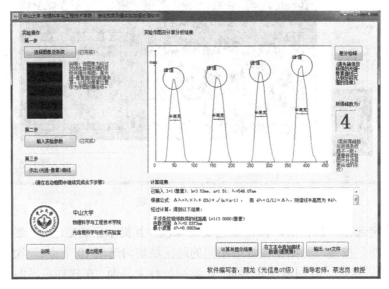

图 1.4.10　作谱线图

4）注意事项

为了得到可靠性较高的结果，在软件的使用过程中还要注意以下几点.

(1)读取图像时对图像的大小及格式无限制,原则上是越大越好(像素数据量大).

(2)保证图像中的条纹水平,否则可能会导致较大的误差.

(3)拖选条纹之前要先通过软件的放大功能把条纹放大(或缩小)到合适大小,整个条纹区域占整个图框一半以上较为合适.

(4)拖选条纹区域时要注意不要让选框的上下边经过某条亮条纹.

(5)拖选条纹时对选择的条纹数没有限制,通常5~10条为宜.

(6)单击"在文本中追加曲线数据(速度慢)"按钮时,由于计算机操作量较大,需花费一定时间,要耐心等候,不要立即进行其他操作,否则可能会导致计算机死机.

(7)如果作出的图有多数峰出现了平顶(光强饱和)的现象,则需另选其他光强值较低的条纹图片进行处理(例如,经过CCD后获取的条纹图片光强太大,容易饱和).

4. 数据处理

取三组谱线,求出谱线宽度及其测量标准差.

5. 实验结果分析和实验报告要求

实验报告要求学生写明实验目的、实验原理、实验用具及装置图、实验步骤;在实际操作过程中要认真记录实验现象,并回答思考题. 此外实验报告中必须包括以下内容:

(1)进行数据处理;

(2)进行实验结果分析和讨论.

六、思考题

(1)什么叫L-G板干涉光谱序数和相邻光谱序数的角距离?

(2)什么叫L-G板干涉的角色散和色散范围?

(3)用F-P标准具测量谱线宽度,其原理有何不同?

七、参考文献

蔡志岗,雷宏香,王嘉辉,等. 2004. 光学与光电子学专门化实验. 广州: 中山大学出版社.

崔明斌,黄俊刚,杨修伦. 2021. 激光线宽测量方法的研究综述. 激光与光电子学进展, 58(9): 62-89.

高兆兰,黄旭,谢沧. 1965. 原子与分子光谱讲义. 广州: 中山大学.

郝素君,张吉,林昱枫. 2002. 使用短腔FP干涉仪测量氦氖激光器的谱线宽度. 飞通光电子技术, 2(3): 136-139.

钱浚霞,郑坚立. 1993. 光电检测技术. 北京: 机械工业出版社.

1.5 偏振特性测量实验

一、实验目的

测量光的偏振特性.

二、实验要求

(1) 熟悉光的偏振态及各种常用波片的功能和作用.
(2) 学会用实验数据验证半波片、1/4 波片的功能和作用.
(3) 掌握产生圆偏振光的方法.

三、实验原理

1. 偏振光的产生和检验

光是电磁波,可用两个相互垂直的振动矢量——电矢量 E 和磁矢量 H 表征. 因物质与电矢量的作用大于对磁矢量的作用,习惯上称 E 矢量为光矢量,代表光振动.

光在传播过程中遇到介质发生反射、折射、双折射或通过二向色性物质时(所谓二向色性物质是指其能吸收某一方向的光振动,而只让与这个方向垂直的光振动通过),本来具有随机性的光振动状态就会产生变化,发生各种偏振现象. 若光振动局限在垂直于传播方向的平面内,就形成平面偏振光,因其电矢量末端的轨迹呈一直线,通常称为线偏振光;若只是有较多的电矢量趋向于某固定方向,则称作部分偏振光. 再者,如果一种偏振光的电矢量随时间做有规律的变动,它的端点在垂直于传播方向的平面上的轨迹呈椭圆或圆形,这种偏振光就是椭圆偏振光或圆偏振光.

一般情况下,人的眼睛不能直接检视偏振光,但可用一个涂有二向色性材料的透明薄片(偏振片)对偏振光进行检视,这个偏振片就称为检偏器. 它只能让某一特定方向的光通过,这个方向称为此偏振片的偏振化方向,产生起偏作用的偏振片就叫起偏器.

2. 布儒斯特角

当光从折射率为 n_1 的介质(如空气)入射到折射率为 n_2 的介质(如玻璃)交界面,而入射角又满足

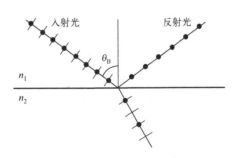

$$\theta_B = \arctan \frac{n_2}{n_1} \qquad (1\text{-}5\text{-}1)$$

时,反射光和折射光垂直,反射光只有垂直于入射面的振动,即反射光成为完全偏振光,如图 1.5.1 所示. θ_B 称为布儒斯特角,上式即为布儒斯特定律. 显然, θ_B 的大小与物质折射率大小有关. 若 n_1 表示空气折射率(数值近似等于 1),上式可写成

图 1.5.1 布儒斯特角示意图

$$\theta_B = \arctan n_2 \qquad (1\text{-}5\text{-}2)$$

3. 马吕斯定律

如果光源中的任一波列(用振动平面 E 表示)入射在起偏器 P 上(竖直线条方向是其偏振化方向),如图 1.5.2 所示,那么,只有平行于偏振方向的 E_y 分量($E\cos\theta$)能够通过,另一分量 E_x($E\sin\theta$)则被吸收.

与此类似,若入射在检偏器 A 上的线偏振光的振幅为 E_0,则透过 A 的振幅为 $E_0\cos\theta$(这里 θ 是 P 与 A 偏振化方向之间的夹角). 由于光强与振幅的平方成正比,可知透射光强 I 随 θ 的变化关系为

$$I = I_0 \cos^2 \theta \qquad (1\text{-}5\text{-}3)$$

这就是马吕斯定律.

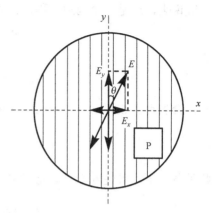

图 1.5.2 偏振光的形成示意图

4. 波片

使一束线偏振光垂直入射到一透光面平行于光轴、厚度为 d 的晶片,如图 1.5.3 所示,此光因晶片的各向异性而分裂成遵从折射定律的寻常光(o 光)和不遵从折射定律的非常光(e 光).

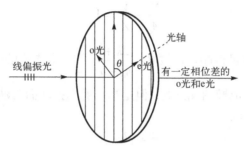

图 1.5.3 波片作用示意图

因 o 光和 e 光在晶体中这两个相互垂直的振动方向有不同的光速,传播速度慢的光矢量方向称为慢轴,传播速度快的光矢量方向称为快轴. 设入射光振幅为 A,振动方向与光轴夹角为 θ,入射晶面后 o 光和 e 光振幅分别为 $A\sin\theta$ 和 $A\cos\theta$,出射后相位差为

$$\varphi = \frac{2\pi}{\lambda_0}(n_o - n_e)d \qquad (1\text{-}5\text{-}4)$$

式中,λ_0 是光在真空中的波长;n_o 和 n_e 分别是 o 光和 e 光的折射率. 这种能使互相垂直的两束光振动间产生附加光程差(或相位差)的晶片就叫做波片.

5. 椭圆偏振光和圆偏振光

如果以平行于波片光轴方向为 x 坐标,垂直于光轴方向为 y 坐标,则图 1.5.3 中出射的 e 光和 o 光可用两个简谐振动方程表示

$$\begin{aligned} x &= A_e\sin\omega t \\ y &= A_o \sin(\omega t + \varphi) \end{aligned} \qquad (1\text{-}5\text{-}5)$$

这两式的合振动方程可写成

$$\frac{x^2}{A_e^2} + \frac{y^2}{A_o^2} - \frac{2xy}{A_e A_o}\cos\varphi = \sin^2\varphi \qquad (1\text{-}5\text{-}6)$$

一般说来，这是一个椭圆方程，代表椭圆偏振光. 但是当

$$\varphi = 2k\pi \quad (k = 1, 2, 3, \cdots) \tag{1-5-7}$$

或

$$\varphi = (2k+1)\pi \quad (k = 0, 1, 2, \cdots) \tag{1-5-8}$$

时，合振动变成振动方向不同的线偏振光. 后一种情况，结合式(1-5-4)晶片厚度可得

$$d = \frac{2k+1}{n_o - n_e} \cdot \frac{\lambda_0}{2} \tag{1-5-9}$$

此种条件下，可使 o 光和 e 光产生 $(2k+1)\lambda_0/2$ 的光程差，这样的晶片称作半波片. 而当

$$\varphi = (2k+1)\frac{\pi}{2} \quad (k = 0, 1, 2, \cdots) \tag{1-5-10}$$

时，合振动方程(1-5-6)化为正椭圆方程

$$\frac{x^2}{A_e^2} + \frac{y^2}{A_o^2} = 1 \tag{1-5-11}$$

这时，同样结合式(1-5-4)可得晶片厚度 $d = \frac{2k+1}{n_o - n_e} \cdot \frac{\lambda_0}{4}$，这样的晶片称为 1/4 波片. 它能使线偏振光改变偏振态，变成椭圆偏振光. 但是当入射光振动面与波片光轴夹角 $\theta = 45°$ 时，$A_e = A_o$，合振动方程可写成

$$x^2 + y^2 = A^2 \tag{1-5-12}$$

即获得圆偏振光.

四、实验装置及仪器

1. 实验系统

偏振特性测量实验系统示意图如图 1.5.4 所示，其中主要器件下面会一一介绍. 如果激光太强，可使用起偏器适当控制入射到探测器的光强，避免光强饱和. 探测器前的毛玻璃不能随意取下来，否则可能会造成光探头的损伤，需要格外注意；同时这个毛玻璃还起到退偏器的作用，可用来消除偏振态对光电测量产生的影响，这一点后面介绍光电探测器时还会提到.

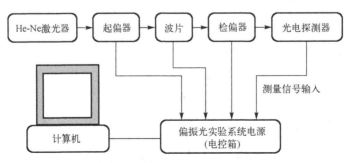

图 1.5.4　偏振特性测量实验系统示意图

2. He-Ne 激光器（带布儒斯特窗）

本实验使用的光源是半外腔式 He-Ne 激光器，其特点是组成共振腔的两个反射镜之一与放电管分离. 储有 He-Ne 气体的放电管的一端，按一定角度（布儒斯特角）用玻璃片密封，如图 1.5.5 所示. 布儒斯特角的大小与介质折射率相关. 该激光器玻璃窗常采用 K8 光学玻璃制成，折射率 $n = 1.516$，$\theta_B \approx 56°36'$；也可以采用熔凝石英材料，$n = 1.456$，$\theta_B \approx 55°32'$.

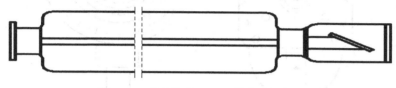

图 1.5.5　半外腔式 He-Ne 激光器示意图

3. 格兰-泰勒棱镜

本实验采用的偏振片是格兰-泰勒棱镜. 这是一种用冰洲石制成的偏振棱镜，是将一块棱镜切割成两半，形成空气隙再组合起来的，如图 1.5.6 所示. 它能使非常光（e 光）通过，并使寻常光（o 光）在切割面内发生全反射，偏向一旁. 常规的偏振棱镜分格兰型和尼科耳型. 格兰-泰勒棱镜的光轴在入射端面内（图 1.5.6 中用双箭头表示），并且主截面垂直于切割面. 它的非常光透射率可达 85%. 在棱镜保护套的侧面有一个开孔，以便 o 光旁路出去. 另画一条线垂直于光轴，可与电动旋转架上的短线连接配合读取角度.

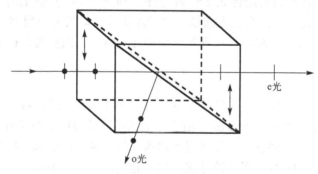

图 1.5.6　格兰-泰勒棱镜通光示意图

4. 电动旋转架

电动旋转架用来安装格兰-泰勒棱镜（图 1.5.7(a)），也可以安装波片（图 1.5.7(b)）. 它是用一个 12 V 步进电动机经过齿轮转动系统带动偏振棱镜旋转的，步角 7.5°. 安装时将棱镜外套侧面的圆孔露在架子外边，就能让棱镜的反射光旁路出去. 实验前一定要适当拧紧旋转套上的紧固螺丝，以保证角度转动量的准确，并防止摘下旋转架时棱镜滑落摔坏.

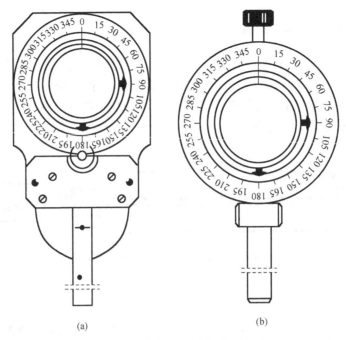

图 1.5.7　电动旋转架，用来安装(a)格兰-泰勒棱镜和(b)波片

5. 波片

仪器配备的半波片和 1/4 波片都是用石英晶体片制成的，分别装在铝制圆框内，切勿随意拆卸. 这两种波片都只能配合 632.8 nm 波长的光源使用. 圆框上的白色短线指示波片的光轴方向. 安装时使波片的光轴方向指示线对准波片转动架上的短刻线，用螺丝锁紧. 使用时波片的光轴可以按实验需要旋转到圆度盘的任一位置，圆度盘每格 3°.

6. 光电探测器

光电探测器是一个半导体光电转换器件，可用来探测紫外线、可见光和红外线，响应范围 200~1050 nm，峰值波长 650 nm. 由于光电探测器件对偏振态具有敏感性，即输入功率相同的偏振光，只因偏振态不同而获得不同的电信号输出，所以在探测器入口处加装了一个退偏器(是一片毛玻璃)，用来消除偏振态对光电测量产生的影响.

7. 软件部分

软件部分可参考说明书.

五、实验内容

1. 调节光路

光路图参照图 1.5.4. 准直激光源使激光束平行于光具座导轨，并且调节各器件调节架，使光束从每个元件中心穿过.

2. 验证布儒斯特角用于起偏

本实验采用外腔式 He-Ne 激光管，因其使用布儒斯特窗片，所以输出的是偏振方向平行于入射面的线偏振光. 实验中，在激光器和光电探测器之间加入一片偏振片(即格兰-泰勒棱镜，这里作为检偏器使用)即可.

3. 验证马吕斯定律

在完成上一个实验"验证布儒斯特角用于起偏"的基础上，新增一个起偏器，置于检偏器和激光光源之间，绘出通过检偏器的光强和 $\cos^2\theta$ 的对应关系，验证马吕斯定律. 注意：这里的 θ 指起偏和检偏之间的夹角，而实验曲线中的扫描角度仅仅是检偏器的转动角度，两者有区别，请同学们注意要对数据进行二次处理或者在实验过程中保证两者一致.

4. 验证半波片的作用

在起偏器和检偏器之间加入半波片，绕水平轴转动半波片一圈，观察屏幕上发生消光的次数并记录. 然后使起偏器和检偏器的光轴正交，加入半波片后，旋转半波片至消光位置，再将半波片分别转动 15°、30°、45°、60°、75° 和 90°，相应记录每次将检偏器转到消光位置所需要转动的角度，根据实验数据分析半波片的作用.

5. 验证 1/4 波片的作用

先使起偏器和检偏器的光轴正交(这时通过检偏器的光强显示最小)，然后在两个器件中间加入 1/4 波片，并转动它，直到通过检偏器的光强恢复至最小. 从此位置，每当 1/4 波片转动 15°、30°、45°、60°、75° 和 90° 时，都将检偏器转动 360°，从显示情况分析光波通过 1/4 波片后的偏振态.

6. 实验注意事项

(1)光电探测器检测到的数据是光强与检偏器转角的对应关系，从该数据无法直观判断是否为椭圆偏振光或圆偏振光，所以需要对实验数据进行处理(参照黄仁忠和王爱星(2002)所著文献).

(2)1/4 波片转至消光位置时，有两种可能的结果，一种是该波片光轴与起偏器方向平行(这是最希望的结果，此时两者夹角即为 1/4 波片的转动角度)，另一种是该波片光轴与检偏器方向平行(此时起偏器和 1/4 波片之间的夹角即为 1/4 波片转动角度的余角).

(3)当 1/4 波片与起偏器之间的夹角为 45° 时，理想情况下会输出圆偏振光，这个要仔细调节，思考影响因素是哪些.

六、思考题

(1)如何用两个偏振片和一个 1/4 波片正确区分自然光、部分偏振光、线偏振光、椭圆偏振光和圆偏振光？

(2)结合实验，如何调出最理想的圆偏振光？影响因素有哪些？

七、参考文献

傅思镜, 全志义. 1987. 二向色性与彩色偏振片制作研究. 物理实验, 7(1): 27-28.

黄仁忠, 王爱星. 2002. 应当如何验证椭圆偏振光. 大学物理, 21(9): 42-43.

黄水平, 胡德敬. 2003. 椭圆偏振光验证方法的进一步分析. 物理与工程, 13(5): 17-19.

罗烽庆, 蔡文睿, 王福娟, 等. 2009. 基于 LABVIEW 的分振幅光偏振态测量系统. 激光杂志, 30(5): 22-24.

吴亚平. 2000. 椭圆偏振光直接实验验证的数据处理方法. 大学物理, 19(7): 28-29.

杨锐喆, 程熹. 2005. 椭圆偏振光验证实验的数据处理方法. 物理实验, 25(2): 46-48.

 【科学素养提升专题】

多光谱成像与高光谱成像

1983 年, 美国喷气推进实验室(Jet Propulsion Laboratory, JPL)研制了第一台航空光谱成像仪(一款全新的遥感仪器, 波长范围为 0.4 ~ 1.2 μm, 共 128 个波段).1987 年其改进型有 224 个波段, 这是首次投入试验飞行的航空可见光红外光谱成像仪. 同年, 适合地质遥感应用的航空实用型光谱成像仪研制成功, 这是一台在 0.4 ~ 2.5 μm 范围具有 64 个通道和宽视场角(90°)的遥感仪器.2001 年, 中国科学院上海技术物理研究所成功研发了实用型模块化成像光谱仪(operational modular imaging spectrometer, OMIS), 光谱范围为 0.46~12.5μm, OMIS-I 型共有 128 个波段, OMIS-II 型共有 68 个波段.

光谱成像系统包括两部分: 一部分是数据采集软件和数据分析软件; 另一部分是硬件组成, 主要包含光谱分辨、光源、CCD 相机、计算机与运动平台等. 光谱成像技术最初主要用于机载或星载, 进行地质、植被、农作物、海洋、大气等遥感测量, 设备贵重. 随着技术的成熟, 光谱成像技术开始应用于其他领域, 在工业、农业、环境、水资源、食品和医学诊断以及考古与艺术保护等领域也得到了广泛应用. 光谱成像仪小型化的需求已提上日程.

光谱成像技术可细分为多个光谱波长探测, 探测波长通道数越多, 分辨率越高, 因此, 又可分为多光谱成像(3 ~ 10 通道)、高光谱成像(百通道)和超光谱成像(上千通道). 测量的多/高光谱图像上的每个像元均可获得一个光谱曲线. 光谱信息和对象的物理特性及化学成分息息相关, 而图像信息能反映物体的形状、大小、颜色等特征, 因此多/高光谱成像技术能采集到丰富的光谱信息和完整的图像.

中山大学光信校友积极支持中山大学物理国家级实验教学师范中心的学生实践教学, 他们创办的公司致力于光谱及成像多维度物理数据的快速获取与处理的研发, 专注于光谱视觉现场及在线智能快速检测与表征领域. 光信科技以微机电系统(micro-electro-mechanical system, MEMS)多光谱滤光芯片和光谱解析为核心, 通过化学计量学及模式识别等分析方法从复杂的多光谱信号中提取有效信息, 依靠光谱图像数据库及人工智能算法优化, 开发面向不同行业与场景的专用算法, 形成了集光谱图像采集、数据解析、结果输出于一体的智能在线光谱分析系统, 建立了完整的软、硬、算解决方案, 为使用者提供简单可视化的物质成分及含量检测结果, 实现光谱视觉智能快检、微型化、低门槛、定制化.

光度学与辐射度学   色度学

第 2 章　信息光学与显示

2.1　傅里叶变换光学实验

一、实验目的

了解透镜对入射波前的相位调制及使用透镜实现傅里叶变换的原理，掌握空间频率、角谱等物理概念.

二、实验要求

(1) 搭建准直平行光路，观察与记录透镜的傅里叶变换现象.

(2) 搭建准直平行光路，观察与记录 $4f$ 系统下的傅里叶逆变换现象，分析该光路下的傅里叶变换及傅里叶逆变换两个步骤之间的联系.

(3) 根据 $4f$ 光路中傅里叶变换及傅里叶逆变换的原理，在正确的位置放入不同功能的滤波器，观察与记录其空间滤波的效果.

三、实验原理

空间光调制器(SLM)是一类能将信息加载于一维或二维的光学数据场上，利用光信息处理所具备的高速、高并行性、强互联的优点进行信息处理的器件. 这类器件可在随时间变化的电驱动信号或其他信号的控制下，改变空间上光分布的振幅或强度、相位、偏振态以及波长，或者把非相干光转化成相干光. 空间光调制器的这种性质，使其可以用作实时光学信息处理、自适应光学和光计算等系统中的构造单元或关键的器件. 很大程度上，空间光调制器的性能决定了光路系统中完成光学信息处理、计算等操作的能力及其发展前景.

空间光调制器有反应快、用途广等优势，本实验使用一款透射式空间光调制器替代了传统的光栅、光刻板等，学生可通过软件加载不同图像到空间光调制器，观察效果. 空间光调制器应用很广泛，可应用于多个实验，一些贵重的透镜等都可用空间光调制器替代，它是现代信息光学实验中的重要器件.

1. 透镜的傅里叶变换原理及光学频谱分析

由于透镜本身各处厚度不同，所以入射光在通过透镜时，各处走过的光程不同，即时间延迟不同，因而具有相位调制能力. 相位延迟因子 $t(x, y)$ 与透镜中心厚度 D_0 的关系见式(2-1-1)

$$t(x,y) = \exp(jknD_0)\exp\left[-j\frac{k}{2f}(x^2 + y^2)\right] \tag{2-1-1}$$

此即透镜相位调制的表达式，其中 D_0 为透镜中心厚度，n 为透镜折射率. 上式表示复振幅 $U_L(x,y)$ 通过透镜时，透镜各点均发生了相位延迟.

式 (2-1-1) 中，第一项相位因子仅表示透镜对于入射光波的常量相位延迟，不影响相位的空间分布，即波面形状. 第二项是起调制作用的因子，它表明光波通过透镜时的相位延迟与该点到透镜中心的距离平方成正比，并且与透镜焦距成反比. 其物理意义在于，当入射光波 $u_i(x,y) = 1$ 时，紧靠透镜之后的平面上复振幅分布为

$$u'(x,y) = u(x \cdot y) \cdot t(x,y) = \exp\left[-j\frac{k}{2f}(x^2 + y^2)\right] \tag{2-1-2}$$

在傍轴近似下，这是一个球面波，对于正透镜 $(f > 0)$，这是一个向透镜后方距离 f 处的 F 会聚的球面波. 对于负透镜 $(f < 0)$，这是一个由透镜前方距离 $|f|$ 处的虚焦点 F 发散的球面波. 可见引起波面变化的正是透镜所具有的相位因子 $\exp\left[-j\frac{k}{2f}(x^2 + y^2)\right]$.

考虑透镜孔径后，式 (2-1-1) 可写为

$$t(x,y) = \exp\left[-j\frac{k}{2f}(x^2 + y^2)\right]p(x,y) \tag{2-1-3}$$

$p(x,y)$ 为透镜的光瞳函数，即

$$p(x,y) = \begin{cases} 1, & \text{孔径内} \\ 0, & \text{其他} \end{cases} \tag{2-1-4}$$

在单色平行光垂直照射的情况下，夫琅禾费衍射光场的复振幅分布正比于衍射屏透射系数的傅里叶变换. 经过理论推导可得到透镜像方焦平面上的光波场复振幅分布 $E(x_f, y_f)$ 的表达式

$$E(x_f, y_f) = \frac{e^{ik(z+f)}}{i\lambda f}\exp\left[ik\frac{x_f^2 + y_f^2}{2f}\left(1 - \frac{z}{f}\right)\right]T(u,v) \tag{2-1-5}$$

其中，$u = \dfrac{x_f}{\lambda f}$，$v = \dfrac{y_f}{\lambda f}$.

图 2.1.1　加载在空间光调制器上的圆孔图像

对式 (2-1-5) 我们可以得出结论：在利用透镜对二维光学图像进行傅里叶变换时，若将图像放置在透镜的物方焦平面上，则在透镜的像方焦平面上将得到图像准确的傅里叶变换. 若将输入图像放在透镜与其像方焦平面之间，则像方焦平面上频谱图样的大小可随衍射屏到像方焦平面的距离的改变而改变，并且当输入图像紧贴透镜后放置时可获得最大的频谱图样. 在进行实验时，可使用空间光调制器加载图像.

使用 MATLAB 仿真几个典型的傅里叶变换图像，如图 2.1.1～图 2.1.7 所示.

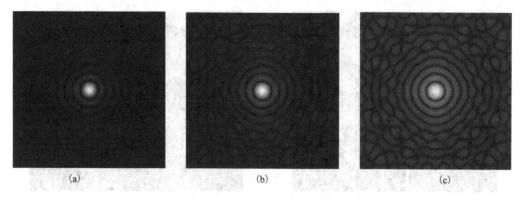

图 2.1.2　圆孔图像经傅里叶变换后的频谱分布

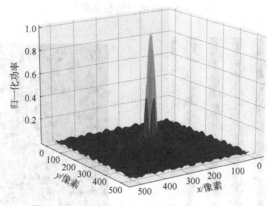

图 2.1.3　三维功率分布图(圆孔仿真效果)

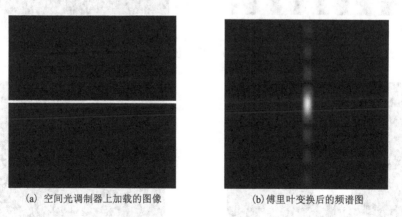

(a) 空间光调制器上加载的图像　　　　(b)傅里叶变换后的频谱图

图 2.1.4　纵向双缝仿真效果

2. 透镜孔径的衍射与滤波特性

　　实际透镜总有一定大小的孔径,这个孔径在光学系统中扮演着两种重要角色:衍射和滤波.根据傅里叶分析可知,频谱面上的光场分布与物的结构密切相关,原点附近分布着物的光学低频信息,即傅里叶低频分量;离原点较远处,分布着物的光学高频信息,即傅里叶高频分量.

　　首先看孔径的衍射效应.从波动光学的角度来说,由于孔径的衍射效应,任何具有有限大小的通光孔径的成像系统,均不存在如几何光学中所说的理想像点,而是形成一个亮斑.

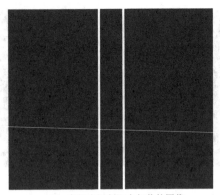 

(a) 空间光调制器上加载的图像   (b)傅里叶变换后的频谱图

图 2.1.5　横向双缝仿真效果

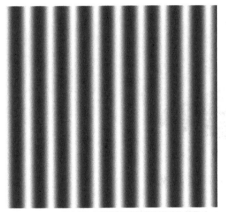 

(a) 空间光调制器上加载的图像   (b)傅里叶变换后的频谱图

图 2.1.6　正弦仿真效果

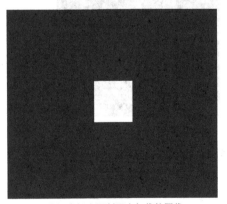 

(a) 空间光调制器上加载的图像   (b)傅里叶变换后的频谱图

图 2.1.7　方孔仿真效果

　　其次，透镜有限大小的通光孔径也限制了衍射屏函数较高空间频率的成分(对应于具有较大入射倾角的平面波分量)的传播，导致了衍射屏函数的频谱不完整，从而产生渐晕效应. 孔径越大，越靠近物体，则渐晕效应越小. 从光信息处理的角度来讲，透镜孔径的有限大小使得系统存在有限大小的通频带宽和截止频率；从光学成像的角度来讲，则使得系统存在一个分辨极限.

3. 相干光学图像处理系统(4f 系统)

阿贝成像理论认为(图 2.1.8)，相干照明下显微镜成像过程可分为两步：首先，物面上发出的光波经物镜，在其后焦面上产生夫琅禾费衍射，得到第一次衍射像；然后，该衍射像作为新的相干波源，由它发出的次波在像面上干涉而构成物体的像，称为第二次衍射像. 因此该理论也常被称为"阿贝二次衍射成像理论".

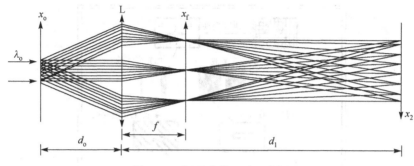

图 2.1.8 阿贝成像理论示意图

4f 系统是对物平面上的图形连续进行两次傅里叶变换. 从傅里叶变换的性质可知，函数进行两次傅里叶变换后，其函数的性质不变，但自变量改变符号，所以经 4f 系统得到的是倒像. 4f 图像处理系统见图 2.1.9.

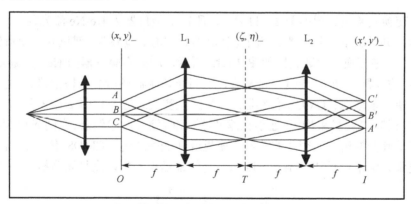

图 2.1.9 4f 图像处理系统

我们将相干光学系统的成像过程看作两步：第一步，从 O 面到 T 面，是第一次夫琅禾费衍射，该次夫琅禾费衍射将图形的空间光强分布转换为图形的空间频率分布(即空间频谱). 第二步，从 T 面到 I 面，再次发生夫琅禾费衍射，第二次夫琅禾费衍射将第一次夫琅禾费衍射后展开的空间频谱重新合成为图形的像，即综合频谱输出图像. 在这样的两步中，变换平面 T 处于关键地位，若在此处设置光学滤波器，就能起到选频作用. 此处的 4f 系统每次衍射都是从焦面到焦面，这就保证了复振幅的变换是纯粹的傅里叶变换.

4. 图像信息处理的光学实现

大多数光学系统都是线性系统，即系统传递函数具有线性.利用这一性质，可以对透镜焦平面上形成的光分布进行简单操作，选择所需的频率通过而阻挡其他频率，从而实现滤波和选择性滤波.选择性滤波的原理为：对于 2-D 频谱面，较小的 f_x、f_y 值域对应低频，较大的对应高频.常见的高通滤波是将低频区通过光阑屏蔽，选通高频区；反之，低通滤波则是屏蔽高频区，选通低频区.如果事先获得某试片的频谱成像的负片(因为负片的黑白灰度分布与实际相反)，则可将此负片作为低通滤波器，选通组成图像主体的低频分量，屏蔽噪声为主的高频分量，实现对试片目标的提取，见图 2.1.10.

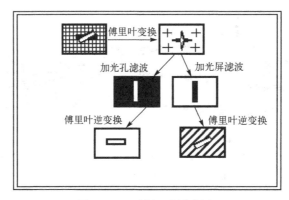

图 2.1.10　滤波器图像提取

四、实验装置及仪器

傅里叶变换实验装置图如图 2.1.11 所示，所需实验仪器为 He-Ne 激光器、扩束物镜(连小孔滤波器)、准直透镜、起偏器、空间光调制器(SLM)、检偏器、傅里叶变换透镜、CMOS 传感器.傅里叶逆变换实验装置图如图 2.1.12 所示，所需实验仪器为 He-Ne 激光器、扩束物镜(连小孔滤波器)、准直透镜、起偏器、空间光调制器(SLM)、检偏器、傅里叶变换透镜、傅里叶逆变换透镜、CMOS 传感器.光学滤波实验装置图如图 2.1.13 所示，所需实验仪器为 He-Ne 激光器、扩束物镜(连小孔滤波器)、准直透镜、起偏器、空间光调制器(SLM)、检偏器、傅里叶变换透镜、空间滤波器、傅里叶逆变换透镜、CMOS 传感器.注意：图中的光路如受到光学平台尺寸限制，可以加入反射镜延长光程以满足光路搭建的要求.

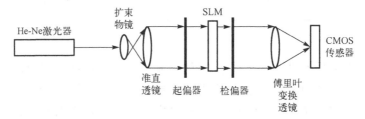

图 2.1.11　傅里叶变换实验装置图

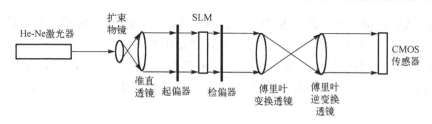

图 2.1.12　傅里叶逆变换实验装置图

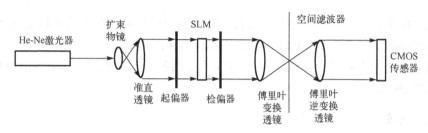

图 2.1.13　光学滤波实验装置图

五、实验内容

1. 傅里叶变换

(1)按照图 2.1.11 所示光路安装傅里叶变换实验装置. 调整激光管夹持器水平,固定可变光阑的高度和孔径,使出射光在近处和远处都能通过可变光阑.

(2)调整所有元件(透镜、SLM、CMOS 传感器等)的高度,使它们的中心与激光光束同轴.

(3)加入空间滤波器,使用可变光阑作为高度标尺,调整空间滤波器的高度(不加针孔),使得激光通过扩束物镜后的扩束光斑中心与可变光阑中心重合,此时锁定空间滤波器高度及平移台水平移动旋钮,加入针孔,旋转螺纹付推动扩束物镜靠近针孔,在此过程中不断调整针孔位置旋钮,保证透过光的光强最大,当透过光无衍射环且光强最强时,空间滤波器调整完毕(注:扩束物镜靠近针孔时,切忌用力旋转螺纹,以免扩束物镜撞到针孔,使针孔堵塞).

(4)调整准直用的准直透镜与空间滤波器的距离,使出射光的光斑在近处和远处的直径大致相等(注:因为准直透镜的焦距是 150mm,所以该透镜应放在针孔后 150mm 左右的位置).

(5)将起偏器、空间光调制器、检偏器依次放置到准直透镜后端,调整这三个器件高度与激光光束同轴(注:调节起偏器和检偏器,使出射检偏器的光强最弱,此时空间光调制器为振幅调制状态).

(6)放置 CMOS 传感器在傅里叶变换透镜的后焦面上(注:傅里叶变换透镜的焦距为 180 mm,所以应将 CMOS 传感器与傅里叶变换透镜距离调至 180 mm). 微调傅里叶变换透镜下的 x 向滑块,使傅里叶变换透镜焦点正处于 CMOS 传感器的采集靶面.

(7)打开联合识别软件,点击"二维傅里叶分析",选择实验模块区下的"圆孔",在

"圆孔半径"像素或毫米框内输入想要的尺寸(注：圆孔尺寸在25～40像素之间效果最佳)，点击绘图，即可在左端绘制出对应的圆孔. 点击"输出SLM".

(8)重复步骤(7)的操作，分别选择"方孔""双缝""正弦"，观察结果. 其中方孔可以自由选择产生方形孔或者矩形孔. 双缝可以选择水平或垂直方向，以观察不同结果.

2. 傅里叶逆变换

(1)在光路中，插入傅里叶逆变换透镜，初步调节傅里叶逆变换透镜和CMOS传感器的位置，使空间光调制器到CMOS传感器的距离为$4f$.

(2)前后移动傅里叶逆变换透镜和CMOS传感器的位置，使得傅里叶逆变换图像最清晰. 保存实验图像.

3. 光学滤波

(1)在傅里叶变换透镜和傅里叶逆变换透镜的焦点重合处，放入空间滤波器. 先选择最粗的线型滤波器进行滤波实验.

(2)观察所得到的滤波图像，保存实验图像.

(3)依次更换其余两个宽度的线型滤波器和三个宽度的缝型滤波器，记录对应的滤波后图像并进行比对和分析.

4. 实验注意事项

(1)实验台上He-Ne激光器、扩束物镜、准直透镜的光轴已调好，未经实验老师的允许禁止自行调节，否则后果自负.

(2)做完实验后，将实验结果交由老师检查，依次关闭He-Ne激光器电源、空间光调制器电源、计算机，经老师签字确认后，方可离开.

5. 实验报告要求

(1)除按绪论课中老师提到的要求外，还要做实验结果分析.

(2)将实验图像打印，装订在实验报告中.

六、思考题

(1)为什么透镜对通过的光波具有相位调制能力？

(2)什么叫渐晕效应？怎样才能消除渐晕？

(3)什么叫做光学$4f$系统？如何使用这一系统作光学信息处理？

(4)分析记录加载在空间光调制器上的各种图像的傅里叶变换、傅里叶逆变换的频谱分布和频谱处理的效果，说明原因.

(5)简述透镜相位调制表达式的物理意义.

(6)光学信息处理的原理是什么？为什么用白光作光源却能获得彩色图像？

七、参考文献

蔡志岗, 雷宏香, 王嘉辉, 等. 2004. 光学与光电子学专门化实验. 广州: 中山大学出版社.

宋菲君. 1987. 从波动光学到信息光学. 北京: 科学出版社.

2.2 光学全息实验

一、实验目的

(1) 了解全息照相的基本原理和基本规律.

(2) 掌握全息图像的存储和提取信息的方法.

(3) 加深对光波复振幅、波前再现原理的理解.

二、实验要求

(1) 理解傅里叶变换全息图的基本原理.

(2) 完成光学全息记录和再现.

三、实验原理

1. 全息照相

全息的概念源于英国的伽搏(D. Gabor)在 1948 年所提出的波前再现的基本思想. 20 世纪 60 年代, 随着激光的出现, 全息术得到迅速发展, 全息照相技术进入一个新的时代, 使得获得逼真的三维图像成为可能, 并由此引发出全息术更为广泛的应用, 如全息干涉计量技术、全息无损监测、全息防伪、光学海量存储等, 了解、掌握全息照相原理及技术有着十分重要的意义. 全息照相的发展可分为四代: 第一代全息图是全息术的萌芽期, 采用汞灯作为光源, 进行同轴全息记录, 故存在再现的原始像和共轭像分不开及光源相干性太差等严重问题; 第二代全息图采用离轴装置进行激光记录与激光再现, 广泛应用于信息处理、全息干涉计量、全息显示、全息光学元件等领域, 但全息图失去了色调信息; 第三代全息图利用激光记录和白光再现, 在一定条件下可赋予全息图鲜艳的色彩, 如反射全息、像全息、彩虹全息等, 但是激光的高度相干性要求全息拍摄过程中各元器件、光源和记录介质的相对位置严格保持不变, 这给全息术的实际应用带来种种不便; 第四代是白光记录和白光再现的全息图, 它将使全息术最终走出实验室, 进入更为广泛的实用领域, 如在全息干涉计量、全息存储、全息 3D 显示等方面取得了很大进展.

全息照相主要分为两步: 全息记录和波前再现. 它是以光的干涉、衍射等物理光学的规律为基础, 借助于参考光波记录物光波的振幅与相位的全部信息, 在记录介质(如感光板)上得到只有在高倍显微镜下才能观察到的细密干涉条纹, 称之为全息图. 该图相当于一个复杂的衍射光栅, 再现光经全息底片衍射后可以再现原物的波前. 图 2.2.1 为全息图像的存储及再现示意图.

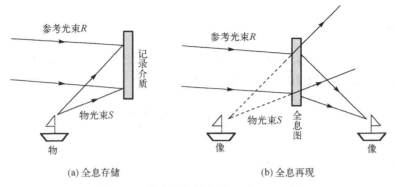

(a) 全息存储   (b) 全息再现

图 2.2.1 全息图像的存储及再现示意图

从激光器发出的光波用波函数描述，即

$$y = a \cdot \sin(kx - \omega t) \tag{2-2-1}$$

该方程用复数表示为

$$y = a \cdot e^{j(\omega t - kx)} = a \cdot e^{j\omega t} \cdot e^{-j\phi} \tag{2-2-2}$$

其中 $\phi = kx$ 是相位角. 因全息照相是记录驻波，所以与时间无关，式 (2-2-2) 的时间因子 $e^{i\omega t}$ 没什么意义，因此可用下式：

$$y = a \cdot e^{-j\phi} \tag{2-2-3}$$

表示光的波动方程.

令 $R = r \cdot e^{-j\phi}$ 代表参考光束，$S = s \cdot e^{-jQ}$ 代表物光束.

全息照相过程就是记录物光束和参考光束的干涉条纹，在照相底片上仍以光强 (振幅) 的形式来记录光波的振幅和相位，因此把这两束光的相互作用看成是光强的形式

$$I_F = (R + S) \cdot (R^* + S^*) = RR^* + SS^* + RS^* + R^*S \tag{2-2-4}$$

假定底片与光的作用为线性，再现时，我们以参考光束照射底片，经底片透射的光表示为

$$I_f = I_F \cdot R = (RR^* + SS^* + RS^* + R^*S) \cdot R$$
$$= (I_R + I_S) \cdot R + r^2 \cdot e^{-j2\phi} \cdot se^{jQ} + I_R \cdot se^{-jQ} \tag{2-2-5}$$

从式 (2-2-4) 可以看到，第一、二项合起来产生了底片的背景黑度. 从式 (2-2-5) 可以看到：第三项正比于物的共轭 S^*，称为 -1 级波，它是会聚波，在与原物对称的位置上形成实像；第四项正比于物光束 S，称为 $+1$ 级波，它是发散波，在拍摄的原位置上形成物体的虚像；在第三项和第四项中包含有相位因子，相当于进行一种波前变换或一种运算操作. 一般而言，如果含有二次相位因子，则说明被作用的波前经过了一个透镜的聚散；如果系数中出现了线性因子，则说明被作用的波前经过了一个棱镜的偏转.

2. $4f$ 信息处理系统

本实验是基于 $4f$ 信息处理系统的 (图 2.2.2)，下面简要分析其原理.

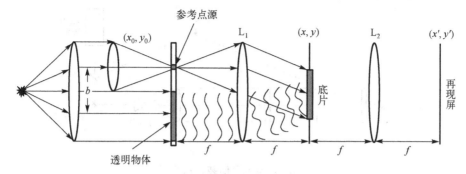

图 2.2.2 $4f$ 信息处理系统

待存储的透明物体放于平行光程中透镜 L_1 的前焦面上，设其振幅透过率为 $t(x_0, y_0)$，在其频谱面上得到它的傅里叶变换：$T(\xi, \eta) = F|t(x_0, y_0)|$，其中 $\xi = x/(\lambda f)$，$\eta = y/(\lambda f)$，此处用一均匀的参考光和频谱干涉产生傅里叶变换全息图. 干涉条纹的强度为

$$I(\xi, \eta) = |T(\xi, \eta) + R(\xi, \eta)|^2$$

$$= |T(\xi, \eta)|^2 + |R(\xi, \eta)|^2 + T(\xi, \eta) \times R^*(\xi, \eta) + T^*(\xi, \eta) \times R(\xi, \eta) \quad (2\text{-}2\text{-}6)$$

若参考点等效于前焦面上点光源 $\delta(x_0 + b, y_0)$，则其傅里叶变换应是

$$R(\xi, \eta) = R_0 \exp(j2\pi b\xi) \quad (2\text{-}2\text{-}7)$$

将式 (2-2-7) 代入式 (2-2-6) 有

$$I(\xi, \eta) = |T(\xi, \eta)|^2 + |R(\xi, \eta)|^2 + R_0 T(\xi, \eta) \exp(-j2\pi b\xi) + R_0 T^*(\xi, \eta) \exp(j2\pi b\xi) \quad (2\text{-}2\text{-}8)$$

式 (2-2-8) 中的第三项是原始物的空间频谱全息像，第四项是物的频谱全息像的共轭.

假设上面的全息图干涉图样拍摄下来后，经显影、定影后，全息图所具有的透过率 $t(x, y) \propto I$，此全息图可经一次傅里叶逆变换而还原原像，方法是用与参考光入射角度相同的平面波照明傅里叶全息片，全息片放于傅里叶透镜 L_2 前焦面上，在傅里叶透镜的后焦面上可得到物的再现图，如下式：$F^{-1}|T(\xi, \eta) \exp(-j2\pi b\xi)| = t(x' - b, y')$（图 2.2.2 中将再现光路图简略，仅提供再现装置以构成完整的 $4f$ 系统）.

当被存储的信息的最小可分辨尺寸为 ε 时，全息图的直径 d 应满足

$$d > \frac{2\lambda f}{\varepsilon} \quad (2\text{-}2\text{-}9)$$

由式 (2-2-9) 可看到，傅里叶变换全息图可以在很小的面积内存储大量的信息，但实际操作时往往用离焦的办法改善频谱面光强极不均匀的现象，减小低频过饱和状态，一般离焦量为焦距的 5%～10%.

四、实验装置及仪器

全息存储和全息再现装置示意图分别如图 2.2.3 和图 2.2.4 所示，所需实验仪器为 He-Ne 激光器、全息台上的 $4f$ 信息系统、全息存储底片、接收屏等.

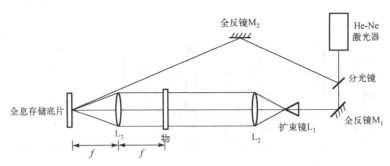

图 2.2.3 全息存储装置示意图

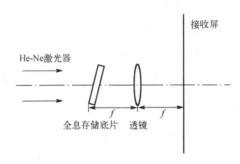

图 2.2.4 全息再现装置示意图

五、实验内容

1. 全息存储

光路调节：按图 2.2.3 调节好全息存储实验光路，注意要做好等高和同轴调节. He-Ne 激光器发出的一束激光经分束镜分成两束，透射光经全反镜 M_1、扩束镜 L_1 及准直系统之后照射物体，然后经透镜聚焦至底片上(称为物光). 另一束从分束镜表面反射，经全反镜 M_2 照射底片(称为参考光). 这两束光在底片上相遇，当其光程在激光的相干长度范围内时便产生干涉，放上底片便能拍摄到很多干涉条纹，这些干涉条纹能以光的强弱(振幅)的形式记录下物光的振幅和相位. 调节光路时应注意测量物光和参考光的光程，使两路光程尽量相等，且两路光在干板前的夹角为 5°～20°.

显影定影：我们采用 D76 显影液，具体显影定影时间见实验牌.

2. 全息再现

再现物光时仍采用 He-Ne 激光照射底片，透过这组干涉条纹就像透过光栅一样，经过光栅衍射，便可再现物光波的波前，在接收屏上看到物像(见图 2.2.4).

3. 实验注意事项

(1)避免用手或其他东西接触光学元件以保持其清洁. 这是光学实验室的一般常识，在全息照相实验室中尤为重要，因为一粒灰尘就可以产生一套衍射环，会在全息图中产生噪声.

(2)要求所用的激光器具有 TEM_{00} 模(即空间相干性好)，否则光强不均、不稳定，将给实验带来很大困难. 此外，要尽量使物光和参考光等光程，其差值至多在几个厘米之内

(时间相干性好).

(3)为得到对比度较好的全息图,实验必须在隔振台上进行,且曝光时不要走动,不要大声讲话,不要接触台面上的任何器件,以保证光程稳定;一般振动、热或声波等引起的光程差的变化在曝光时不得超过 $\lambda / 8$.

(4)对底片曝光时必须使曝光的动态部分处在底片的乳剂特性曲线的线性部分,以保证透过率 $t \propto E$($E = IT$,E 为曝光量,I 为光强,T 为曝光时间),为此常使参考光与物光光强之比为 3~6;若隔振条件不理想或实验室内杂散光太强,则该比例向 1:1 靠近.

(5)全息图上干涉条纹的宽度为 $d = \dfrac{\lambda \cdot \sin(\phi / 2)}{2}$,$\phi$ 为物与参考光之间的夹角. 因此,必须选用能分辨得开干涉条纹的底版,或控制实验条件使干涉细节能足够被感光板记录下来. 全息感光板的分辨率在 3000/mm 以上已是足够用了,但使用时应注意底版胶面朝向物光. 鉴别胶面时用手摸底版边缘,不要触摸底版中央的使用部分. 显影时胶面向上放入显影盘中,并且要经常摇动显影盘以使显影均匀.

4. 实验结果分析与实验报告要求

实验报告要求写明实验目的、实验原理、实验用具及装置图、实验步骤. 在实际操作过程中认真记录实验现象,并回答思考题. 此外,实验报告中必须包括以下内容.

(1)要记录光路图,物、参光强之比,曝光时间,显影定影时间,物体及参考光源与底版之间的距离等.

(2)分析实验结果,找出存储底片拍得好坏的原因.

(3)把全息存储底片附在实验报告上.

六、思考题

(1)什么叫 $4f$ 信息处理系统?为什么全息图像存储要在全息台上用 $4f$ 系统?

(2)能否用白光实现全息图像存储?为什么?

(3)全息图像存储有什么用途?

七、参考文献

蔡志岗,雷宏香,王嘉辉,等. 2004. 光学与光电子学专门化实验. 广州:中山大学出版社.

杨晓梅. 2008. 白光再现激光全息照相的实验研究. 大学物理实验,21(4):14-16.

赵凯华,钟锡华. 2017. 光学(重排本). 北京:北京大学出版社.

周甫方,刘文广,徐云冰,等. 2019. 近代物理实验教学讲座——全息照相. 物理与工程,29(Z1):106-110.

Sirohi R S. 1982. 氦-氖激光器实验教程. 伍钧锵,谢沧,译. 广州:中山大学出版社.

2.3 数字全息实验

一、实验目的

学习掌握数字全息拍摄记录、再现及数字化处理技术.

二、实验要求

(1)学习数字全息的物理思想和基本原理.

(2)掌握数字全息实验技术和方法.

(3)了解数字全息技术的发展和应用.

三、实验原理

数字全息技术是由 Goodman 和 Lawrence 在 1967 年提出的,其基本原理是用现代数字成像器件,例如电荷耦合器件(CCD)或互补金属氧化物半导体(CMOS),代替传统全息记录材料记录全息图,将全息图存储到计算机内或进行必要的数字化处理后,用计算机模拟再现取代光学衍射再现,实现全息记录、存储和再现全过程的数字化,给全息技术的发展和应用增加了新的内容和方法.与传统光学全息技术相比,数字全息技术克服了传统光学全息拍摄过程对环境(暗室、防震)要求高,照片冲洗不方便、不环保的问题,实验过程更加便捷.CCD 等数字器件记录数字全息图的时间比传统全息记录材料记录全息图所需的曝光时间短得多,使得实时动态记录成为可能;而且 CCD 可多次重复记录,提高了实验的灵活性和可操作性.由于数字全息采用计算机进行再现,可以方便地对所记录的数字全息图进行图像处理,减少或消除在全息图记录过程中的像差、噪声、畸变等因素的影响,而且可以对全息图进行滤波、存储、传输、加密等处理,拓展了全息的应用领域.随着空间光场调控技术的实用和快速发展,借助空间光调制器加载全息图在自由空间进行光学衍射再现,更推动了数字全息技术向实时动态显示和 3D 立体显示发展.目前,数字全息技术已开始应用于全息干涉计量、数字全息 3D 显示、全息干涉光学测量等多个领域.

1. 数字全息记录原理和光路

数字全息记录光路和传统光学全息类似,离轴全息图记录时,物光和参考光不平行,物参光夹角(即物光和参考光的夹角)θ 可以影响再现时空间频域内不同衍射级分量的位置.由于数字全息采用数字相机代替全息干板来记录全息图,因此想要获得高质量的数字全息图,并完好地再现出物光波,必须保证全息图表面上的光波的空间频率与记录介质的空间频率之间的关系满足奈奎斯特采样定理,即记录介质的空间频率必须是全息图表面上光波的空间频率的两倍以上.由于一般数字相机的分辨率(约 100 线/mm)比全息干板等传统记录介质的分辨率(达到 5000 线/mm)低得多,而且数字相机的靶面面积很小,因此数字全息的记录条件不容易满足,记录结构的考虑也有别于传统全息.目前数字全息技术仅限于记录和再现较小物体的低频信息,且对记录条件有其自身的要求,因此要想成功地记录数字全息图,就必须合理地设计实验光路.

设在全息图表面上的最大物参光夹角为 θ_{max},则数字相机平面上形成的最小条纹间距 Δe_{min} 为

$$\Delta e_{min} = \frac{\lambda}{2\sin(\theta_{max}/2)} \tag{2-3-1}$$

所以全息图表面上光波的最大空间频率为

$$f_{\max} = \frac{2\sin(\theta_{\max}/2)}{\lambda} \qquad (2\text{-}3\text{-}2)$$

一个给定的数字相机像素大小为 Δx，根据采样定理，一个条纹周期 Δe 要至少等于两个像素周期，即 $\Delta e \geq 2\Delta x$，记录的信息才不会失真. 由于在数字全息的记录光路中，所允许的物参光夹角 θ 很小，因此 $\sin\theta \approx \tan\theta \approx \theta$，有

$$\theta \leq \frac{\lambda}{2\Delta x} \qquad (2\text{-}3\text{-}3)$$

所以

$$\theta_{\max} = \frac{\lambda}{2\Delta x} \qquad (2\text{-}3\text{-}4)$$

在数字全息图的记录光路中，物参光夹角范围受到数字相机分辨率的限制. 由于现有的数字相机分辨率比较低，因此只有尽可能地减小物参光夹角，才能保证携带物体信息的物光中的振幅和相位信息被全息图完整地记录下来. 数字相机像素的尺寸一般在 $5\sim10\ \mu m$，故所能记录的最大物参光角在 $2°\sim4°$.

只要满足抽样定理，参考光可以是任何形式的，可以使用准直光或是发散光，可以水平入射到数字相机或是以一定的角度入射.

2. 数字全息再现方法

1) 数字再现

图 2.3.1 给出了数字全息图记录和再现结构及坐标系示意图. 物体位于 xOy 平面上与全息平面 $x_H O_H y_H$ 相距 d，即全息图的记录距离；物体的复振幅分布为 $u(x, y)$. 数字相机位于 $x_H O_H y_H$ 面上，$i_H(x_H, y_H)$ 是物光和参考光在全息平面上的干涉光强分布. $x'O'y'$ 面是数值再现的成像平面，与全息平面相距 d'，也称为再现距离. $u(x', y')$ 是再现像的复振幅分布，因为它是一个二维复数矩阵，所以可以同时得到再现像的强度和相位分布.

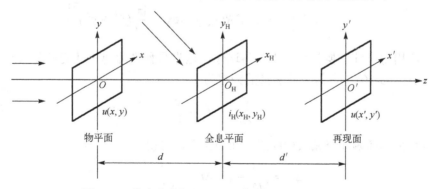

图 2.3.1　数字全息图记录和再现结构及坐标系示意图

对于图 2.3.1 的坐标关系，根据菲涅耳衍射公式可以得到物光波在全息平面上的衍射光场分布 $O(x_H, y_H)$ 为

$$O(x_H, y_H) = \frac{e^{jkd}}{j\lambda d} \iint u(x, y)\exp\left\{\frac{jk}{2d}[(x - x_H)^2 + (y - y_H)^2]\right\}dxdy \qquad (2\text{-}3\text{-}5)$$

其中 λ 为波长，$k = 2\pi/\lambda$ 为波数.

在全息平面上，设参考光波的分布为 $R(x_H, y_H)$，则全息平面的光强分布 $i_H(x_H, y_H)$ 为

$$i_H(x_H, y_H) = [O(x_H, y_H) + R(x_H, y_H)] \cdot [O(x_H, y_H) + R(x_H, y_H)]^* \tag{2-3-6}$$

其中上角标*代表复共轭. 用与参考光波相同的光波 $R(x_H, y_H)$ 再现全息图时，全息图后的光场分布为 $i_H(x_H, y_H) \cdot R(x_H, y_H)$.

在满足菲涅耳衍射的条件下，当再现距离为 d' 时，成像平面上的光场分布 $u(x', y')$ 为

$$u(x', y') = \frac{e^{jkd'}}{j\lambda d'} \iint i_H(x_H, y_H) R(x_H, y_H) \exp\left\{\frac{jk}{2d'}[(x' - x_H)^2 + (y' - y_H)^2]\right\} dx_H dy_H \tag{2-3-7}$$

将式 (2-3-7) 中二次相位因子 $(x' - x_H)^2 + (y' - y_H)^2$ 展开，则式 (2-3-7) 可写为

$$u(x', y') = \frac{e^{jkd'}}{j\lambda d'} \exp\left[\frac{j\pi}{\lambda d'}(x'^2 + y'^2)\right] \iint i_H(x_H, y_H) R(x_H, y_H) \exp\left[\frac{j\pi}{\lambda d'}(x_H^2 + y_H^2)\right]$$

$$\times \exp\left[-j2\pi \frac{1}{\lambda d'}(x_H x' + y_H y')\right] dx_H dy_H \tag{2-3-8}$$

在数字全息中，为了获得清晰的再现像，d' 必须等于 d（或者 $-d$）. 当 $d' = -d < 0$ 时，原始像在焦，再现像的复振幅分布为

$$u(x', y') = -\frac{e^{jkd}}{j\lambda d} \exp\left[-\frac{j\pi}{\lambda d}(x'^2 + y'^2)\right]$$

$$\times F^{-1}\left\{i_H(x_H, y_H) R(x_H, y_H) \exp\left[-\frac{j\pi}{\lambda d}(x_H^2 + y_H^2)\right]\right\} \tag{2-3-9}$$

当 $d' = d > 0$ 时，共轭像在焦，再现像的复振幅分布为

$$u(x', y') = \frac{e^{jkd}}{j\lambda d} \exp\left[\frac{j\pi}{\lambda d}(x'^2 + y'^2)\right]$$

$$\times F^{-1}\left\{i_H(x_H, y_H) R(x_H, y_H) \exp\left[\frac{j\pi}{\lambda d}(x_H^2 + y_H^2)\right]\right\} \tag{2-3-10}$$

这样，利用傅里叶变换就可以求出再现像，这也是称之为傅里叶变换算法的原因. 在式 (2-3-9) 和式 (2-3-10) 中，傅里叶变换的频率为

$$f_x = \frac{x'}{\lambda d}, \quad f_y = \frac{y'}{\lambda d} \tag{2-3-11}$$

根据频域采样间隔和空域采样间隔之间的关系，可得

$$\Delta f_x = \frac{1}{M\Delta x_H}, \quad \Delta f_y = \frac{1}{N\Delta y_H} \tag{2-3-12}$$

其中 M 和 N 分别为两个方向的采样点个数. 所以，全息平面的像素大小和再现像面的像素大小之间的关系为

$$\Delta x' = \frac{\lambda d}{M\Delta x_H}, \quad \Delta y' = \frac{\lambda d}{N\Delta y_H} \tag{2-3-13}$$

式 (2-3-13) 表明，再现像的像素大小和再现距离 d 成正比，再现距离越大，$\Delta x'$ 和 $\Delta y'$ 就越大，分辨率就越低。在数值再现的整个计算过程中，数字图像的像素总数是保持不变的，因此，再现像的整体尺寸也与再现距离有关，随着再现距离的增大而增大。

2) 光学再现

在全息记录的过程中，当来自物体表面的散射光与参考光照射在全息记录板上时，参考光波与物光波进行叠加，叠加后形成的干涉条纹图记录在全息记录板上。由于记录板上记录的是曝光期间内再现波前的平均能量，也就是说，记录板记录的仅仅是再现波的光强。全息记录板的作用相当于一个线性变换器，它把曝光期间内的入射光强线性地变换为显影后负片的振幅透过率。实现全息像的再现，只要将上述全息记录板，用原参考光束照明，就可得到物体的像。在再现的过程中，全息图将照射的光衍射成波前，这个衍射波就产生表征原始波前的所有光学现象。

利用空间光调制器代替干板进行光学再现。振幅型空间光调制器是通过对入射线偏振光进行调制后改变其偏振态，利用入射和出射偏振片的不同获得不同强度的出射偏振光，因此通过设置振幅型空间光调制器不同像素位置的灰度值，可以改变对应位置出射光的光强。因此可以用振幅型空间光调制器来代替再现干板，将记录时的复振幅透过率关系写入空间光调制器的液晶，则参考光被调制后，便可衍射生成被记录的物光信息。

利用空间光调制器来代替传统的全息干板，可以实现传统全息实验中无法实现的实时全息再现功能。但由于液晶空间光调制器的有限空间分辨率，全息记录的条件受到限制，在利用空间光调制器实现全息再现的系统中，记录时参考光角度不能大于由基于硅基液晶 (liquid crystal on silicon，LCOS) 芯片的空间光调制器分辨率决定的最大值，物体和全息面距离、物体尺寸都有相应较高的要求。同时考虑再现衍射像分离、提高系统分辨率等因素，上述参数的选取被限定在一定范围内，以保证获得较高质量的全息像。

3. 提高数字全息再现像质量的方法

数字全息在再现时，除实验需要的原始图像外，直透光和共轭像也同时在屏幕上以杂乱的散射光形式出现，而且扩展范围很宽，二者的存在对再现像的清晰度造成了很大影响，特别是直透光，由于空间光调制器周期性像素结构导致的黑栅效应，因而占据了大部分能量而在屏幕当中形成一个亮斑，致使再现像由于亮度相对较低，在屏幕上显示时因为太暗淡而使细节难以显示出来。如果能将直透光和共轭像去除，数字全息的再现像质量将会有大幅度的提高，应用范围也会相应扩大。为了达到上述目的，目前主要有三种方法可供选择，第一种方法是基于实验方案，如利用相移技术消除直透光和共轭像。这种方法不但去除效果好，而且可以扩大再现的视场，但至少需要记录 4 幅全息图，而且实验装置比较复杂，同时对环境的稳定性要求也比较高，更重要的是这种方法不适用于对生物细胞等非静止的物体的记录，因而应用范围受到限制，这里不做详细的介绍。第二种方法是频谱滤波法，即对数字全息图进行傅里叶变换和频谱滤波，将其中的直透光和共轭像的频谱滤掉。这种方法只需要记录一幅全息图，但是由于要进行一次傅里叶变换和逆变换，不仅浪费时间，而且在运算过程中，有用信息也会丢失，会使再现结果产生较大的误差。第三种方法是数字相减法，就是应用数字图像处理技术，直接在空域对全息图进行处理。这种方法不仅处理效果好，而且容易实现。下面对后两种方法进行详细分析。

1) 频谱滤波法

对于离轴数字全息图的频谱,如果载波的频率大于成像目标的最高频率的 3 倍,其零级亮斑、原始像和共轭像的频谱是彼此分开的,这也为应用频谱滤波法提供了可能性. 利用频谱滤波技术,只选择原始像的频谱部分用于数值再现,可以削弱或消除零级亮斑、共轭像以及噪声的影响,有效改善再现像的质量. 在频谱滤波法中,滤波窗口的选择至关重要,选取的原则是:既要让物体的高频信息通过,又要最大限度地过滤掉噪声,尽量选取较窄的频谱宽度. 实际上,物体的频谱一般主要集中于低频部分,而且在频谱的中心部分强度很大,集中了很大一部分能量;相对而言,其他的频谱成分集中的能量要小得多. 一般情况下,对数字全息图的频谱做二维滤波处理,滤波窗口需要是封闭的二维图形,通常用矩形窗口就能得到较好的结果,当然,滤波窗口也可以是圆形或者椭圆形的,这需要根据物体频谱分布的实际情况来确定.

虽然频谱滤波法有其突出的优点,即只需要拍摄一幅全息图,不增加实验装置的复杂性,但是频谱滤波法需要预先设计滤波器,而且对不同的全息图,滤波器的参数也不一样. 一般这种滤波器的参数需要对全息图有先验认识或先对全息图进行频谱分析才能确定,操作过程比较复杂,并且要对全息图进行多次变换操作,容易造成数值误差.

2) 数字相减法

如果全息图频谱不满足频谱分离条件,那么上面的方法就无法得到不受干扰的再现像,在这种情况下可以采用数字相减法将直透光消除掉,而且使 ±1 级衍射像保持不变,其基本过程如下:首先用数字相机记录下全息图的光强分布 i_H,然后保持光路不变,分别挡住参考光和物光,用同一个数字相机记录下它们各自的强度分布 I_R 和 I_O,最后利用计算机程序对上述所采集到的三组数据进行数字相减得到 i'_H,即

$$i'_H = i_H - I_O - I_R \tag{2-3-14}$$

其中 $I_O = |O(x,y)|^2$,$I_R = |R(x,y)|^2$,则

$$i'_H = |R(x,y)|^2 + |O(x,y)|^2 + R^*(x,y)O(x,y) + O^*(x,y)R(x,y) - |O(x,y)|^2 - |R(x,y)|^2$$
$$= R^*(x,y)O(x,y) + O^*(x,y)R(x,y) \tag{2-3-15}$$

因此对全息图进行处理后的数据进行数字再现时,在显示屏上就可以得到 ±1 级衍射像,而直透光将被消除.

数字相减法对参考光没有什么限制和要求,不论是在球面参考光还是在平面参考光的记录条件下都可以达到很好的效果. 数字相减法最大的缺点就是需要分别采集和存储全息图、物光图和参考光图,而且在采集此三幅图像的过程中,物光、参考光以及记录光路都不能发生变化,这在快速变化物场中是相当困难的.

四、实验装置及仪器

数字全息光学记录光路如图 2.3.2 所示,利用空间光调制器进行光学再现光路如图 2.3.3 所示.

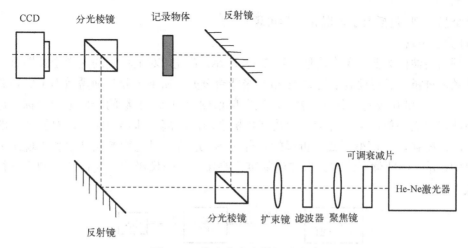

图 2.3.2　数字全息光学记录光路

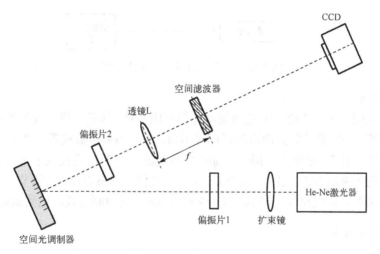

图 2.3.3　利用空间光调制器进行光学再现光路

五、实验内容

1. 基础实验内容

1)搭建干涉光路，拍摄数字光学全息图

(1)将氦-氖激光扩束准直并进行空间滤波，搭建 M-Z 干涉光路，合束后产生干涉条纹.

(2)调整物光与参考光的光程尽可能相等，且因光路稳定性的要求，光程不宜过长.

(3)受限于 CCD 分辨率，物光和参考光夹角不宜过大，例如，对于像素尺寸为 5 μm 的 CCD 相机，物参光夹角一般小于 4°. 调整物参光夹角，使得 CCD 上显示为较密集的竖直方向干涉条纹.

(4)调控物光和参考光的光强比例，使得经过目标物后的物光和参考光的光强大致相当.

(5)干涉场在 CCD 上的照度应调节适当，或者适当调节 CCD 曝光时间，使得 CCD 探测到的光强足够但是不要过曝，拍摄到的全息图条纹清晰，大小合适.

2）全息再现（包括数字再现和光学再现）

（1）数字再现．

以频谱滤波法为例，操作流程如图 2.3.4 所示．首先，对采集到的光学全息图进行傅里叶变换频域分析，观察频域中的±1 级和 0 级能否分开，如果未分开则需适当增大物参光夹角，直到±1 级和 0 级充分分开．然后，选取频谱图中+1 或−1 级的峰值位置坐标，选取合适的滤波窗口大小值，测量目标物和数字相机之间的距离，即再现距离，对滤波后的频谱作傅里叶逆变换，便可得到数字再现的目标物图．最后，研究物参光夹角和再现距离对再现效果的影响．借助频率滤波的方法消除零级亮斑和共轭像影响，使再现像的质量得到明显的改善．

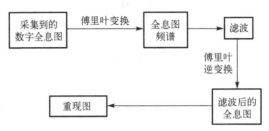

图 2.3.4　频谱滤波法的操作流程图

（2）光学再现．

首先，按照图 2.3.4 搭建空间光调制器光学再现光路．然后，将空间光调制器与计算机相连并接好电源，在屏幕设置页面检测新的显示器，并将多显示器设置为"扩展"．打开"光调制器光强输出软件"，选择输入图片，加载要再现的全息图，设置显示时间并点击播放加载全息图到空间光调制器上．最后，调节 CCD 到最佳位置观察再现像．调节空间光调制器入射光和出射光偏振方向使空间光调制器工作在纯振幅/光强调制方式，达到最好的再现效果．

2. 提升实验内容

1）研究光学记录最优化条件

根据不同目标物体的特征，研究光学记录最优化条件，提高光学记录质量，主要影响因素包括以下几个方面．

（1）空间带宽积，表述成像系统或信息处理系统的信息传递、处理的能力．目标物经过成像系统，要求系统本身的空间带宽积大于物体的空间带宽积，实验中的光源波长、透镜系统、空间光调制器和 CCD 的像素数目和像素大小满足空间带宽积匹配的要求．

（2）在全息图上，光波的空间频率与记录介质的空间频率之间的关系满足奈奎斯特定理只是一个基本要求．在满足空间频率要求的同时，也要保证一定的干涉条纹密度，使得再现时±1 级和 0 级能明显分开，因此物参光夹角有一个最优化范围．或者采用更高分辨率、更小像素尺寸的 CCD 相机，以提高记录介质的空间频率．

（3）根据目标物体大小调节物距、像距，使物体振幅和相位信息投射在 CCD 感光的有效面积内，满足视场匹配要求．

（4）调节物光和参考光的光强比，以及调节物光和参考光的偏振方向（保持一致），以进一步提高干涉条纹的对比度．

2) 空间光调制器的最优化设置

研究利用空间光调制器做光学再现时，空间光调制器的参数设置和调制方式以及其对再现效果的影响包括以下内容.

(1) 由于液晶空间光调制器的有限空间分辨率，全息记录的条件受到限制. 在利用空间光调制器实现全息再现的系统中，要求数字记录时的参考光角度不能大于空间光调制器分辨率决定的最大值，实验对物体和全息面距离、物体尺寸都有相应较高的要求. 同时考虑再现衍射像分离、提高系统分辨率等因素，上述参数的选取被限定在一定范围内，以保证获得较高质量的全息像.

(2) 空间光调制器代替传统全息干板加载振幅型全息图再现时的最优工作条件是纯振幅/光强调制模式，需要满足空间光调制器纯振幅/光强调制的光路要求和参数设定.

3) 再现像的优化方法

影响数字全息再现像质量的因素有多种，例如，空间光调制器的黑栅效应引起的零级直透光在再现像中心形成的大亮斑导致再现像对比度下降；共轭像的干扰影响再现像的信噪比；光路中的随机噪声和高频散斑噪声会影响再现像的清晰度. 相应的再现像优化方法也有多种，例如，可以采用图像数字相减的方法消除零级光的干扰，也可以采用傅里叶变换频谱滤波的方法，选取合适的滤波窗口将零级像和共轭像滤掉，只保留真实像，还可以通过中值滤波的方法滤除高频噪声，在保留图像精细结构的同时消除噪声干扰.

3. 进阶实验内容

1) 傅里叶变换全息图的记录和再现

傅里叶变换全息图记录的是目标物的傅里叶变换频谱与参考光干涉的条纹，实验中将目标物放在凸透镜的后焦面上，CCD 感光面放在凸透镜的前焦面(即频谱面)上记录参考光和物光频谱的干涉条纹. 利用空间光调制器进行再现时，全息图置于透镜的前焦面，在后焦面一定离焦距离可观察到目标物清晰的衍射像.

2) 计算全息的探索研究(数字记录、数字再现)

利用计算机模拟全息图的记录过程以产生理想物体的离轴菲涅耳数字全息图，并用菲涅耳衍射积分变换实现全息图的再现. 借助数字相减的方法消除零级直流分量的影响，使再现像更清晰，研究再现距离与记录距离的关系对再现图像的影响.

3) 计算全息图的光学再现(数字记录、光学再现)

通过 MATLAB 编程或现有软件生成全息图，读入空间光调制器中进行光学再现，可以是振幅型全息图或相位型全息图，这两种全息图的再现条件和方法不相同.

六、思考题

(1) 分析数字全息和传统光学全息的异同点.
(2) 调研分析数字全息技术的一种典型应用.
(3) 利用空间光调制器做全息光学再现和传统干板再现有什么不同？

七、参考文献

宋菲君, Jutamlia S. 1998. 近代光学信息处理. 北京: 北京大学出版社.

王瑞松，马宁，白永刚，等. 2014. 一种基于空间光调制器的全息实时光学再现实验系统: CN 201420369158.

余向阳. 2015. 信息光学. 广州: 中山大学出版社.

2.4　立体图像拍摄实验

一、实验目的

理解视差式立体显示的成像原理与实现方法，了解立体显示所产生的视觉疲劳的表现.

二、实验要求

(1)掌握平行光轴式和会聚光轴式立体图像的拍摄技能，研究基线、拍摄距离等参数对立体视觉效果的影响特性.

(2)使用数字量表对立体显示所产生的视觉疲劳进行量化评价.

三、实验原理

人类从外界获取的所有信息当中，80%以上是通过人眼视觉系统来完成的. 我们所处的世界是一个立体世界，小至原子、分子，大至星球、星系都存在三维尺度和相对的空间位置关系. 随着对事物认识的加深和科学技术的进步，人们对图像的要求也从二维平面转移到三维立体. 传统二维图像只能表现出景物的内容，并没有保留物体的远近位置等相关的深度信息. 立体图像很好地保留了物体的远近纵深的相对位置和分布状况等信息，这不仅大大地增强了临场感，而且视觉效果极具冲击力，可以给予人们良好的感官享受. 立体显示技术的显著优势使它在虚拟现实、电视电影、生物医学、航空航天与核技术等众多领域都有着良好的发展前景和广泛的应用价值.

1. 立体视觉

人在观看空间中的物体和场景时，单眼和双眼均能获得深度视觉，产生立体感，但是双眼因视差的原因，比单眼观看具有更强烈的立体感，以及更高的深度辨识精度. 立体视觉可分为两大类：单眼立体视觉和双眼立体视觉.

单眼获得立体信息的途径有以下几种.

1)调节、辐辏及三联动

调节指的是眼睛调整屈光能力以适应在不同距离下看清物体. 在观看距离不同的物体时，通过改变睫状肌的张弛程度来改变眼球晶状体的曲率，以达到成像清晰，如图 2.4.1 所示. 当调节于远处时，远处的物体成清晰的像，近处的物体模糊；当调节于近处时，近处的物体成清晰的像,远处的物体模糊. 大脑根据睫状肌的张弛程度来感知物体的距离. 调节立体感知的距离超过 5 米将会通过睫状肌张弛程度来感知距离的机制失效.

辐辏指的是眼睛调整其视线的夹角来对准物体，以达到双眼单视，获得最好的立体视觉，如图 2.4.2 所示. 当辐辏于远处时，双眼向外张开；当辐辏于近处时，双眼向内收敛. 这个过程也能确定物体与自身距离的远近. 立体感知失效距离与调节基本相同.

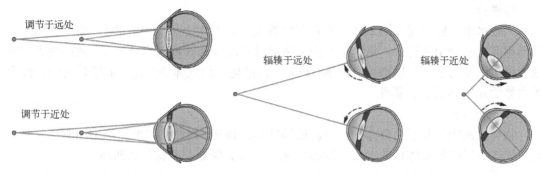

图 2.4.1　眼睛的调节作用　　　　　图 2.4.2　眼睛的辐辏作用

眼的三联动是指调节、辐辏和瞳孔大小变化的协调联动. 当调节由远到近时, 睫状肌收缩, 晶状体变凸, 屈光度增加, 使得焦点落于视网膜上, 与此同时, 眼睛内旋, 增加辐辏量, 使得焦点落于视网膜中心凹处; 同时也伴随着瞳孔缩小, 这样会使焦深上升, 然后眼睛根据焦点的深度对调节量进行控制, 这样眼睛就能看到清楚的近物体.

2) 运动视差

当观看者或被观看目标对象存在相对运动时, 视线方向产生一系列的连续变化, 视网膜上的图像也不断变化. 这些变化的图像之间存在因运动产生的视差, 所以在大脑的比较作用下也会产生立体视觉. 单眼运动视差形成的立体感知的有效距离为 300 m 以内.

3) 视网膜成像的相对大小

在观看距离不同的情况下, 同样大小的物体, 在视网膜上的成像大小是不一样的, 距离越远, 视网膜上的像越小. 大脑通过比较视网膜图像的相对大小可以判断物体的远近关系. 这一因素的立体感知有效距离为 500 m 以内, 如图 2.4.3 所示.

4) 线性透视

视觉中普遍存在 "近大远小" 的线性透视效应, 会让真实世界中的平行线在远处产生会聚, 甚至相交于一点, 如铁轨、电线等. 如图 2.4.4 所示, 两个球的大小是一致的, 但是感知到的是图片上方的球要明显大于下方的球. 远处的物体发出的光线由于受到空气的散射变得朦胧, 对比度将下降, 形成空气透射. 主观感知上, 我们会认为朦胧的物体离我们更远.

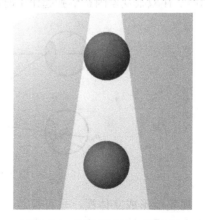

图 2.4.3　物体远小近大　　　　　图 2.4.4　两个球大小一样吗？

5) 视野

人眼水平方向的视野约 220°、垂直方向的视野约 130°，呈一个椭圆形. 而一般的显示仪器都有边框处于视野中，这个边界约束将明显减弱身临其境的立体视觉. 通过增大屏幕或者使边框不清楚，可以增强立体感. 例如，巨幕电影的立体感要比一般银幕的强，而全景电影的立体感则更加强烈.

6) 光和阴影

物体上的阴影和适当分布的光亮就能够增强立体感. 因此，二维图形添加阴影和光亮后，能产生三维的立体感觉. 如图 2.4.5 所示，一眼就能够判断物体的凹凸.

7) 重叠

重叠(也有称为物间穿插)能增强立体感，如图 2.4.6 所示，左图可以看成平面，也可以看成立体，而且容易导致立体错觉. 而右图部分线条被遮挡，其余的都没有变化，但是立体感增强了，立方体的视觉效果明显了.

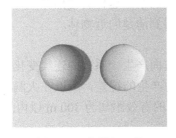

图 2.4.5　光影与凹凸

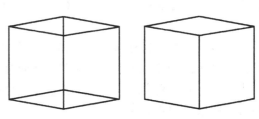

图 2.4.6　重叠的效果

双眼获得立体信息主要是双眼视差.

人眼瞳孔之间的距离为 58~72 mm，西方人相对于东方人要大一点. 双眼在看同一物体时，因为左右两眼视线方位不同，所以两眼的成像略有差异，这种差异称为双眼视差. 如图 2.4.7 所示，A 和 B 成像在左眼视网膜上的位置为 A_L、B_L，成像在右眼视网膜上的位置为 A_R、B_R. 视差即为 $\overline{A_L B_L} - \overline{A_R B_R}$. 利用三角知识，$\angle A$ 及 $\angle B$ 都应很小，有 $\angle B - \angle A = \overline{A_L B_L} - \overline{A_R B_R}$. 人眼黄斑中心凹能感知的精细立体视差为 $2''\sim1200''$. 视网膜周边能感知的粗略立体视差为 $0.1°\sim10°$. 在双眼视差因素单独起作用时，视距超过 250 m，人眼就失去立体感.

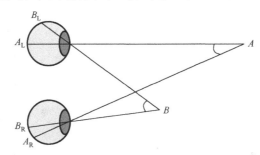

图 2.4.7　双眼视差

水平视差能形成立体视，垂直视差不但不能形成立体视，而且阻碍立体视. 如图 2.4.8 所示，是人眼看四棱锥的情况，左右眼能看到前面两个面，但是有一定的差异，通过大脑融像，所感知的物体如同在正前方所见的一样.

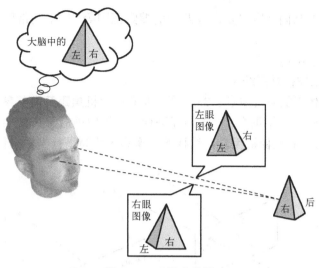

图 2.4.8　双眼立体视

2. 光分法 3D(偏振式 3D)显示技术

光分法可细分为双投影和平面显示两种方法. 平面显示光分法作为家用眼镜式 3D 显示的主流技术,是在液晶平面显示的基础上,将原有液晶面板前端的单向偏振滤光片改为隔行排布的双向偏振滤光片. 其奇偶数行的偏振滤色片的方向相反,恰好与辅助眼镜的双目镜片的方向一致,所以立体图像对可以通过眼镜进行分离(图 2.4.9).

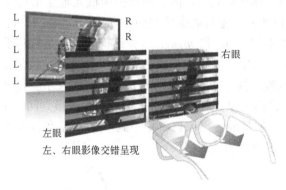

图 2.4.9　平面显示光分法原理图

早期的光分法 3D 显示技术使用线性偏振光作为承载图像对的光线. 由于线性偏振是偏振方向不变,光传输的角度固定,所以会出现头部不能移动的问题. 而圆偏振技术由于光的偏振方向旋转变化,所以左右眼看到的光的偏振以相反的方向旋转,因此,改进的光分法利用的是圆偏振技术,观察者的头部可以自由移动而不影响图像的质量.

3. 立体拍摄

双目立体视觉采用三角测量的方法,一般使用两个摄像机对同一景物从不同视角拍摄图像,然后从两幅投影图像恢复空间物体的三维形状. 两台摄像机之间不同的几何位置将直接影响双摄像机的共同视野以及图像匹配的搜索范围等. 以下是常用的双目立体摄像系统的结构.

1) 立体摄像光学结构

A. 平行光轴立体视觉系统

在平行光轴立体视觉系统中(图 2.4.10),左右摄像机焦距及内部参数均相等,两摄像机平行放置,摄像机的 x 轴重合,y 轴相互平行,左摄像机沿着其 x 轴方向平移一段距离 b(称为摄影基线)后与右摄像机重合,这样的摄像系统称为平行光轴立体系统.

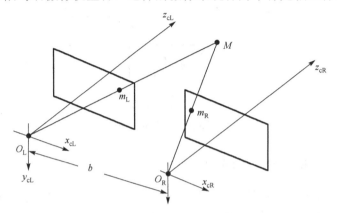

图 2.4.10　平行光轴立体视觉系统

B. 共光轴立体视觉系统

图 2.4.11 是共光轴立体视觉系统,前后两台摄像机光轴互相重合,基线距离为 b. MO_L 和 MO_R 分别交后摄像机和前摄像机的成像平面于 m_L 和 m_R,m_L 和 m_R 与各自成像平面中心的连线相互平行,如图中的 $m_L p_L$ 和 $m_R p_R$. 这种结构的优点是有利于实现左右图像之间的立体匹配. 但是在实际应用中,要使前后两台摄像机的光轴共线是很困难的. 同时,处于这种结构中的前后两台摄像机之间的基线距离 b 必须足够大才能同时观察到场景的同一部位,而 b 过大又将产生遮挡现象(即前后摄像机不能同时拍摄到同一部位,如物体上方的部位后台摄像机可以拍到,但是前台摄像机就拍不到),特别是在被测物体三维曲面的曲率较大、变化较剧烈时,情况更严重.

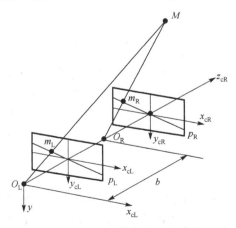

图 2.4.11　共光轴立体视觉系统

C. 会聚光轴立体视觉系统

图 2.4.12 是会聚光轴立体视觉系统结构. 左右两摄像机的光轴成一定的角度布置, 这种结构形式的摄像机安装方便, 可以根据被测对象的特点和系统的要求灵活调节两台摄像机之间的距离及摄像机的倾斜方向, 不过该结构不利于左右图像匹配.

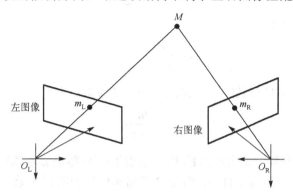

图 2.4.12　会聚光轴立体视觉系统结构

三种立体图像拍摄结构的优缺点对比见表 2.4.1.

表 2.4.1　三种立体图像拍摄结构的优缺点对比一览表

拍摄方式	优点	缺点
共光轴方式	有利于实现立体匹配	光学实现困难, 光路存在遮挡
会聚光轴方式	安装方便, 某些情况下立体感强烈	不利于实现立体匹配, 角度调节很麻烦, 数学模型复杂, 理论分析困难
平行光轴方式	结构简单, 容易实现, 数学模型简单, 有利于理论分析	某些立体效果无法拍摄出来(如物体凸出屏幕之外)

2) 立体视觉的摄像机几何模型

图 2.4.13 所示为用左、右(用 L、R 表示)两摄像机观测同一景物时的情形(以平行摄像系统为例). 物体上的点 P 在 L 摄像机中的成像点为 P_L(P 点与透镜中心 C_L 的连线与图像平面的交点), P 在 R 摄像机中的成像点为 P_R. 由光路可逆, 若已知图像平面上的一点 P_L 和透镜中心 C_L, 可唯一地确定一条射线 P_LC_L, 使得所有可成像在 P_L 点的物体点必定在这条 P_LC_L 射线上. 对于 R 摄像机, 若能找到成像点 P_R, 那么根据第二个图像点 P_R 与相应透镜中心 C_R 决定的第二条射线 P_RC_R 与 P_LC_L 的交点就是物体点 P 的位置. 因此, 若已知两台摄像机的几何位置, 且摄像机是线性的, 那么利用三角原理就可以计算物体在空间的位置. 射线 P_LC_L 上各点在右摄像机图像平面中的成像是一条直线(P_RP_R'), 该直线称为外极线(epipolar). 同理, P_RC_R 上各点在左摄像机图像平面中的成像也形成外极线. 因此, 如果已知空间点在一个图像平面中的成像点, 要寻找在另一图像平面中的对应点时, 只需沿此图像平面中的外极线搜索即可. 理想情况下, 两摄像机的光轴平行, 并且摄像机的水平扫描线位于同一平面时(即理想的平行光轴模型), 设 P 点在左、右摄像机图像平面中成像点相对于坐标原点 O_L 和 O_R(O_L 和 O_R 是左、右摄像机透镜光轴与图像平面的交点)的距离分别为 x_1、x_2, 则 P 点在左、右图像平面中成像点的位置差 x_1-x_2 被称为视差(disparity). 由图中几何关系得

$$\frac{z-f}{z} = \frac{a}{a+x_2} \qquad (2\text{-}4\text{-}1)$$

$$\frac{z-f}{z} = \frac{d-x_1+x_2+a}{d+x_2+a} \qquad (2\text{-}4\text{-}2)$$

由式（2-4-1）和式（2-4-2）得

$$a = \frac{dx_2}{x_1-x_2} - x_2 \qquad (2\text{-}4\text{-}3)$$

将式（2-4-3）代入式（2-4-1）得到物点 P 离透镜中心的距离 z 为

$$z = \frac{fd}{x_1-x_2} \qquad (2\text{-}4\text{-}4)$$

式（2-4-4）中 f 为透镜焦距，d 为两透镜中心之间的距离（即摄影基线），当摄像机几何位置固定时，视差 x_1-x_2 只与距离 z 有关，而与 P 点离相机光轴的距离无关. 视差越大说明物点离相机越近，反之越远.

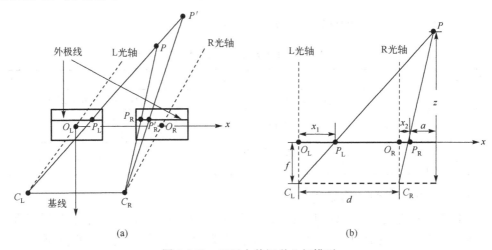

图 2.4.13　双目立体视觉几何模型

3）立体图像摄取的关键技术

立体电影的效果要求可以归结为"大视野、高清晰、亮度足、色泽好、多声道、三维正、眼累少、双机拍、双机放、相互结合". 其中的要求如亮度足、三维正、眼累少、双机拍等也可以作为我们拍摄一般景物时的效果标准. 为达到预期的拍摄效果，必须先分析与之相应的拍摄条件.

立体摄像机的结构组成直接关系到图像的立体效果，而立体效果与立体摄像机的左右摄像机的间距和夹角有着密切的关系. 其中左右摄像机镜头光轴之间的间距称作摄影基线.

摄影基线决定着立体像的空间前后纵长的深度，影响着立体影像与原景物空间的比例关系，并和立体视觉是否舒适有关. 拍摄中基线的数据大小，可由苏联电影摄影科学研究院的阿·恩·莎茨卡娅经多年的研究推荐的经验公式求出：

$$b = \frac{\Delta P L_{\min}}{f \left(1 - \dfrac{L_{\min}}{L_{\max}} \right)} \tag{2-4-5}$$

当 $L_{\max} \to \infty$ 时

$$b = \frac{\Delta P L_{\min}}{f} \tag{2-4-6}$$

其中, b 是摄影基线; L 为物点到摄像机的距离, 而 $L_{\min}$ 和 $L_{\max}$ 分别是拍摄画面内的近景和远景到立体摄像机的距离; ΔP 是左右摄像机对近景形成的视差 $P_{\max}$ 和远景形成的视差 $P_{\min}$ 的差值, 即

$$\Delta P = P_{\max} - P_{\min} = \frac{bf}{L_{\min}} - \frac{bf}{L_{\max}} \tag{2-4-7}$$

化简式 (2-4-7), 就可得到式 (2-4-5) 和式 (2-4-6).

由式 (2-4-4) 我们可以得到视差的计算公式 (b 相当于 d, L 相当于 z, P 相当于 $x_1 - x_2$)

$$P = \frac{bf}{L} \tag{2-4-8}$$

比较式 (2-4-8) 和式 (2-4-5) 可以看出, 式 (2-4-8) 只能说明某一物点在立体空间中的一点位置, 而不能说明立体空间的全貌, 而用远景和近景的视差值 ΔP 来评价立体空间的全貌则显得更加全面.

由式 (2-4-5) 和式 (2-4-6) 看出, ΔP 与摄影基线 b 成正比. ΔP 是决定立体感优劣的关键因素, 所以要得到预期的立体效果, 可根据 ΔP 的值来选取适当的 b 值进行拍摄. 实践中 ΔP 对立体感的影响有以下几个方面.

(1) ΔP 值越大, 立体效果越强, 立体感的空间氛围也就越好, 但是同时带来两眼视觉的不舒适感, ΔP 逐渐增大, 视觉疲劳程度就会增大, 严重时会破坏立体视觉. ΔP 减小时, 视觉不舒适感会逐渐消失, 但是立体效果也会逐渐下降, 最后和一般二维图像无异. 所以 ΔP 应该有一个处于立体效果和视觉舒适感之间的平衡经验值.

(2) 依据国内外一些学者的研究, 对会聚光轴拍摄系统, 若能使两个镜头对近景形成的会聚角和对远景形成的会聚角之间的差值 ΔP 等于 $70'$, 将获得良好的立体效果, 同时又能避免双眼的不舒适感. 这个标准的 ΔP 值是阿·恩·莎茨卡娅经过反复试验计算确定的. 对于立体电影在屏幕前放映时, $\Delta P = \dfrac{L_{头排}}{50K}$, 其中 K 为画面放大倍数, 对于液晶屏幕而言 K 可以取 $1 \sim 2$, $L_{头排}$ 是指放映厅头排座位到荧幕的距离, 对液晶屏幕而言, 即人眼到屏幕的距离. 将 ΔP 的计算式代入式 (2-4-5) 和式 (2-4-6) 得到

$$b = \frac{L_{头排} L_{\min}}{50Kf \left(1 - \dfrac{L_{\min}}{L_{\max}} \right)} \tag{2-4-9}$$

$$b = \frac{L_{头排} L_{\min}}{50Kf} \tag{2-4-10}$$

（3）假想屏幕位置的确定. 观看立体视频、玩立体游戏时，看到的立体效果可以简单地分为两种，一种是陷入屏幕之中，一种是跑出屏幕之外. 要想在拍摄得到的视频中有同样的效果，需要引入假想屏幕的概念. 如图 2.4.14 所示，在纵深景物恰当的位置，假设屏幕把纵深的景物切割成前后两段，这个假想中设定的平面到立体摄影机的距离便叫做假想屏幕的距离 L_r. 其值因立体摄影机两镜头的光轴是否能会聚而有不同的计算方法. 当摄像机两光轴互相平行而又垂直于摄影基线时，阿·恩·莎茨卡娅推荐的公式为

$$L_r = \frac{bf}{P_r} = \frac{bf}{P_{min} + \Delta Pn} = \frac{bf}{P_{max} - \Delta P(1-n)} \tag{2-4-11}$$

其中，L_r 是假想屏幕到立体摄像机的距离；P_r 是在距离 P 点 L_r 的假想屏幕上的视差；n 为分数因子，取值范围是 $0 \sim 1$：

$n = 0$ 时，假想屏幕处在远景物面上，放映时立体视频的所有画面都在屏幕前方；

$n = 1$ 时，假想屏幕处在近景物面上，放映时立体视频的所有画面都在屏幕后方；

$n = 0 \sim 1$ 时，假想屏幕处在远景物面和近景物面之间，放映时一部分立体影像出现在屏幕前方，另一部分便出现在屏幕后面.

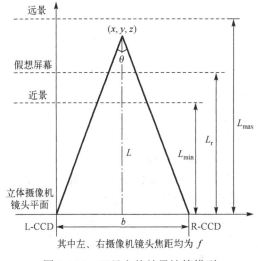

图 2.4.14 双目立体效果计算模型

在实际拍摄中，可拍到的画面范围内的近景物距 L_{min}、远景物距 L_{max}、摄像机镜头焦距 f，以及拍摄立体影像的标准 ΔP 均为已知数，由此即可求出近景视差 P_{max} 和远景视差 P_{min}，并根据公式（2-4-11）求出优选的基线距离 b.

4. 3D 显示与视觉疲劳度

与一般的平面图像相比较，立体图像能够提供更丰富的三维信息，观看者可以通过大脑融合的左右立体影像判断出物体的远近、纵深、相对位置和分布状况，这将大大地增强人们的临场感，而且极具冲击力的视觉效果在一定程度上给予了人们感官上很好的视觉体验.

观看 3D 立体影像引发的视觉疲劳非常明显，而 2D 显示影响较小. 有些观众在短时间内观看 3D 立体影像时会出现恶心、呕吐、头晕等不良反应；长期观看 3D 立体影像可能会使立体感知测试失败，有时会出现头痛、视力模糊、复视、眼睛疲劳等症状. 视觉疲劳可能导致的危害非常严重，不仅会使颈肩部肌肉紧张、酸痛和反射性头痛，甚至还可能降低免疫力，对致病因素缺乏抵抗能力，严重时会导致早衰等.

测量视觉疲劳和视觉不舒适程度的方法分为主观测量和客观测量.

(1)主观测量. 主观测量要求被试者在观看 3D 立体影像后完成主观问卷、自述等. 视觉疲劳作为一种主观的生理现象，用主观测量的方法能够真实地反映被试者的感受. 但是视觉疲劳现象包括的范围很广，而且因人而异. 很多研究仅仅提出一个问题，例如，你的视觉疲劳为多大？请以 5 分制作答，分值越高代表越疲劳. 主观测量一般不能进行实时测量.

(2)客观测量. 客观测量主要是使用生理信号测量、客观作业等手段. 这种测量方法最大的难处就是找到视觉疲劳相对应的生理信号. 但是视觉疲劳是一种主观方面的感觉，它是很多因素的叠加，用生理仪器测量将导致片面性.

客观作业，又名数字量表，是沿用心理学测量的一种方法. 人在疲劳状态下，大脑的工作能力将下降. 而数字校对出错率可以反映疲劳的程度. 实验过程中，校对作业观看的视差是正负交替出现的，由于视差不连续，辐辏变化太快，所以疲劳程度最严重；而负视差的辐辏角大于正视差，疲劳程度大于正视差.

四、实验装置及仪器

立体图像拍摄装置图如图 2.4.15 所示，所需实验仪器为偏振式 3D 显示器、3D 眼镜、控制计算机、CMOS 相机、三脚架(如实验需要)、旋转台、平移导轨、倾斜调整台. 立体显示视觉疲劳评价装置图如图 2.4.16 所示，所需实验仪器为偏振式 3D 显示器、3D 眼镜、控制计算机、颚托、数字量表、卷尺.

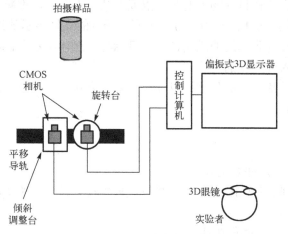

图 2.4.15 立体图像拍摄装置图

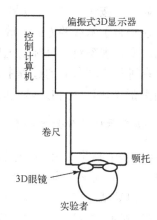

图 2.4.16 立体显示视觉疲劳评价装置图

五、实验内容

1. 立体图像拍摄与视觉效果评价

(1) 安装摄像头(两只)至调节架,调节两个摄像机的高度一致,使两者的光轴平行.

(2) 连接 CMOS 相机与计算机主机,并在 USB 端口插入密钥.

(3) 打开立体拍摄软件"StereoCapture",点击"预览图像"按钮,使软件的两个工作窗口分别显示左、右两个摄像机捕获的实时图像.

(4) 观察左、右摄像机所拍摄图像的视差是否正确,如果不正确,请将左、右两摄像机的数据线交换.

(5) 在摄像机正前方需要拍摄目标物立体影像的位置放置标定板,调节两个摄像机镜头的对焦环,使得焦平面与标定板重合.

(6) 取走标定板,在其原位置附近放置所需要拍摄的目标物.

(7) 调节两个摄像机的"曝光时间""ADC 级别""电子增益"一致,打开白平衡.调节两个摄像机的光圈,使两者的画面亮度基本一致,如果光圈值接近但是画面亮度差距较大,可重复步骤(7).

(8) 测量摄像机基线 b 中点至目标物的距离 L,调整调节架使得基线 b 与距离 L 满足 $L = 30b$ 关系.

(9) 点击软件界面上的"立体显示"按钮,使屏幕进入立体显示状态.

(10) 调整基线 b 的大小,寻找最佳的拍摄条件(基线 b、拍摄距离的组合).

(11) 调整光圈大小与曝光时间,在保证画面亮度的同时观察不同光圈大小对立体显示效果的影响.

(12) 拍摄方式由平行光轴式改变为会聚光轴式,首先按键盘的"Esc"键退出 3D 显示状态.

(13) 调节两个摄像头的焦点,使其会聚在目标物上的某一点或者某一平面上,重新点击"立体显示"按钮,进入 3D 显示状态,对比两种拍摄方式下同一场景的立体显示效果.

(14) 在垂直于基线的方向,改变目标物到基线的距离,实现目标物在立体显示中正、负视差的改变,观察对应目标物出屏和入屏视觉的变化.

(15) 在进行步骤(14)的过程中,记录基线 b 的长度,以及实验者认为立体显示效果最舒适的拍摄距离(即目标物到基线的距离).

2. 立体显示视觉疲劳度评价

(1) 在屏幕中心前方 50 cm 处放置颚托,并固定好.

(2) 选择一名同学作为被试者,让其佩戴好 3D 眼镜后,将下颚放置在颚托上,调整颚托高度,使得被试者可以水平直视屏幕中心.

(3) 开始对被试者进行"数字量表"测试的模拟训练.

① 主试者打开"数字量表示例 1.xls",让被试者在一分钟内判断相邻两个数组是否一致,认为一致记录为"√",不一致为"×".限时结束时,不管被试者是否完成数字量表问卷,均结束对数字量表的判读.

②完成步骤①后，关闭"数字量表示例 1.xls". 打开"StereoCapture"软件，点击"打开左图"，选择"模拟测试用图像"文件夹下的立体左视图，然后点击"打开右图"，选择"模拟测试用图像"文件夹下的立体右视图，最后点击"立体显示"按钮，切换屏幕进入立体工作状态，显示对应的立体图像.

③让被试者观看此时屏幕上的立体图像两分钟，然后再打开"数字量表示例 2.xls"，让被试者进行与步骤①一致的测试.

④测试完毕，让被试者离开颚托，闭目休息或者远眺绿色植物 5 分钟，缓解视觉疲劳.

注意：该模拟训练根据时间安排可让被试者进行 2～5 次，令被试者熟悉数字量表测量的操作，避免在实际测量中由于被试者不断熟悉"数字量表"测试方案而产生误差.

(4)开始进入正式测试环节，让被试者佩戴好 3D 眼镜，将下颚放置在颚托上.

(5)随机在"正式测试用数字量表"文件夹中抽取一份数字量表让被试者进行该视差条件下(实验)前测，测试的条件与步骤①相同.

(6)点击"打开左图"，选择某个视差编号的文件夹下的立体左视图；点击"打开右图"，选择某个视差编号的文件夹下的立体右视图；点击"立体显示"按钮，切换屏幕进入立体工作状态，显示该确定视差的立体图像.

(7)让被试者观看此时屏幕上的立体图像 5～10 min，然后随机在"正式测试用数字量表"文件夹中抽取一份数字量表让被试者进行该视差条件下(实验)后测.

(8)让被试者离开颚托，闭目休息或者远眺绿色植物 5～10 min，缓解视觉疲劳.

(9)更换另外一组视差的立体图片，循环进行步骤(4)～(8)，直至所有视差图片对或者所需的视差图片对测试完毕.

注意：不同视差测试图像的测试顺序为伪随机排列，即被试者不清楚所做测试对应的视差，但是主试者知道每次测试所使用的视差条件，从而避免心理暗示对测试结果的影响.

(10)进行数据处理：

①统计正式测试中每张数字量表的判别正确率.

②将同一视差条件下的前测判别正确率减去后测判别正确率，得到判别正确率的变化差值.

③将上述数据画成"视差-判别正确率变化差值"曲线，该曲线反映了视觉疲劳度随视差变化的规律.

3. 实验过程要求

(1)进行立体显示疲劳度评价的期间，需要保证被试者在休息时，能尽量舒缓神经，有条件的话，可观看窗外绿色景物和聆听舒缓的轻音乐.

(2)做完实验后，将实验结果交由老师检查. 将实验记录牌、3D 眼镜和颚托恢复原位，关闭计算机.

六、思考题

(1)对比平行光轴式和会聚光轴式两种拍摄方式适用的场合.

(2)如果改变颚托的放置距离，请问此时的视觉疲劳感应会发生变化吗？

七、参考文献

王嘉辉, 程义, 李焜阳, 等. 2013. 3D 显示方式与视差对视觉疲劳的影响研究. 中山大学学报(自然科学版), 52(5): 1-5.

王嘉辉, 李佼洋, 周延桂, 等. 2017. 三维摄像与显示综合实验. 物理实验, (37): 6-11.

王琼华. 2011. 3D 显示技术与器件. 北京: 科学出版社.

赵大泰. 2011. 3D 显示技术及其教育应用研究. 西安: 陕西师范大学.

【科学素养提升专题】

母国光：不灭的科学与教育之光

母国光(1931～2012)，中国科学院院士、光学家，是中国早期从事光学、应用光学、光学仪器研究工作的学术带头人. 在白光光学图像处理、光学模式识别、机器视觉、褪色胶片的彩色恢复、彩色胶片的档案存储、黑白片作彩色摄影和显示、菲涅耳全息和串码滤波的三维目标识别、假彩色编码以及光学神经网络模式及其在识别中应用等方面，母国光都提出重要的新概念和新技术，推动了现代光学信息处理学科的发展. 他设计并研制出多种新型的光学仪器和器件，如白光光学图像处理系统、彩色电视显像管涂屏用的光学校正镜、防空预警雷达信号的光学投影系统、锥轴深椭球冷反光镜等.

1970 年 1 月 16 日，为尽快实现彩色电视机的国产化，国家多个部委联合决定集中技术力量研制彩色电视系统. 由于当时政策上要求自主创新，因此许多技术难题一下子涌现在各位专家面前，显像管制造是其中一项关键技术. 能够参加汇集了全国顶尖专家的彩电大会战，是每一个光学工作者的梦想，但是由于某些原因，母国光未能正式参加，但他在幕后做出了重要贡献，母国光成了彩电大会战的无名英雄. 20 世纪 70 年代末，世界光学领域面临一项迫在眉睫的重大课题，由于化学燃料不可避免的自然褪色，因此感光胶片记录的彩色图像无法长期保存. 1980 年正在美国做访问学者的母国光开始着手解决彩色胶片褪色的问题，1981 年回到国内后，他开始做进一步的尝试，最终实现了只用黑白胶片就能拍摄彩色图像的技术，在那个没有彩色数码照相机、计算机技术也不发达的年代，他解决了保存彩色影像的技术难题. 凭借此项技术，母国光先后获得了国家发明奖二等奖和三等奖、国家自然科学奖三等奖. 在 1991～1994 年，他先后当选中国科学院和第三世界科学院院士，以及国际光学委员会副会长.

杨振寰：侠义仁心，桃李天下

杨振寰（Francis T. S. Yu），美籍华裔科学家，美国宾夕法尼亚州立大学电气工程系资深教授，是国际著名的光学信息处理专家，在 1978 年提出了一步彩虹全息. 他长期从事光学信号处理、全息术、信息光学、光学计算、神经网络、光折射光学、光纤传感器与光子器件等领域的研究，成绩斐然，在中外光学界都享有很高的声誉.

他生在中国福建，4 岁时随父亲去了菲律宾，长大后到美国学习与工作. 他虽然一直在美国生活，但心系祖国，对祖国的文化有深刻的了解，对自己的民族和人民怀有非常深厚的感情. 杨先生至退休前一共指导了 49 名博士生，其中 37 名是中国留学生. 在招收博士生时，他特别关照中国的留学生，这自然引起了学校某些人的非议. 但杨先生不受影响，仍然多招中国学生. 20 世纪 80 年代初，青年庄松林到美国学习时，便被杨先生招为博士生，获得了博士学位，后当选为中国工程院院士. 自 20 世纪 80 年代以来，到美国访问的中国学者只要想到他的实验室访问学习，他都热烈欢迎，竭诚相待. 中国许多信息光学专家，包括中国光学学会原理事长母国光教授都到他的实验室进修过. 国际光学学会原副主席、清华大学金国藩教授也到他的实验室访问过. 杨先生和他的夫人查露茜教授对中国留学生和访问学者的学习和生活关怀备至，对他们的学习和进修给予具体指导和建议，尽自己的一切可能去帮助他们，甚至提供经济上的援助. 杨先生说："我将成功归功于所有我的学生，过去的还有现在的. 他们不仅是我忠实的合作者，还是我的朋友. 虽然我指导他们怎样去独立地研究，但我又不经意地从他们那里学到了一些东西. 总的来说，没有他们的努力与奉献，我们无法完成那些交给我和他们的任务."

液晶器件与光控取向技术

全息术

第 3 章　激光原理与技术

3.1　He-Ne 激光原理实验

一、实验目的

理解 He-Ne 激光的产生原理，掌握 He-Ne 激光谐振腔的调节方法，测量 He-Ne 激光的重要性能参数.

二、实验要求

(1) 掌握 He-Ne 激光谐振腔的调节方法.

(2) 理解 He-Ne 激光束横向光场分布的特性和激光束发散角的意义，掌握测量激光光束大小及发散角的方法.

(3) 理解共焦球面扫描干涉仪的工作原理.

(4) 掌握观测横纵模的方法.

三、实验原理

1. He-Ne 激光束光斑大小和发散角

激光束虽有方向性好的特点，但它不是理想的平行光，具有一定的发散角.

1) 光束的发散角 θ

激光器发出的激光束在空间的传播如图 3.1.1 所示，光束截面最细处称为束腰. 将柱坐标 (z,r,φ) 的原点选在束腰截面的中点，z 是光束传播方向，束腰截面半径为 ω_0，距束腰为 z 处的光斑半径为 $\omega(z)$，三者的理论关系见公式 (3-1-1)

$$\omega(z) = \omega_0 \left[1 + \left(\frac{\lambda z}{\pi \omega_0^{\,2}} \right)^2 \right]^{1/2} \tag{3-1-1}$$

其中 λ 为激光束的波长. 上式可改写成双曲线方程

$$\left[\frac{\omega(z)}{\omega_0} \right]^2 - \left[\frac{z}{\pi \omega_0^{\,2} / \lambda} \right]^2 = 1$$

定义双曲线渐近线的夹角 θ 为激光束的发散角，则有

$$\theta = 2\lambda / (\pi \omega_0) = 2\omega(z) / z \quad (z \text{ 很大}) \tag{3-1-2}$$

由式 (3-1-2) 可知，只要测得离束腰很远的 z 处的光斑大小 $2\omega(z)$，便可算出激光束发散角 θ.

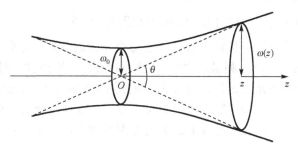

图 3.1.1　激光束的发散角

2) 激光束横向光场分布

在图 3.1.1 中，激光束沿 z 轴传播，其基模的横向光场振幅随柱坐标值 r 的分布为高斯分布形式

$$E(r) = E(z)\exp[-r^2/\omega^2(z)] \tag{3-1-3}$$

式中，$E(z)$ 是离束腰 z 处横截面内中心轴线上的光场振幅；$\omega(z)$ 是离束腰 z 处横截面的光束半径；$E(r)$ 则是该横截面内离中心 r 处的光场振幅. 由于横向光场振幅分布是高斯分布，故这样的激光束称为高斯光束. 当量值 $r = \omega(z)$ 时，$E(r)$ 为 $E(z)$ 的 1/e，因此将光束半径 $\omega(z)$ 定义为振幅下降到中心振幅 1/e 的点离中心的距离.

实际测量中，测得的是光束横向光强分布，光强正比于振幅的平方，故将式(3-1-3)两边平方后得式(3-1-4)

$$I(r) = I(z)\exp[-2r^2/\omega^2(z)] \tag{3-1-4}$$

因此光束半径 $\omega(z)$ 也可定义为光强下降为中心光强 $1/e^2$ 的点离中心点的距离.

图 3.1.2 为激光束基模横向振幅分布(虚线)和光强分布(实线)，并且均已作归一化.

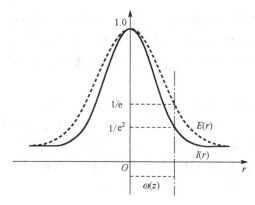

图 3.1.2　激光束基模横向振幅分布(虚线)和光强分布(实线)

3) 光束半径和发散角的测量

本实验中所用的激光器是平凹型谐振腔 He-Ne 激光器，其腔长为 L、凹面曲率半径为 R，激光波长为 $\lambda = 632.8 \text{ nm}$，则可得到其束腰处的光斑半径为

$$\omega_0 = \left(\frac{L\lambda}{\pi}\right)^{1/2}\left(\frac{R}{L}-1\right)^{1/4} \tag{3-1-5}$$

由这个 ω_0 值，也可从式(3-1-2)算出激光束的理想发散角 θ.

这种激光器输出光束的束腰位于谐振腔输出平面镜的位置. 实验中通过狭缝测量距束腰距离 $1\sim3$ m 处的光束半径. 测量过程中，狭缝沿光束直径方向横向扫描，而紧贴狭缝放置的硅光电探测器给出激光束光强横向分布. 根据测得的激光束光强横向分布曲线，求出光强下降到最大光强的 $1/e^2$（$e = 2.718281828$，$1/e^2 = 0.13533$）处的光束半径，这就是激光光斑大小 $\omega(z)$ 的描述. 然后根据式(3-1-2)算出光束发散角 θ，可与由式(3-1-5)计算的结果作比较与分析.

注意：测量时应使测量狭缝的宽度设置为光斑大小的约 1/10.

2. 共焦球面扫描干涉仪与 He-Ne 激光束的模式分析

1) 激光器的振荡模式

激光器内能够发生稳定光振荡的形式称为模式. 通常将模式分为纵模和横模两类. 纵模描述了激光器输出分立频率的个数；横模描述了在垂直于激光传播方向的平面内光场的分布情况. 激光的线宽和相干长度由纵模决定，而光束发散角、光斑直径和能量的横向分布则由横模决定.

激光器的纵模：只有当激光器腔长 L 恰是半波长整数倍时才能形成稳定的振荡. 即有

$$\nu_q = qc / (2n_2 L) \tag{3-1-6}$$

式中，ν_q 为形成稳定振荡的频率；q 为纵模阶数；n_2 为腔内介质折射率；c 为光速. 通常我们不需要知道 q 多大，只需要知道有几个不同的 q 值，即有几个不同的纵模. 相邻两纵模（$\Delta q = 1$）的频率差为

$$\Delta\nu = c / (2n_2 L) \tag{3-1-7}$$

从式中可以看出，相邻纵模频率间隔 $\Delta\nu$ 相等，并和激光器的腔长 L 成反比；腔长越长，纵模间隔越小，满足振荡条件的纵模数越多；相反，腔长越短，纵模间隔越大，在同样的增益带宽曲线范围内，纵模个数越少. 因此，经常用缩短腔长的办法来获得单纵模运行的激光器.

激光器的横模：对于满足形成驻波共振条件的各个纵模来说，还可能存在着横向场分布不同的横模. 我们用符号"TEM_{mnq}"来描述激光谐振腔内电磁场的情况. TEM 代表横向电磁场，m、n 脚标表示沿垂直于传播方向某特定横模的阶数(特指两个垂直方向场强分布为零的节点数). 图 3.1.3 是典型的 He-Ne 激光的各种横模图形分布.

某一个任意的 TEM_{mnq} 模的频率 ν_{mnq} 经计算得

$$\nu_{mnq} = \frac{c}{4n_2 L}\left\{2q + \frac{2}{\pi}(m+n+1)\arccos\left[\left(1-\frac{L}{r_1}\right)\left(1-\frac{L}{r_2}\right)\right]^{1/2}\right\} \tag{3-1-8}$$

式中，r_1、r_2 分别是谐振腔两个反射镜的曲率半径. 若横模阶数中 m 增加到 $m' = m + \Delta m$，n 增加到 $n' = n + \Delta n$，则

$$\nu_{m'n'q} = \frac{c}{4n_2 L}\left\{2q + \frac{2}{\pi}(m+n+1+\Delta m+\Delta n)\arccos\left[\left(1-\frac{L}{r_1}\right)\left(1-\frac{L}{r_2}\right)\right]^{1/2}\right\} \tag{3-1-9}$$

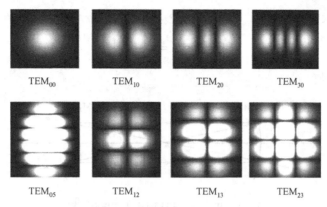

图 3.1.3　激光的各种横模图形

所以，同一纵模不同横模，其频率亦有差异. 不同横模之间的频率差经计算得

$$\Delta v_{mnm'n'} = \frac{c}{2n_2 L}\left\{\frac{1}{\pi}(\Delta m + \Delta n)\arccos\left[\left(1-\frac{L}{r_1}\right)\left(1-\frac{L}{r_2}\right)\right]^{1/2}\right\} \tag{3-1-10}$$

　　将横模频率差公式 (3-1-10) 和纵模频率差公式 (3-1-7) 相比，二者相差一个分数因子，并且相邻横模 ($\Delta m = 1$、$\Delta n = 1$) 之间的频率差一般总是小于相邻纵模的频率差. 例如，增益频宽为 1.5×10^9 Hz、腔长 $L = 0.24$ m 的平凹谐振腔 ($r_1 = 1$ m, $r_2 = \infty$) 激光器，其纵模频率差按式 (3-1-7) 计算得到 6.25×10^8 Hz；对于横模 TEM_{00} 和横模 TEM_{01} 之间的频率差按式 (3-1-10) 计算得到 $\Delta v_{0001} = 1.02 \times 10^3$ Hz ($n_2 = 1.0$). 这支激光器的增益频宽 1.5×10^9 Hz 里含有 2.5 个纵模. 当用扫描干涉仪来分析这支激光器的模式时，若它仅存在 TEM_{00} 模，有时可看到三个尖峰，有时可看到两个尖峰；当还存在 TEM_{01} 模时，可有两组或三组尖峰，有的组可能有一个峰. 这些都是由激光器腔长 L 的变化所得到的. 用扫描干涉仪分析激光器模式是很方便的.

　　2) 共焦球面扫描干涉仪工作原理

　　利用共焦球面扫描干涉仪可以分析激光的纵模和横模，它是一个没有激活介质的光学谐振腔，其光路图如图 3.1.4 所示. 本实验中，该干涉仪是由两个曲率半径 r 相等，镀有高反膜层的球面镜 M_1、M_2 组成的，二者之间的距离 L' 称作腔长. 这里，腔长 L' 恰等于曲率半径 r，所以两反射镜焦点重合，组成共焦系统. 当一束波长为 λ 的光近轴入射到干涉仪内时，在忽略球差的情况下，光线走一闭合路径，即光线在腔内反射，往返两次之后又按原路行进. 第一次反射的光强有

$$I_1 = I_0\left(\frac{T}{1-R^2}\right)^2\left[1+\left(\frac{2R}{1-R^2}\right)^2\sin^2\beta\right]^{-1} \tag{3-1-11}$$

第二次反射的光强有

$$I_2 = R^2 I_1 \tag{3-1-12}$$

式 (3-1-11) 中，I_0 是入射光强，T 是透射率，β 是往返一次所形成的相位差，即

$$\beta = 2n_2 L' 2\pi / \lambda \tag{3-1-13}$$

当 $\beta = k\pi$（k 是任意整数），即

$$4n_2L' = k\lambda \tag{3-1-14}$$

时，透射率有极大值.

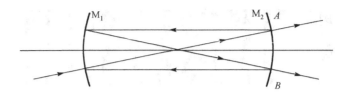

图 3.1.4　共焦球面扫描干涉仪内部光路图

据式(3-1-14)可知，改变腔长 L' 或改变折射率 n_2，就可以使不同波长的光以最大透射率透射，实现光谱扫描. 本实验中将锯齿波电压加到压电陶瓷上，驱动和压电陶瓷相连的反射镜来改变腔长 L'，以达到光谱扫描的目的. 此外也可以采用改变腔内气体气压的方法来改变 n_2.

共焦球面干涉仪的性能指标主要有以下几个.

(1)自由光谱范围 $\Delta\lambda$：

$$|\Delta\lambda| = (\lambda/k)_{\Delta k=1} = \lambda^2/(4n_2L') \tag{3-1-15}$$

式(3-1-15)所表示的 $\Delta\lambda$ 就是干涉仪的自由光谱范围，用 $\Delta\nu$ 频率间隔表示

$$|\Delta\nu| = c/(4n_2L') \tag{3-1-16}$$

自由光谱范围 $\Delta\lambda$ 在 $n_2=1$ 时，仅由腔长 L' 决定，它表征在 $\lambda \sim \lambda + \Delta\lambda$ 范围内的光产生的干涉圆环不互相重叠.

(2)分辨本领 R_0：定义为波长 λ 和在该处可分辨的最小波长间隔 $\delta\lambda$ 的比值，即

$$R_0 = \lambda/\delta\lambda \tag{3-1-17}$$

(3)精细常数 F：描述干涉仪谱线细锐程度的物理量，它被定义为干涉仪的自由光谱范围和分辨极限之比，即

$$F = \Delta\lambda/\delta\lambda = \Delta\nu/\delta\nu \tag{3-1-18}$$

这里，分辨极限指干涉仪所能分辨的最小频率差，可用仪器带宽(干涉仪透射峰的频率宽度)代替，实验中就是一个模的半值宽度. 为了分辨相隔很近的谱线，要求干涉仪有足够宽的带宽.

此外，F 也表征了在自由光谱范围内可分辨的光谱单元的数目. 干涉仪精细常数受反射镜面的规整度和反射率 R 影响. 共焦球面干涉仪的反射率 R 和精细常数 F 之间的关系为

$$F = \pi R/(1-R^2) \tag{3-1-19}$$

四、实验装置及仪器

He-Ne 激光谐振腔调节、光束直径和发散角测量实验装置及配件如图 3.1.5 所示. 其中，发散角测量光路设置如图 3.1.6 所示. 对照图 3.1.5 和激光装置操作手册[①]，认识 He-Ne 激光谐振腔各组成部分及相关测量配件，具体如下：He-Ne 激光管(②)及其控制器(了解面板各区域对应功能)、参考激光器(⑥)及其控制器、光学导轨(①)(注意导轨位置标尺)、凹(球)面腔镜(③)、输出(平面)腔镜(④)、光电探测器(⑤)、反射镜(⓪)、游标卡尺、微位移台、刀口狭缝.

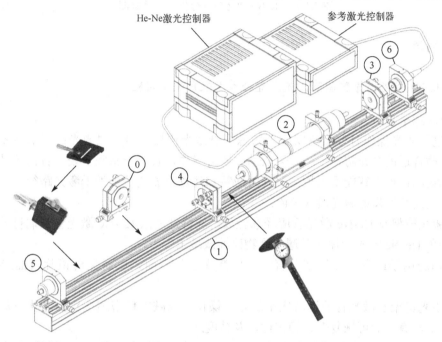

图 3.1.5　He-Ne 激光谐振腔调节、光束直径和发散角测量实验装置及配件

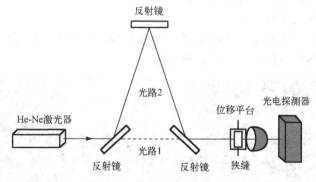

图 3.1.6　激光束光斑大小和发散角测量光路设置

He-Ne 激光模式分析实验装置图如图 3.1.7 所示，所需仪器为 He-Ne 激光器、F-P 共焦球面扫描干涉仪、光电探测器、高压锯齿波发生器、示波器等.

---

① 请参考：https://www.e-las.com/products/laser-basics/ca-12000102-he-ne-laser.

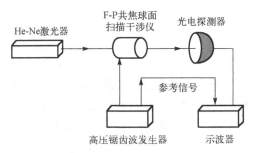

图 3.1.7　He-Ne 激光模式分析实验装置图

五、实验内容

1. He-Ne 激光谐振腔调节、光束直径和发散角测量实验

实验注意事项:

(1)进行激光操作时要注意安全,切忌迎着激光传播方向直视激光;调节激光器过程中建议佩戴合适的激光防护镜,并采取站立姿势操作,且不能佩戴手表、首饰等具有高表面反射率物品;使用智能手机拍摄照片时应特别注意不能使手机处于激光路径中,以避免由于手机高反表面反射激光造成危险.

(2)激光镜架及 He-Ne 激光管应轻拿轻放,应特别注意 He-Ne 激光管玻璃材质的易碎特性,避免 He-Ne 激光管摔落及遭受硬物碰撞或敲击.

(3)切勿用手或身体任何部分直接接触激光镜片表面,以避免对镜片表面造成严重沾染.

(4)激光镜架及激光管的调节应平缓轻微操作,以减缓精密螺旋头的老化及形变,从而保证调节具有高的可恢复性、稳定性以及精度.

(5)激光镜架及激光管调节应在其已被锁紧的情况下操作,切勿在锁紧过程中用力过度,造成锁紧螺纹及导轨承受高压而产生不可逆形变.

1)了解 He-Ne 激光实验装置

对照图 3.1.5 和图 3.1.8,以及 He-Ne 激光器用户操作手册(参考文献所列)的相关信息,认识 He-Ne 激光器各组成部分及相关测量配件.

图 3.1.8　He-Ne 激光实验装置完成基本光路设置后的状态

2)确定 He-Ne 激光光轴

(1)光电二极管的放大器增益(amplifier gain)设置为 5.

(2)开启参考激光器(⑥)激励电源,输出参考激光,调节参考激光调节架,使光电探测器(⑤)示数达到极大(约为 1.0),且参考激光光斑处于光电探测器(⑤)Si 光电二极管有效探测区域中部附近.

3)输出(平面)腔镜镜面准直

(1)在光学导轨(①)60 cm(或 90 cm)处放上输出(平面)腔镜(④)(透过率为 2.4%)并锁紧镜架. 锁紧镜架过程中应先令镜架基座非锁紧螺丝端与光学轨道紧贴,然后再旋转锁紧螺丝实现对镜架的锁紧.

(2)如图 3.1.9 所示,调节输出(平面)腔镜(④)镜架,使输出(平面)腔镜反射的光束沿参考光路准直传播. 可先基于输出(平面)腔镜反射光束在参考激光器输出窗口的偏移情况及光散射状态作初步调整,然后基于参考激光器输出窗口多重反射的光束在输出(平面)腔镜上的对准状态作进一步微调.

图 3.1.9　输出(平面)腔镜准直调节

4)凹(球)面腔镜镜面准直

(1)在光学导轨(①)10 cm(或 140 cm)处放上凹(球)面腔镜(③)(球面半径为 100 cm,透过率<0.1%)并锁紧镜架.

(2)如图 3.1.10 所示,调节凹(球)面腔镜(③)镜架,使参考激光经凹(球)面腔镜反射后的光束沿参考光路准直传播. 可先利用凹(球)面腔镜在输出(平面)腔镜镜面上所产生的会聚光点与原参考光束的对准状态作为判断标准进行初步调节,然后基于输出(平面)腔镜及镜架上呈现的干涉条纹状态作进一步微调(调节对准状态,使干涉条纹间距尽量变大,且干涉条纹形状趋向圆环状分布).

图 3.1.10　凹(球)面腔镜准直调节

5)He-Ne 激光管准直

(1)在输出(平面)腔镜(④)与凹(球)面腔镜(③)中部位置放入 He-Ne 激光管(②)并锁紧. 放入操作时应握持激光管安装座部分,不能直接握持激光管管体部分.

(2)松开输出(平面)腔镜(④)与凹(球)面腔镜(③)锁紧螺丝,暂时从光学导轨(①)上移除两腔镜.

(3)调节 He-Ne 激光管(②)方位使光电探测器(⑤)示数达到极大(超过 0.5). 注意调节过程中需用到控制激光管方位的全部四个调节螺旋. 如图 3.1.11 所示,可先用白纸在光电探测器前端观察参考光束通过激光管内毛细管后的发散状态，重点观察透过光束是否呈对称分布(若光束边缘产生弯月形衍射条纹，说明光束通过 He-Ne 激光管的过程中被管内毛细管切边，需作进一步准直调节)，从而判断激光管是否已调整到初步准直状态. 然后通过监控光电探测器示数，进一步优化四个调节螺旋，从而使光电探测器示数达到极大. 此时光电探测器示数应超过未放置激光管时示数的 50%，也即激光管最终优化方位可使参考光束透过率达到 50%以上.

图 3.1.11　He-Ne 激光管准直调节

6) He-Ne 激光器出光

(1) 重新在光学导轨(①)对应位置放上输出(平面)腔镜(④)与凹(球)面腔镜(③)并分别锁紧.

(2) 关闭参考激光器(⑥)激励电源，打开 He-Ne 激光管(②)激励电源(电流保持为 6.5 mA)，点亮 He-Ne 激光管.

(3) 如图 3.1.12 所示，调节输出(平面)腔镜(④)镜架控制水平方向角度的螺旋，使 He-Ne 激光器实现激光输出(632.8 nm 红光). 值得注意的是，在前述步骤实现良好调节的基础上，本步骤只需调节输出(平面)腔镜镜架控制水平方向角度的螺旋即可实现 He-Ne 激光器出光，因此应避免调节输出(平面)腔镜镜架控制竖直方向角度的螺旋.

图 3.1.12　最终实现 He-Ne 激光器出光需调节的螺旋

(4) 若无法通过上述调节输出(平面)腔镜的操作使 He-Ne 激光器出光，移除两腔镜及 He-Ne 激光管，重复步骤(2)~(6)的调节，直至出光. 值得注意的是，若严格按照上述步骤开展多轮调节仍无法实现 He-Ne 激光器出光，应特别注意两个腔镜是否已被严重污染(如镜面中部沾染指纹)，导致激光谐振腔损耗过大无法形成激光起振.

7) He-Ne 激光功率优化

(1) 如图 3.1.13 所示，循环调节输出(平面)腔镜(④)、He-Ne 激光管(②)，以及凹(球)面腔镜(③)上的 8 个螺旋，使 He-Ne 激光功率逐渐提升至极大值，也即使最终功率提升达到饱和状态.

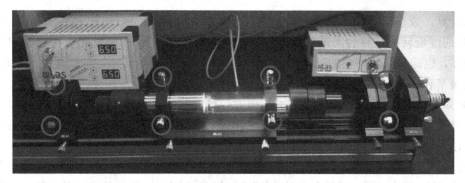

图 3.1.13　对 He-Ne 激光功率进行全局优化需调节的 8 个螺旋

(2) 拍摄 He-Ne 激光器的运行状态. 所拍摄的照片应清晰呈现整个激光谐振腔的工作状态、激光器的出光状态, 以及光电探测器的测量示数.

8) 测量 He-Ne 激光功率与激光管电流关系

(1) 调节 He-Ne 激光管控制器上的电流调节按键, 使激光管电流从 6.5 mA 逐渐降低到 5.0 mA, 记录对应电流值的 He-Ne 激光输出功率(重点关注曲线趋势). 当光电二极管的放大器增益设置为 5 时, 光电探测器示数与测量激光功率定标关系为: 1.00 mW 激光功率对应光电探测器示数为 2.50.

(2) 测量完毕, 重新调节激光管电流为 6.5 mA.

9) He-Ne 激光谐振腔内光束直径测量

基于游标卡尺刀口切割法, 自行拟定测量方案和具体实施步骤, 快速测量 He-Ne 激光谐振腔内靠近输出(平面)腔镜及靠近凹(球)面腔镜两处(图 3.1.14)的激光光束直径, 并与理论值比较. 拟定测量方案的思路要点: 调节刀口宽度等价于调节激光谐振腔的损耗情况——减小刀口宽度可使激光器输出功率下降, 甚至由于损耗过高, 激光器无法出光. 测量时, 应注意使游标卡尺表盘归零. 另外, 考虑游标卡尺表盘刻度精度, 应使光束直径测量精度达到 0.05 mm.

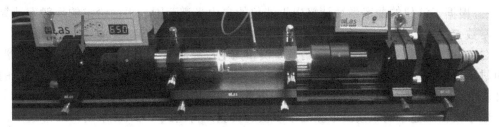

图 3.1.14　He-Ne 激光谐振腔内光束直径测量的两处位置

10) He-Ne 激光谐振腔外光束横模测量

(1) 紧靠光电探测器(⑤)放置刀口狭缝(刀口狭缝已固定在微位移台上), 记录狭缝在光学导轨(①)上的对应位置, 计算刀口狭缝离输出(平面)腔镜(④)的距离, 也即图 3.1.6 中 "光路 1" 所标记传播路径对应的光束传播距离. 在本实验设置条件下, 该距离接近 0.9 m.

(2) 调节合适的狭缝宽度, 使狭缝宽度约为此处光束直径的 1/10. 因刀口狭缝处光束直径未知, 需考虑如何科学地获得合适的测量缝宽: 可基于步骤 9) 所测得的激光光束直径进行近似计算，或基于本激光谐振腔的参数进行直接计算.

(3)通过旋转微位移台上的螺旋测微头移动刀口狭缝，精密测量光电探测器前的光强横向分布，也即激光基横模的高斯分布，如图 3.1.15 右侧曲线所示. 基于测量的分布曲线，计算光束半径 $\omega(z)$ 及发散角 θ，并与理论值比较.

(4)如图 3.1.15 左侧光斑模式所示，在刀口狭缝前放置反射镜(⓪)，在远端白屏上将呈现清晰光束横模并拍摄(关注模式特征). 拍摄过程中应注意控制激光光强以及相机曝光参数，以避免所拍摄光束横模出现亮度饱和的情况.

(5)通过在光路中增加反射镜(⓪)，把激光谐振腔外光束的传播路径设置为图 3.1.6 中"光路 2"所标记的路径，以增加输出(平面)腔镜(④)到刀口狭缝的光束传播距离. 测量此光路设置条件下从输出(平面)腔镜到刀口狭缝的光束传播距离(约 3 m).

(6)在此光束传播距离条件下，调节合适的狭缝宽度后，再次通过旋转微位移台上的螺旋测微头移动刀口狭缝，精密测量光电探测器前的光束光强横向分布. 基于测量的分布曲线，计算此时光束半径 $\omega(z)$ 及发散角 θ，与理论值比较，并进一步探讨两种光束传播距离下所测得的发散角的差别及原因.

图 3.1.15 He-Ne 激光谐振腔外光束横模测量的两种方法

2. 选做: 共焦球面扫描干涉仪与 He-Ne 激光束的模式分析

(1)根据激光器的腔长，用式(3-1-7)计算纵模频率差，再用式(3-1-10)计算它的 1 阶和 2 阶横模频率差.

(2)根据干涉仪的曲率半径计算出干涉仪的自由光谱范围，再由给定的反射率计算出精细常数 F.

(3)按照图 3.1.7 搭建光路，微调干涉仪和光电探测器调节架螺旋，使激光穿过干涉仪后再进入探测器小孔，并且在示波器上显示至少一个完整的纵模周期(需要结合锯齿波的频率和幅度调节)，测量所使用激光器的纵模个数. 以计算所得的自由光谱范围在示波器上定标，由示波器上显示的纵模波形测出干涉仪的带宽，再由式(3-1-18)求出精细常数 F，和理论值进行比较.

3. 拓展实验: 结合共焦球面扫描干涉仪和示波器测量激光束横模(不局限于 He-Ne 激光器)

(1)观察多模激光器的模谱，记下所有横模光斑图形(可在远场直接观察；可参考"3.3 节固体激光原理实验"中关于激光横模的实验内容).

(2)结合共焦球面扫描干涉仪，借助示波器辨别和测量激光器的横模(同一个干涉序下)，计算各横模之间的频率差，并与理论公式(3-1-10)的计算结果作比较.

六、思考题

(1)用游标卡尺刀口切割法测激光光束直径能否应用于激光谐振腔外?

(2)为什么 He-Ne 激光谐振腔内靠近输出(平面)腔镜测得的光束直径比靠近凹(球)面腔镜测得的小?

(3)为什么在 He-Ne 激光谐振腔内能看到激光传播路径,而在腔外看不到?

(4)实验中如何测量干涉仪的带宽?

(5)实验中干涉仪的腔长如何确定?

七、参考文献

安毓英, 刘继芳, 曹长庆. 2010. 激光原理与技术. 北京: 科学出版社.

蔡志岗, 雷宏香, 王嘉辉, 等. 2004. 光学与光电子学专门化实验. 广州: 中山大学出版社.

姚建铨, 于意仲. 2006. 光电子技术. 北京: 高等教育出版社.

周炳琨, 高以智, 陈倜嵘, 等. 2014. 激光原理. 7 版. 北京: 国防工业出版社.

3.2 半导体激光原理实验

一、实验目的

理解半导体激光的产生原理和光束特性,掌握半导体激光准直和整形的方法,测量半导体激光基本光束参数和发光波长的温度依赖关系.

二、实验要求

(1)了解半导体激光功率–激励电流曲线的温度依赖特性,以及远场分布曲线的功率依赖特性.

(2)理解半导体激光的光束特性,掌握半导体激光准直和整形的原理和方法.

(3)认识半导体激光的偏振特性,掌握激光偏振的测量原理和方法.

(4)了解半导体激光发光波长的温度依赖特性,并掌握其测量原理和方法.

三、实验原理

1. 半导体激光器概述

半导体激光器是由半导体激光二极管(laser diode, LD)所构成的一种激光器,其以半导体为增益介质,通过电注入直接泵浦方式获得激励,是目前最便宜和最常用的激光器. 世界上第一台二极管激光器于 1962 年由美国通用电气研发中心发明,为 GaAs 同质结半导体激光器. 到 20 世纪 80 年代初,随着半导体芯片制造技术的发展,半导体激光器得以大规模生产并进入消费市场. 特别是近三十年,半导体激光器技术随半导体产业的腾飞而获得迅猛发展,其发光波长已可覆盖从紫外到红外的所有常用波段,且输出功率可覆盖毫瓦到千瓦的极宽功率范围. 由于体积小、效率高、可靠性高, 半导体激光器已广泛应用在工业、消费电子、科研、军事等众多领域.

2. 半导体激光器的基本结构和工作原理

1) 半导体激光二极管与半导体发光二极管的异同

类似半导体发光二极管(light emitting diode, LED), 半导体激光二极管也是通过半导体材料中电子-空穴对复合所获得的跃迁能量产生光. 此外, 与半导体发光二极管的情况一样, 半导体激光二极管中的电子-空穴对是由 pn 结中的电流产生的, 称为注入电流. 与半导体发光二极管最主要的区别在于, 半导体激光二极管在高注入电流下电子-空穴对密度的增加可实现粒子数反转, 从而产生激光发射. 事实上, 在达到临界注入电流(称为阈值电流)之前, 半导体激光二极管的行为与半导体发光二极管非常相似.

2) 半导体激光器实现激光出射的两个条件

一般地, 为实现激光输出, 半导体激光器需满足如下两个条件.

(1) 增益条件, 即通过泵浦增益介质可实现粒子数反转. 在重掺杂的半导体 pn 结中, 在正向偏置电压的作用下可实现粒子数反转. 对于半导体激光二极管中的 pn 结耗尽层, 处于零偏压时耗尽层不存在电子及空穴; 当加上正偏压时, 电子通过耗尽层注入到 p 区, 而空穴通过耗尽层注入到 n 区, 使 pn 结附近同时存在电子和空穴, 且因为电子处于导带、空穴处于价带而出现粒子数反转的状态, 如图 3.2.1 所示. 事实上, 要实现高效的半导体激光输出, 核心在于在 pn 结中获得高的电子-空穴对密度. 对于早期的同质结构注入型半导体激光器, 由于有源区厚度较大, 要达到激光阈值的非平衡载流子浓度需要非常强的电流激励. 具体地, 如图 3.2.1 所示, 注入 p 区的电子倾向于向 p 区深层扩散, 而注入 n 区的空穴也倾向于向 n 区深层扩散, 这种载流子的扩散不利于 pn 结界面处高电子-空穴对密度的获得. 为了阻止载流子的扩散, 研究人员发明了半导体激光器中的异质结结构, 特别是双异质结结构, 通过引入该结构实现了对光波和载流子的有效限制, 在显著降低阈值电流的同时也提高了发光效率.

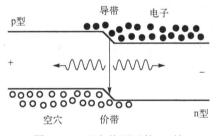

图 3.2.1　正向偏压下的 pn 结

(2) 相位条件, 即通过设置激光谐振腔获得光往返传播的相位匹配, 以实现激光在谐振腔的相干放大. 由于半导体材料的折射率比较大($n = 3 \sim 4$), 半导体与空气界面的反射率较大, 因此可直接利用半导体的结晶解理面作为半导体激光器的谐振腔反射镜. 在利用结晶解理面作为激光谐振腔镜时, 谐振腔平行度可以达到原子面的平行精度, 且具有非常高的物理稳固性, 在半导体激光器运行过程中不需要额外的谐振腔平行度调节和后续维护操作, 为其应用带来了极高的便利性. 另外, 由于半导体激光器谐振腔与激光增益介质融为一体,因此半导体激光器的体积非常小,远小于常见的固体激光器,可实现激光器的高度集成化和模块化应用. 此外,这种解理面腔镜的获得工艺与半导体制造工艺相兼容,便于实现半导体激光器大规模工业化生产,极大地降低了半导体激光器的制造成本.

3)半导体激光器的双异质结结构

典型的半导体激光器双异质结结构如图 3.2.2 所示. 在带隙较宽的 p 型和 n 型 AlGaAs 材料中间夹着一层很薄的、带隙较窄的 GaAs 材料,构成双异质结. 在这种双异质结结构中,有源区两边的 p 型和 n 型半导体分别被重掺杂,因此在正向偏压下 pn 结中费米能级发生分裂而分别进入价带和导带中. 而在禁带宽度不同的晶体异质结界面中,带边呈阶梯形变化,形成阻止载流子移动的势垒,也即载流子被 AlGaAs 层阻止而限制在 GaAs 层内. 因此,不管是电子还是空穴都易于进入 GaAs 层而难于离开,从而显著提高了 GaAs 层中的电子-空穴密度,使其容易实现粒子数反转,进而利于提高受激辐射增益而获得激光输出. 另外,AlGaAs 的折射率比 GaAs 的折射率小,因此这种双异质结结构具有波导的特性:光在高折射率层内传输时可获得全反射而不会泄漏到低折射率层. 也就是说,双异质结结构是一种光限制结构,可减小谐振腔光泄漏,降低激光谐振腔光损耗.

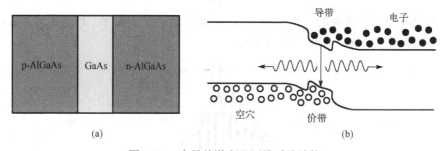

图 3.2.2　半导体激光器双异质结结构

4)半导体激光器的基本结构

一般半导体激光器采用条形结构,因为条形结构有利于增大激励电流密度,减小激光阈值电流,同时也可防止产生高阶横模. 图 3.2.3 为典型的半导体激光器结构示意图,其核心是由三层半导体组成的双异质结有源区,而半导体材料的解理面形成了法布里-珀罗(Fabry-Perot,F-P)腔,构成了激光器的基本结构. 其中,有源区限制了阱中的载流子和波导中的光,通过 pn 结注入有源区的电子和空穴复合而产生受激发射,光沿着轴向传输而被放大. 电流由电介质层形成的窄接触条(通常为 10～50 μm 宽)或脊(几微米宽)实现横向限制. 光学反馈通过在解理面上的部分反射来提供,以维持激光相干振荡而获得增益.

3. 半导体激光器的主要类型

1)F-P 型半导体激光器

在半导体激光器中,如上所述,最常见的谐振腔形式是通过半导体晶体解理面构成的F-P 腔. 由 F-P 腔构成的半导体激光器就称为 F-P 型半导体激光器. 类似于一般的 F-P 腔激光器,考虑半导体增益介质所具有的一定增益带宽,F-P 型半导体激光器的激光振荡频率呈现多纵模特性,如图 3.2.4 所示,其纵模间距为

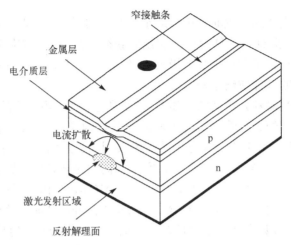

图 3.2.3 典型的半导体激光器结构示意图

$$\Delta \nu_{\mathrm{L}} = \frac{c}{2nL} \qquad (3\text{-}2\text{-}1)$$

其中 L 为激光在有源区传播的长度(也即腔长);n 为激活区折射率. 对腔长为 400 μm 的半导体激光器,纵模间距$\Delta \nu = 100\sim200$ GHz.

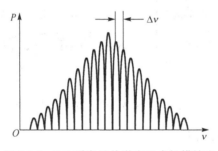

图 3.2.4　F-P 型半导体激光器多纵模输出

2) 分布反馈型和分布布拉格反射型半导体激光器

在半导体激光器中,除了采用晶体解理面制成 F-P 腔产生光反馈外,还可以用折射率周期变化的多层膜结构形成光反馈. 基于周期光栅所处位置的不同,这种靠腔内周期结构形成光反馈的半导体激光器一般可分为两种类型. 一种是分布反馈(distributed feedback,DFB)型半导体激光器,如图 3.2.5(a)所示,其光栅置于有源区内,利用某些波长因周期结构引起的衍射指向特定方向这一现象制成,可通过改变结构的周期来选择反馈光波波长. 另一种是分布布拉格反射(distributed Bragg reflector,DBR)型半导体激光器,如图 3.2.5(b)所示,其光栅置于有源区外,利用周期结构的布拉格反射原理,即利用波导内设置的衍射光栅只反射满足布拉格反射条件的一定波长光的现象制成.

如上文所述,F-P 型半导体激光器通常工作在多纵模状态,其输出谱线较宽,且工作效率较低,而光通信领域迫切需要的是单纵模工作的半导体激光器. 由于 DFB 型半导体激光器的激光振荡由周期结构(衍射光栅)提供的光耦合形成,经光栅选模,其发射谱一般为双模或单模,通过进一步引进 $\lambda/4$ 相移和不对称端面反射率结构等方法可实现稳定的单纵模运行. 因此,DFB 型半导体激光器成为目前最为典型的一种单纵模半导体激光器,其可在数十度温变范围不跳模,在高速调整下仍能保持单纵模特性,其光谱线宽窄,在高速大容量光纤通信领域获得了广泛应用.

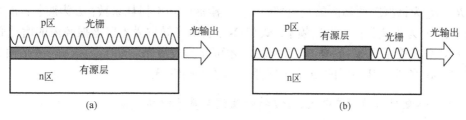

图 3.2.5　(a) DFB 型半导体激光器和 (b) DBR 型半导体激光器

对于 DFB 型半导体激光器,由于光栅分布在整个谐振腔中,激光在反馈的同时获得增益. 假设 DFB 光栅为均匀光栅,有源区有效折射率为 n_{eff},光栅周期为 Λ,则布拉格波长满足分布反馈条件

$$m\lambda_{\text{B}} = 2n_{\text{eff}}\Lambda \tag{3-2-2}$$

即特定波长的光会受到强烈反馈(式中 m 一般取为 1),实现动态单纵模工作.

4. 半导体激光器的光增益和光反馈

1)光增益

在半导体激光器中,当注入有源区的载流子浓度超过一定值后可产生粒子数反转. 此时,进入激活区的光信号诱导载流子受激辐射复合而产生光信号放大,其增益为

$$G = \exp(gL) \tag{3-2-3}$$

其中,L 为光信号沿有源区传播的距离;g 为增益系数.

2)光反馈和激光阈值条件

在 F-P 型半导体激光器中,光反馈由激活区两端的自然解理面构成的 F-P 腔来提供. 考虑激活区具有较高的折射率 n(半导体激光增益材料折射率的典型值为 3.5),而空气折射率为 1,两者的显著差别使解理面构成反射镜,其反射率 R 为

$$R = \left(\frac{n-1}{n+1}\right)^2 \tag{3-2-4}$$

由 $n = 3.5$,可得反射率约为 30%. 虽然由该反射率的反射镜所构成的 F-P 腔仍具有大的腔损耗,但由于半导体激光增益介质增益很高,半导体激光器仍足以克服高的腔损耗而形成激光振荡.

半导体激光器激活区存在吸收、散射等各种损耗,而其谐振腔输出激光也会导致损耗,因此只有当激光注入电流大于一定值时,半导体激光器才能形成激光振荡. 半导体激光器可产生激光输出的最小注入电流称为半导体激光器的阈值电流. 另外,激光起振也必须满足 F-P 腔所决定的相位条件. 阈值条件和相位条件这两个条件的组合等价于光波在谐振腔内往返传播一次能实现自再现这一条件,也即

$$g = \alpha_{\text{int}} + \frac{1}{2L}\ln\left(\frac{1}{R_1 R_2}\right) \tag{3-2-5}$$

$$\nu = \frac{mc}{2nL} \tag{3-2-6}$$

其中，R_1、R_2 为谐振腔两端面的反射率；α_{int} 为激活区功率损耗系数；L 为腔长；n 为有源区折射率；m 为正整数；ν 为光频率. 式(3-2-5)表明半导体激光器谐振腔内的增益必须大于腔损耗，包括激活区损耗和腔输出损耗，才可能形成激光. 同时，振荡的激光频率 ν 须满足式(3-2-6)条件，其不同的 m 值对应激光器的不同纵模.

5. 半导体激光器的阈值电流、P-I 特性曲线和量子效率

1）半导体激光器的阈值电流

在半导体激光器中，当注入电流较小时，有源区仍未能实现粒子数反转，此时半导体增益介质中的激发粒子能级弛豫以自发辐射过程为主，因此激光器工作状态类似于发光二极管，以荧光发射为主. 而随着注入电流的增大，有源区可实现粒子数反转，半导体增益介质中的激发粒子能级弛豫中受激辐射过程占比显著提升. 但此时谐振腔的增益还不足以克服损耗，因此激光振荡仍未能完全建立起来，激光器发射的仍只是放大的荧光. 只有当注入电流达到阈值电流 I_{th} 后，谐振腔增益足以克服损耗，半导体激光谐振腔中的激光振荡才能稳定地建立起来，半导体激光器才开始发射激光. 因此，对半导体激光器的技术特性而言，阈值电流 I_{th} 是一个核心技术参数，其主要受半导体材料物理性质、半导体激光器内部结构设计，以及半导体激光器工作温度所决定.

2）半导体激光器的 P-I 特性曲线

对某一半导体激光器，其阈值电流 I_{th} 可通过对半导体激光器进行 P-I 特性测量获得，也即测量激光器加载正向激励电流时其输出激光功率随激励电流变化的关系. 半导体激光器的 P-I 特性曲线是进行半导体激光器选择及后续系统设计的重要依据(图 3.2.6).

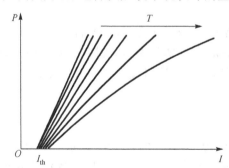

图 3.2.6　半导体激光器 P-I 特性曲线随温度的变化趋势

半导体激光器激励电流从零逐渐增加的过程中，其 P-I 特性曲线具有以下特征.

（1）当激励电流 $I < I_{th}$ 时，半导体激光器发出荧光；当激励电流 $I > I_{th}$ 时，半导体激光器发出激光.

（2）当激励电流 $I > I_{th}$，且处于适中的范围时，半导体激光器 P-I 特性曲线基本呈线性关系.

（3）半导体激光器 P-I 特性曲线随温度升高斜率下降，即量子效率下降，如图 3.2.6 所示. 形成这一现象的主要原因是半导体激光器随温度升高非辐射复合增加，输出激光功率下降.

（4）半导体激光器的 P-I 特性曲线随温度升高，阈值电流 I_{th} 不断升高，如图 3.2.6 所示.

(5) 当激励电流较大时，随电流增加，半导体激光器的输出激光功率将呈现饱和，因此 P-I 特性曲线的线性特征将被破坏. 因为大激励电流导致 pn 结温度升高，非辐射复合增加，输出激光功率下降.

半导体激光器的 P-I 特性曲线受温度影响较大，一般需采用温控系统使激光二极管工作在恒温状态. 另外，半导体激光器工作电流区间应避开 P-I 曲线的饱和区域，以获得良好的激光二极管工作效率和长的工作寿命.

3) 通过 P-I 特性曲线获得阈值电流的方法

通过测量半导体激光器的 P-I 特性曲线可获得阈值电流 I_{th}，方法主要有以下三种.

(1) 双直线拟合法：将 P-I 特性曲线阈值前、后两段直线分别延长相交，交点所对应的电流值为阈值电流 I_{th}.

(2) 直线拟合法：将 P-I 特性曲线阈值以上直线部分延长后与横坐标轴相交，交点所对应的电流值为阈值电流 I_{th}.

(3) 二次微分法：对 P-I 特性曲线进行二阶导数计算，导数值最大(曲率最大)处的电流为阈值电流 I_{th}.

4) 半导体激光器的量子效率

由半导体激光器的 P-I 特性曲线可以得到 P-I 曲线斜率，也即量子效率

$$\eta = \frac{\Delta P}{\Delta I} \tag{3-2-7}$$

半导体激光器总电光转换效率也称为外量子效率，定义为

$$\eta_{tot} = \frac{P_o}{IV_{LD}} \tag{3-2-8}$$

其中，P_o 为输出激光功率；I 为激光二极管激励电流；V_{LD} 为激光二极管压降.

四、实验装置及仪器

半导体激光实验装置及配件如图 3.2.7 所示，包括光学导轨(①)、装在旋转台上的半导体激光器(②)(激光沿光轴方向旋转角度已作校准，该旋转维度已被锁定，实验过程中不

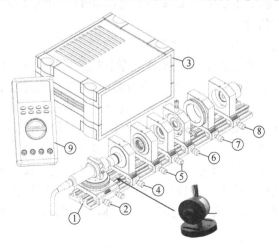

图 3.2.7　半导体激光实验装置及配件

需要调整)、半导体激光控制器(③)[通过设备操作手册①了解面板上各区域对应功能]、准直物镜(④)、光束整形柱透镜系统(⑤)(包括两个柱透镜)、Nd: YAG 晶体(⑥)、装在旋转镜架上的偏振片(⑦)、Si 光电探测器(⑧)(探头安装有小孔盖以提高测量的空间精度:在探测信号强度过低或无法良好对准激光时可取下该小孔盖进行测量)、数字万用表(⑨)、热电式激光功率计(注意热电式探头探测时的响应延迟特性).

五、实验内容

1. 半导体激光基本特性测量

实验注意事项如下.

(1)进行激光操作时要注意安全. 本实验所用 808 nm 半导体激光的输出功率较高(最大功率超过 200 mW),在实验过程中应特别注意对该激光的安全防护. 调节激光过程中,切忌迎着激光传播方向直视激光;应佩戴合适的激光防护镜,采取站立姿势操作,且不能佩戴手表、首饰等具有高表面反射率物品;使用智能手机拍摄照片时应特别注意不能使手机处于激光路径中,以避免由于手机高反表面反射激光造成危险.

(2)切勿用手或身体任何部分直接接触光学元件表面,以避免对元件通光表面造成严重沾染.

(3)在调光过程中,在可操作的光强范围,应使 808 nm 激光功率尽可能低,以获得更为安全的调光操作.

(4)本实验所用半导体激光器的工作温度超过 30℃其使用寿命会缩短,因此一般不建议把该半导体激光器的工作温度长时间控制在 30℃以上.

1)测量 808 nm 半导体激光的功率-激励电流特性

(1)开启 808 nm 半导体激光电源,逐渐增大激光激励电流至激光阈值以上,用红外显示卡观察 808 nm 半导体激光的横模及发散角特征.

(2)使热电式激光功率计探头紧靠半导体激光输出窗口并居中放置,如图 3.2.7 箭头位置所示.

(3)分别在激光温度为 25℃和 15℃条件下测量 808 nm 激光功率随激励电流的变化(记录数据需呈现激光阈值特性).

2)半导体激光的远场分布-功率依赖特性

(1)如图 3.2.8 所示,放置 Si 光电探头在光学导轨的适当位置,并记录下探头与半导体激光出光窗口间的距离(放置时需考虑如下两方面因素:探头放置过于接近半导体激光出光点时,激光器水平转动时出光点位移造成的测量误差会被放大;而探头放置过于远离半导体激光出光点时,探测激光强度过低,导致所采集信号信噪比显著降低);调节激光控制器前面板上的光电二极管增益,使数字万用表可测量到 808 nm 激光所产生的、具有较大幅度但不会呈现饱和的电压信号(注意:为保证半导体激光在整个实验过程中保持一致的远场分布轴向特性,其发光椭圆长轴已被锁定为沿水平方向,因此图中 A 所标记的旋转方式已无法操作——不要强行以 A 标记方式旋转该半导体激光器,以免损坏设备).

---

① 请参考: https://www.e-las.com/products/laser-basics/ca-1220-diode-laser.

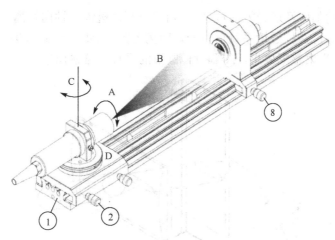

图 3.2.8　半导体激光远场分布测量光路设置示意图

(2) 在高、低两种激励电流条件下测量激光功率-转角依赖关系（如 C 所标记，通过转动转盘 D 实现转角变化；考虑如何拟定合适的操作方案，使同一曲线测量过程中转角能实现单调变化，以提高测量精度及一致性）.

3) 半导体激光的光束形状测量

(1) 把白屏（或白色卡纸）放置于光路中适当位置，使其能清晰呈现 808 nm 半导体激光的光束形状.

(2) 调节合适的激光功率及环境光强，拍摄放置于两个不同距离的白屏（白纸）所呈现 808 nm 半导体激光的光束形状.

2. 半导体激光光束整形

(1) 按照图 3.2.9 所示放置准直物镜及两个柱透镜（基于两个柱透镜的半导体激光光束整形原理如图 3.2.10 所示）.

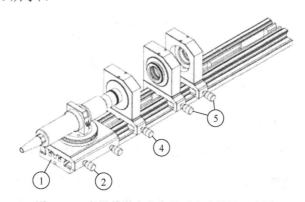

图 3.2.9　半导体激光光束整形光路设置示意图

(2) 调节准直物镜距半导体激光出光窗口的距离，使 808 nm 半导体激光经过准直透镜后呈会聚状态，且会聚焦点较接近准直物镜（用红外显示卡确定会聚焦点的位置）.

(3) 如图 3.2.9 所示，基于两柱透镜的焦距（5 cm 和 10 cm），采用适当的柱透镜（⑤）设置(注意各柱透镜的朝向及通光方向),并分别调节两柱透镜的轴向距离,使其距会聚焦点分别满足特定距离,可在柱透镜系统后方一定距离范围内(要求至少 100 cm 范围)实现较为良好的半导体激光光束整形效果,得到近似圆形的平行光斑输出.

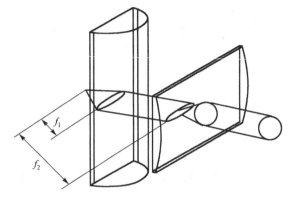

图 3.2.10 基于两个柱透镜的半导体激光光束整形原理图

(4)利用白屏(白纸)拍摄三个不同位置处经柱透镜系统整形后的光斑形状,并记录对应的位置信息.

3. 半导体激光的偏振特性和发光波长的温度依赖特性

1)半导体激光的偏振特性

(1)按照图 3.2.11 所示放置准直物镜(注意应调节准直物镜位置,使出射激光处于准直平行传输状态)、偏振片(⑦),以及 Si 光电探测器(可尽量靠近偏振片放置,以减弱背景光影响),使 808 nm 激光呈近似平行状态通过偏振片后被探测.

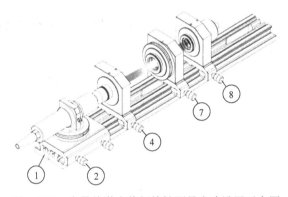

图 3.2.11 半导体激光偏振特性测量光路设置示意图

(2)调节合适的激光激励电流(为保护偏振片,建议用中等或以下强度激光功率进行测量),旋转偏振片 360° 测量 808 nm 激光透射功率随偏振片转角的变化(注意选择合适的探测器增益,以使整个旋转范围不会出现探测结果饱和的情况).

2)半导体激光器发光波长的温度依赖特性

(1)按照图 3.2.12 所示放置准直物镜、Nd:YAG 晶体(⑥),以及 Si 光电探测器(靠近 Nd:YAG 晶体放置,以减弱背景光影响).

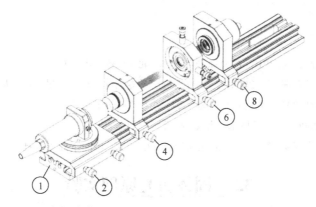

图 3.1.12 半导体激光器发光波长的温度依赖特性测量光路示意图

(2)调节准直物镜的位置，使 808 nm 激光经过准直透镜后呈准直平行传输状态.

(3)调节 Nd:YAG 晶体固定镜架上的 x 和 y 方向位置微调螺旋，使经准直物镜准直后的 808 nm 激光束居中通过晶体.

(4)通过激光控制器前面板的激光温度控制模块调节半导体激光器的工作温度从 35℃ 逐渐下降至 10℃，并记录对应的 808 nm 激光透过 Nd:YAG 晶体后的功率(测量过程中每次调整下降到一个新温度，应等待万用表电压示数较为稳定后再读数；若示数起伏较大，应取其平均值，一般而言，示数起伏越明显的地方，Nd:YAG 晶体的吸收越强，而测量需等待的时间也越长；测量过程中温度变化方向应保持不变，以提高测量数据的一致性).

(5)基于测量得到的温度-透过功率曲线中的透射谷特征，通过与标准 Nd:YAG 晶体温度-相对吸收曲线中的吸收峰特征对照，标记出对应透射谷的波长值，从而了解半导体激光器发光波长的温度依赖特性.

4. 拓展实验：半导体激光器发光波长的激励电流依赖特性

(1)参考"2)半导体激光器发光波长的温度依赖特性"的实验内容，自拟实验步骤测量本实验的半导体激光器发光波长的激励电流依赖特性.

(2)根据测量的半导体激光器发光波长的激励电流依赖特性，设计一种通过调节半导体激光器工作温度的方法，使半导体激光器激励电流在一定范围内变化时其发光波长基本保持不变，并通过实验进行验证.

六、思考题

(1)本实验中的光束整形方案为什么无法得到圆形光斑？

(2)为什么半导体激光器往往具有非常大的发散角？

(3)为什么半导体激光器光束形状呈椭圆分布？

(4)为什么半导体激光器的发光波长会随工作温度或激励电流的变化而变化？

(5)本实验中半导体激光器输出功率有时会随工作温度下降而下降，这一反常现象的产生原因是什么？

七、参考文献

安毓英, 刘继芳, 曹长庆. 2010. 激光原理与技术. 北京: 科学出版社.

蔡志岗, 雷宏香, 王嘉辉, 等. 2004. 光学与光电子学专门化实验. 广州: 中山大学出版社.

邱琪, 史双瑾, 苏君. 2017. 光纤通信技术实验. 北京: 科学出版社.

姚建铨, 于意仲. 2006. 光电子技术. 北京: 高等教育出版社.

周炳琨, 高以智, 陈倜嵘, 等. 2014. 激光原理. 7 版. 北京: 国防工业出版社.

3.3　固体激光原理实验

一、实验目的

掌握半导体泵浦固体激光的原理、谐振腔调节方法和腔内倍频技术.

二、实验要求

(1) 掌握半导体泵浦固体激光的原理与谐振腔调节方法.

(2) 掌握腔内倍频技术, 并了解倍频技术的意义.

(3) 了解倍频晶体 532 nm 绿光的输出光强与基频光光强的依赖关系, 并观察其横模特征.

三、实验原理

1. 激光的产生

光与物质的相互作用可以看作光与原子的相互作用, 有三种过程: 吸收、自发辐射和受激辐射. 一个原子, 开始处于基态 E_1, 如果有一个能量为 $h\nu_{21}$ 的光子接近, 则它将吸收这个光子并处于激发态 E_2. 当光子的能量正好等于原子能级间隔 $(E_1 - E_2)$ 时才能被吸收, 如图 3.3.1 所示.

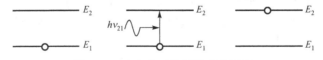

图 3.3.1　光与物质作用的吸收过程

激发态寿命很短, 在不受外界影响时, 它们会自发地回到基态, 并放出光子. 自发辐射过程与外界作用无关, 不同原子发出的光子的发射方向和初相位是不同的, 如图 3.3.2 所示.

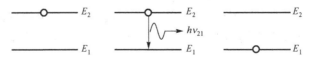

图 3.3.2　光与物质作用的自发辐射过程

处于激发态的原子，在外光子的影响下，会从高能态向低能态跃迁，两个状态间的能量差以辐射光子的形式发射出去. 只有外来光子的能量正好为激发态与基态的能级差时，才能引起受激辐射，且受激辐射发出的光子与外来光子的频率、发射方向、偏振态和相位完全相同，如图 3.3.3 所示. 激光的产生主要依赖于受激辐射过程.

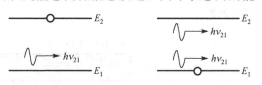

图 3.3.3　光与物质作用的受激辐射过程

2. 激光的组成：工作物质、泵浦源、谐振腔

工作物质：需存在亚稳态，为粒子数反转提供必要条件. 工作物质可以是固体、液体、气体、染料等.

泵浦源：使粒子从基态 E_1 抽运到激发态 E_3，E_3 上的粒子通过无辐射跃迁(该过程粒子从高能级跃迁到低能级时能量转变为热能或晶格振动能,但不辐射光子)迅速转移到亚稳态 E_2. E_2 是一个寿命较长的能级，这样处于 E_2 上的粒子不断积累，E_1 上的粒子又由于抽运过程而减少，从而实现 E_2 与 E_1 能级间的粒子数反转，如图 3.3.4 所示. 泵浦源可以是电泵浦、光泵浦、化学能泵浦、热能泵浦等，本实验采用半导体激光泵浦方式.

谐振腔：在激活介质的两端恰当位置放置两个反射镜片，这就构成了激光谐振腔. 产生激光必须要有能提供光学正反馈的谐振腔. 处于激发态的粒子由于不稳定性而自发辐射到基态，自发辐射产生的光子各个方向都有，偏离轴向的光子很快逸出腔外，只有沿轴向的光子部分通过输出镜输出；部分被反射回的工作物质，在两个反射镜间往返多次被放大，即产生激光. 按稳定性条

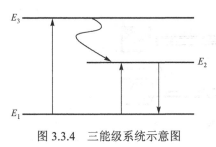

图 3.3.4　三能级系统示意图

件来分，光学谐振腔可以分为稳定腔、非稳腔、临界腔三大类. 图 3.3.5 所示为几种常见的谐振腔构型，它们有的属于稳定腔，如图 3.3.5 (c) 双凹稳定腔和 (f) 平凹稳定腔，这些腔满足 $0 < g_1 \cdot g_2 < 1$（其中 $g_1 = 1 - L/r_1$，$g_2 = 1 - L/r_2$，L 指腔长，r_1、r_2 分别对应两个腔镜的曲率半径），此时任意傍轴光线在腔内能往返无限多次而不横向逸出腔外，腔的几何损耗基本为零. 而非稳腔满足 $g_1 \cdot g_2 > 1$ 或 $g_1 \cdot g_2 < 0$，是指傍轴光线在腔内经有限次往返后必然从侧面逸出腔外，故此类腔具有较高的几何损耗，但却可以获得尽可能大的模体积和好的横模鉴别能力，能实现高功率单模运转，其一般只用于大功率激光器中. 图 3.3.5 中 (a) 平行平面腔、(b) 对称共心腔、(d) 对称共焦腔、(e) 平凹临界腔、(g) 虚共心腔等则属于临界腔，其中 (d) 对称共焦腔是一个稳定腔，任意傍轴光线可往返多次而不横向逸出，而且经两次往返后即可自行闭合，是最重要的和最具有代表性的一种稳定腔. 而大多数临界腔，如平行平面腔 (a)、共心腔 (b) 和 (g) 等，其性质介于稳定腔与非稳定腔之间，是一种介稳腔. 其中平行平面腔 (a) 在激光发展史上最先被采用，第一台激光器——红宝石激光器就是用平行平面腔做成的. 目前，在中等以上功率的固体激光器和气体激光器中仍常常采用. 平行平面腔的主要优点是，光束方向性极好(发散角小)，模体积较大，比较容易获得单横模振荡等. 其主要缺点是调整精度要求极高，与稳定腔比较，损耗也较大，因而对小增益器件不大适用.

而在稳定球面腔中, 共焦腔及平凹腔等的调节远不像平面反射镜那样敏感, 因此本实验采用平凹腔.

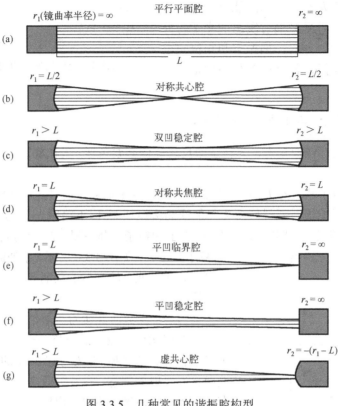

图 3.3.5　几种常见的谐振腔构型

3. 光学倍频

光学倍频是一种二阶光学非线性效应, 属于强光效应, 在通常的弱光、弱能量密度条件下是很难观察到的. 激光的出现大大地促进了倍频现象的观测.

光与物质相互作用的全过程, 可分为光作用于物质, 引起物质极化形成极化场以及极化场作为新的辐射源向外辐射光波的两个分过程. 原子是由原子核和核外电子构成的. 当频率为 ω 的光入射介质后, 引起介质中原子的极化, 即负电中心相对正电中心发生位移而产生电偶极矩. 单位体积内的电偶极矩叠加起来, 形成电极化强度矢量. 由于入射光是变化的, 其振幅为 $E = E_0 \sin \omega t$, 所以极化强度也是变化的. 根据电磁理论, 变化的极化场可作为辐射源产生电磁波——新的光波. 当外加光场的电场强度比物质原子的内场强小得多时, 物质感生的电极化强度与外界电场强度成正比: $\boldsymbol{P} = \varepsilon_0 \boldsymbol{E}$, 此时新的光波与入射光具有相同的频率, 这就是通常的线性光学现象. 当外加光场的电场强度足够大时(如激光), 物质对光场的响应与场强具有非线性关系: $\boldsymbol{P} = \alpha \boldsymbol{E} + \beta \boldsymbol{E}^2 + \gamma \boldsymbol{E}^3 + \cdots$, 式中的系数与物质有关, 且逐次减小, 数量级相差约 10^8. 此时如果 E 很大, 不仅有线性现象, 而且非线性现象也不同程度地表现出来, 新的光波中不仅有入射的基波频率, 还有二次谐波、三次谐波等频率产生, 形成能量转移和频率变换. 这就是只有在高强度的激光出现以后, 非线性光学才得以迅速发展的原因.

虽然许多介质都可以产生非线性效应,但具有中心结构的某些晶体和各向同性介质(如气体)的非线性系数偶级项为零,只含有奇级项(最低为三级),因此要观测二级非线性效应只能在具有非中心对称的一些晶体中进行,如 KDP(或 KD*P)、KTP、LiNO₃ 晶体等.

从波的耦合出发,分析二阶非线性效应的产生,可发现二阶非线性效应可用于实现倍频、和频、差频及参量振荡等过程.当只有一种频率为 ω 的光入射介质时,二阶非线性效应就只有除基频外的一种频率(2ω)的光波产生,称为二倍频或二次谐波.在二阶非线性效应中,二倍频是最基本、应用最广泛的一种技术.第一个非线性效应实验,就是在首台红宝石激光器问世后不久,利用红宝石激光(波长为 0.6943 μm)在石英晶体中观察到紫外倍频激光.后来又有人利用此技术将 1.06 μm 红外激光转换成 0.53 μm 的绿光,从而满足了水下通信和探测等工作对波段的要求.而迄今为止光倍频仍然是最有使用价值的一个非线性光学效应.

相位匹配及实现方法:如果入射光足够强,并且使用非线性极化系数尽量大的晶体,就一定能获得好的倍频效果吗?不是的,这里还有一个重要因素——相位匹配,它起着举足轻重的作用.实验证明,只有具有特定偏振方向的线偏振光以某一特定角度入射晶体时,才能获得良好的倍频效果,而以其他角度入射时,则倍频效果很差,甚至完全不出倍频光.

倍频光的转换效率为倍频光与基频光的光强比,通过非线性光学理论可以得到

$$\eta = \frac{I_{2\omega}}{I_\omega} \propto \beta L^2 I_\omega \frac{\sin^2(\Delta kl/2)}{\Delta kl/2} \tag{3-3-1}$$

其中 $\Delta k = k_\omega - 2k_{2\omega} = 4\pi(n_\omega - n_{2\omega})/\lambda_\omega$,$n_\omega$ 和 $n_{2\omega}$ 分别为晶体对基频光和倍频光的折射率.要获得最大的转换效率,需满足 $\Delta k \cdot l/2 = 0$.这里,l 是倍频晶体的通光长度,不等于 0,故 $\Delta k = 0$,即 $n_\omega = n_{2\omega}$.也就是只有当基频光和倍频光的折射率相等时,才能产生好的倍频效果.这个提高倍频效率的必要条件,称作相位匹配条件.但是,众所周知,一般介质存在正常的色散效应,即高频光的折射率大于低频光的折射率,所以 $\Delta k \neq 0$.然而对于各向异性晶体,由于存在双折射,我们可利用不同偏振光间的折射率关系,寻找到相位匹配条件,实现 $\Delta k = 0$.此方法常用于负单轴晶体,下面以负单轴晶体($n_e^\omega < n_o^{2\omega}$)为例进行说明.图 3.3.6 所示为该类型晶体中基频光和倍频光两种不同偏振态折射率面间的关系图.图中实线、虚线球面分别为基频光、倍频光折射率面,球面为 o 光折射率面,椭球面为 e 光折射率面,z 轴为光轴.折射率面的定义为:从球心引出的每一条矢径到达面上某点的长度表示晶体以此矢径为法线方向的光波的折射率大小.实现相位匹配条件的方法之一是寻找实面和虚面交点位置,从而得到通过此交点的矢径与光轴的夹角.从图中看到,基频光中 o 光的折射率可以和倍频光中 e 光的折射率相等,所以当光波沿着与光轴成 θ_m 角方向传播时,即可实现相位匹配.

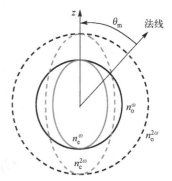

图 3.3.6 负单轴晶体折射率球面

以上所述是入射光以一定角度入射晶体,通过晶体的双折射,由折射率的变化来补偿

正常色散而实现相位匹配的，这称为角度相位匹配.此外还有温度相位匹配，是指调节入射光波矢与光轴垂直，通过升高晶体的温度使晶体内倍频光的折射率等于基频光的折射率.但无论采取何种相位匹配方式，使用单轴晶体还是双轴晶体，均有两类偏振构型：Ⅰ类是平行式，即入射光为同一种线偏振光，如负单轴晶体将两个 o 光光子转变为一个倍频的 e 光光子；Ⅱ类是正交式，即入射光中同时含有 o 光和 e 光两种线偏振光，如负单轴晶体将两个不同的光子变为倍频的 e 光光子，正单轴晶体变为一个倍频的 o 光光子.本实验采用负单轴 KTP 晶体Ⅱ类相位匹配.

四、实验装置及仪器

半导体泵浦固体激光实验装置如图 3.3.7 所示，使用 808 nm LD 泵浦 Nd:YAG 晶体得到波长为 1064 nm 的近红外激光，再用 KTP 晶体进行腔内倍频得到波长为 532 nm 的绿激光.本实验半导体泵浦固体激光器的谐振腔腔型为平凹型.具体地，LD 输出的 808 nm 泵浦光经过准直透镜准直后，被焦距为 6 cm 的会聚透镜聚焦于 Nd:YAG 晶体内部，形成端面泵浦以提高空间耦合效率.其中，Nd:YAG 晶体靠近泵浦光端面镀 1064 nm 高反、808 nm 高透的光学薄膜，作为激光谐振腔的平面腔镜，而另一端面镀 1064 nm 高透、532 nm 高反的光学薄膜，以实现高的腔内倍频输出.输出凹面腔镜球面半径为 10 cm，对 1064 nm 高反、532 nm 高透.采用Ⅱ类相位匹配的 2 mm×2 mm×5 mm KTP 晶体作为倍频晶体，它的通光面同时对 1064 nm 和 532 nm 高透.两种滤光片的通光波长分别为 1064 nm 和 532 nm.激光功率计搭配热电式探头，探测波长范围覆盖 1064 nm、808 nm 和 532 nm.

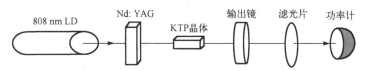

图 3.3.7　半导体泵浦固体激光实验装置示意图

对照图 3.3.8 和激光装置操作手册[①]，认识 Nd:YAG 激光器各组成部分及相关测量配件，

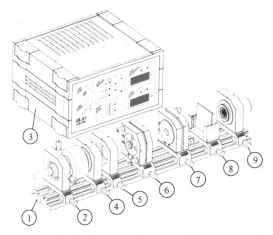

图 3.3.8　Nd:YAG 激光器装置

---

① 请参考：https://www.e-las.com/products/laser-basics/ca-1230-ndyag-laser.

包括光学导轨(①)、半导体激光器(②)、半导体激光控制器(③)(了解面板上各区域对应功能)、准直透镜(④)、会聚透镜(⑤)、Nd:YAG 晶体(⑥)、输出(凹面)腔镜(⑦)、滤光片(⑧)、Si 光电探测器(⑨)(探测器外盖上的同心靶作为光路准直参照)、KTP 倍频晶体、热电式激光功率计(注意热电式探头探测时的响应延迟特性).

五、实验内容

1. Nd: YAG 激光器谐振腔调节出光

实验注意事项如下.

(1)进行激光操作时要注意安全. 本实验所用 808 nm 半导体激光(最大功率超过 300 mW)及 1064 nm 固体激光(最大功率超过 80 mW)的输出功率均较高,在实验过程中应特别注意对这些激光的安全防护. 调节激光过程中,切忌迎着激光传播方向直视激光;应佩戴合适的激光防护镜,采取站立姿势操作,且不能佩戴手表、首饰等具有高表面反射率物品;使用智能手机拍摄照片时应特别注意不能使手机处于激光路径中,以避免手机高反表面反射激光造成危险.

(2)切勿用手或身体任何部分直接接触光学元件通光面,避免对镜片表面造成严重沾染.

(3)滤光片安装架应紧靠输出镜放置,以避免滤光片的反射光对人眼造成伤害.

(4)在调光过程中,在可操作的光强范围,应使 808 nm 泵浦激光功率尽可能低,以获得更为安全的调光操作.

1)测量 808 nm 激光功率

(1)开启 808 nm 半导体激光激励电源,逐渐增大 808 nm 半导体激光激励电流至激光阈值以上;用红外显示卡观察 808 nm 半导体激光的横模及发散角特征.

(2)使热电式激光功率计探头紧靠 808 nm 半导体激光输出窗口放置,测量 808 nm 激光功率随激励电流的变化(记录数据需呈现激光阈值特性).

2)调节 1064 nm 激光出光

(1)调节激励电流,使 808 nm 激光功率处于中等偏低的强度(以红外显示卡可清晰呈现光束状态为准).

(2)如图 3.3.9 所示,在光学导轨(①)上放置装有准直透镜(④)的镜架,调节镜架在光学导轨中的位置(贴近 808 nm 半导体激光输出窗口)使 808 nm 激光平行出射,锁定该镜架.

(3)调节 808 nm 激光安装镜架上的两螺旋调节器 A(xy 位置调节),使 808 nm 激光辐照在光电探测器(⑨)同心靶的居中位置,也即使激光器光轴平行光学导轨.

(4)如图 3.3.10 所示,在光学导轨靠近准直透镜(④)的镜架处放置装有会聚透镜(⑤)的镜架,使 808nm 激光会聚于焦点,锁定会聚透镜的镜架.

(5)如图 3.3.11 所示,在光学导轨上放置装有 Nd: YAG 激光晶体(⑥)的镜架,调节镜架在光学导轨的位置使激光晶体外侧端面(出射端面)大致处于 808 nm 激光光束束腰处(红外显示卡在晶体外侧可观察接近光束束腰的情形),锁定该镜架. 调节镜架上的两螺旋调节器进行水平及竖直方向倾角调节,使晶体表面垂直光学导轨,也即光轴. 该调节可通过镜架两主体部分间的相互平行状态判断,如图 3.3.11 所示,使镜架上 B 所标记的缝宽在整个镜架上保持一致.该平行度是决定 1064 nm 激光能否出光的重要因素,其调节可在放置镜架到光学导轨之前操作,以便于观察及优化平行度.

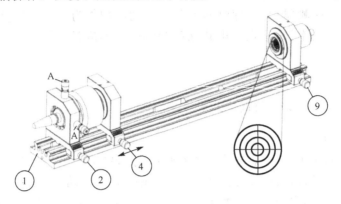

图 3.3.9　泵浦激光平行及准直调节

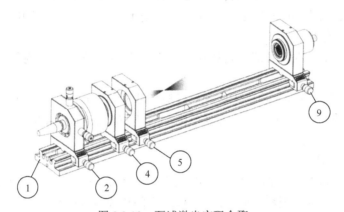

图 3.3.10　泵浦激光实现会聚

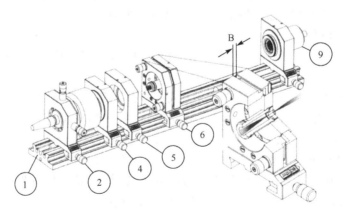

图 3.3.11　放置及调节 Nd: YAG 激光晶体

(6)如图 3.3.12 所示,在光学导轨上与 Nd: YAG 激光晶体(⑥)镜架相距约 8 cm(图中 C 所标记的距离)处放置装有输出镜(⑦)的镜架(球面半径为 10 cm,透过率为 2%),锁定输出镜的镜架.调节镜架上的两螺旋调节器进行水平及竖直方向倾角调节,使输出镜表面垂直光学导轨，也即光轴. 同上，该调节也是通过镜架两主体部分间的相互平行状态判断，也即如图 3.3.12 所示使镜架上 D 所标记的缝宽在整个镜架上保持一致. 该平行度是决定 1064 nm 激光能否出光的重要因素，其调节也可在镜架被放置到光学导轨之前操作，以便于观察及优化平行度. 紧靠输出镜镜架放置滤光片(⑧)，安装架锁定，并插入 RG1000 滤光片(808 nm 激光截止，1064 nm 激光高透).

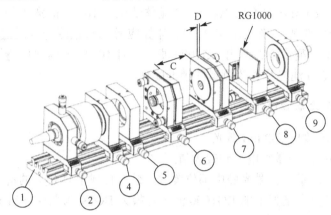

图 3.3.12　放置及调节谐振腔输出镜，并放置滤光片

(7) 调节 808 nm 激光激励电流到较大值，在滤光片后方用红外显示卡观察是否有 1064 nm 激光.

(8) 若有 1064 nm 激光输出，观察此时激光横模状态；若没有 1064 nm 激光输出，通过镜架上的螺旋调节器微调 Nd:YAG 激光晶体(⑥)表面与输出镜(⑦)间的平行度，以及在 808 nm 激光焦点附近微调 Nd:YAG 激光晶体在光学导轨的位置，同时用红外显示卡监控是否有 1064 nm 激光输出；若仍没有 1064 nm 激光输出，重复对应图 3.3.11 和图 3.3.12 的上述操作步骤，直至有 1064 nm 激光输出. 值得注意的是，若严格按照上述步骤开展多轮调节仍无法实现 Nd:YAG 激光器出光，应特别注意 Nd:YAG 激光晶体以及输出腔镜是否已被严重污染(如晶体或镜面中部沾染指纹)，导致激光谐振腔损耗过大无法形成激光起振.

(9) 用红外显示卡观察此时 1064 nm 激光横模状态；若为高阶横模，调节 Nd:YAG 激光晶体(⑥)镜架及输出镜(⑦)镜架上的螺旋调节器，使 1064 nm 激光横模变为高斯基横模，以有利于进一步的激光功率优化.

3) 优化 1064 nm 激光输出功率

(1) 放置热电式激光功率计探头于 RG1000 滤光片后方，使 1064 nm 激光入射到探头中部附近(通过红外显示卡判断)，监控 1064 nm 激光功率.

(2) 调低 808 nm 激光激励电流至适当数值(以激光功率计仍能有效探测 1064 nm 激光功率为准)，以降低输出的 808 nm 和 1064 nm 激光功率，提高操作安全性.

(3) 按一定次序微调 Nd:YAG 激光晶体(⑥)镜架及输出镜(⑦)镜架上的螺旋调节器，使 1064nm 激光功率逐渐上升至极大值(功率上升达到饱和状态).

(4) 微调 Nd:YAG 激光晶体(⑥)镜架在光学导轨上的位置，并配合微调 Nd:YAG 激光晶体(⑥)镜架及输出镜(⑦)镜架上的螺旋调节器，使 1064 nm 激光功率达到极大值.

(5) 微调输出镜(⑦)镜架在光学导轨上的位置，并配合微调 Nd:YAG 激光晶体(⑥)镜架及输出镜(⑦)镜架上的螺旋调节器,使 1064 nm 激光功率达到极大值.

(6)重复上述步骤(4)和(5)进行循环调节,使 1064 nm 激光功率增长达到饱和. 用红外显示卡观察此时 1064 nm 激光横模状态.

(7)测量 1064 nm 激光输出功率随 808 nm 半导体激光激励电流的变化(记录数据需呈现激光阈值特性).

(8)初步估算 808 nm 激光泵浦 Nd: YAG 晶体转化为 1064 nm 激光的效率(实验报告中需对整个出光区间的激光转换效率作计算). 计算应考虑修正滤光片透过率对测量数据的影响,所以需自行拟定测量方案测出 RG1000 滤光片对 1064 nm 激光的透过率(注意本实验另外提供一片 RG1000 滤光片作为测量的辅助配件).

2. Nd: YAG 激光器腔内倍频

1)调节腔内倍频输出 532 nm 激光

(1)调节 808 nm 激光激励电流到较大值.

(2)如图 3.3.13 所示,在激光腔中部位置放上装有倍频晶体(⑩)的镜架.

(3)将滤光片(⑧)安装架上的 RG1000 滤光片换为 BG39 滤光片(808 nm、1064 nm 激光截止,532 nm 激光高透).

(4)在滤光片后放置白屏(或白纸),一般已可观察到 532 nm 绿光激光输出.

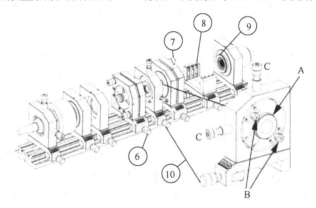

图 3.3.13 调节腔内倍频输出 532 nm 激光

(5)若没有 532 nm 激光输出,调节倍频晶体(⑩)镜架上的四个螺旋调节器(xy 位置调节及倾角调节,也即图 3.3.13 中 B 和 C 所标记的调节器),使 1064 nm 激光能从倍频晶体中心完整通过(在激光输出镜外、BG39 滤光片前用红外显示卡观察判断),并适当调节晶体轴向转角(旋转夹持晶体的圆筒部分,也即图 3.3.13 中 A 所标记的部件),直到有 532 nm 激光输出.

(6)放置热电式激光功率计探头于 BG39 滤光片后方,监控 532 nm 激光功率.

2)优化 532 nm 激光输出功率

(1)由任课老师或助教操作,将输出镜(⑦)镜架上反射率为 98%的输出镜(OC 98%)换为反射率为 99.9%的输出镜(SHG 99.9%).

(2)微调倍频晶体(⑩)镜架在光学导轨上的位置,使 532 nm 激光功率达到极大值.

(3)微调晶体轴向转角(旋转夹持晶体的圆筒部分),使 532 nm 激光功率达到极大值.

(4)按一定次序微调倍频晶体镜架上的四个螺旋调节器(xy 位置调节及倾角调节），使 532 nm 激光功率达到极大值.

(5)循环调节步骤(2)～(4)，使 532 nm 激光功率增长达到饱和.

(6)测量 532 nm 激光输出功率随 808 nm 半导体激光激励电流的变化(记录数据需呈现激光阈值特性).

(7)初步估算 1064 nm 激光通过倍频转化为 532 nm 激光的效率(实验报告中需对整个出光区间的激光转换效率作计算).计算应考虑修正滤光片透过率对测量数据的影响，所以需自行拟定测量方案测出 BG39 滤光片对 532 nm 激光的透过率(注意本实验另外提供一片 BG39 滤光片作为测量的辅助配件).

3) 观察 532 nm 激光横模

(1)降低 808 nm 激光激励电流，使 532 nm 激光输出功率处于较低的范围，但仍可通过白屏清晰观察到光斑模式.该激光功率条件一方面可提高激光操作的安全性，另一方面便于进行横模模式拍摄.

(2)用白屏监控 532 nm 激光的横模，微调输出镜(⑦)两螺旋调节器，观察 532 nm 激光横模的变化，并拍照记录观察到的四种较为典型的 532 nm 激光横模.若在初始腔长条件下难以通过上述调节获得丰富的激光横模模式变化，可以往激光出射方向移动输出镜位置，使激光谐振腔腔长适当增加(注意腔长需满足谐振腔稳定性条件限制)，然后再微调输出镜(⑦)两螺旋调节器以获得丰富的 532 nm 激光横模模式变化.若无法通过上述调节获得具有良好对称性的高阶横模，可进一步微调倍频晶体镜架上的四个螺旋调节器(xy 位置调节及倾角调节)，并辅以上述对输出镜两螺旋调节器的调节，实现对横模对称性的优化.

3. 拓展实验：固体激光器运行的动态特性

(1)参考 3.4 节"光纤激光器原理实验"的实验内容，自拟实验步骤测量本实验的固体激光器增益介质的荧光寿命.

(2)参考 3.4 节"光纤激光器原理实验"的实验内容，自拟实验步骤观测本实验的固体激光器的激光尖峰振荡特性.

六、思考题

(1)为了获得更高的绿光倍频效率，为什么需把反射率为 98%的输出镜换为反射率为 99.9%的输出镜？

(2)为什么倍频光比基频光显得更不稳定？

(3)激光倍频中的相位匹配指的是什么？如何实现相位匹配？

(4)试述影响倍频效率的因素有哪些.

(5)简述一下本实验中激光晶体与倍频晶体的性能.

七、参考文献

安毓英，刘继芳，曹长庆. 2010. 激光原理与技术. 北京：科学出版社.

蔡志岗，雷宏香，王嘉辉，等. 2004. 光学与光电子学专门化实验. 广州：中山大学出版社.

姚建铨, 于意仲. 2006. 光电子技术. 北京: 高等教育出版社.

周炳琨, 高以智, 陈倜嵘, 等. 2014. 激光原理. 7 版. 北京: 国防工业出版社.

3.4 光纤激光器原理实验

一、实验目的

理解光纤激光器的基本原理,掌握利用基本光纤光学元件搭建光纤激光器的方法,探测光纤激光器运行的动态特性.

二、实验要求

(1)学习光纤激光器的基本原理.

(2)利用基本光纤光学元件搭建线性和环形光纤激光器.

(3)探测掺铒光纤的泵浦光吸收、荧光辐射及信号光放大的动态特性.

(4)探测光纤激光器运行的动态特性,观察激光尖峰振荡,理解其动力学机理.

三、实验原理

1. 光纤激光器的基本原理

1)光纤激光器的组成部分

与其他激光器一样,光纤激光器也是由增益介质、光学谐振腔和泵浦源三部分组成的. 如图 3.4.1 所示,典型的 F-P 腔结构光纤激光器的谐振腔由两个具有特定反射率的腔镜以及放置在两腔镜之间的一段掺杂稀土金属离子的光纤构成,其泵浦光从左侧腔镜耦合进入光纤实现纵向泵浦. 一般地,左侧腔镜对泵浦光全透、对激射光全反,在有效利用泵浦光的同时可防止因泵浦光谐振而导致输出光不稳定;右侧腔镜对激射光部分透射,使激射光光子获得正反馈而实现激光输出. 泵浦光入射作为增益介质的掺杂光纤后,泵浦光光子被增益介质大量吸收而实现粒子数反转,从而在掺杂光纤介质中产生受激发射输出激光.

泵浦光　　　　　　　　　　　　　　　　　　　　激光输出

掺杂光纤

图 3.4.1　光纤激光器原理示意图

同样,与其他激光器类似,光纤激光器的增益介质也有两种典型的能级结构,一种是三能级结构,另一种是四能级结构,如图 3.4.2 所示. 对于激光器增益介质的跃迁特性而言,两种能级结构的最主要差别在于激光较低能级所处的位置. 在三能级系统中,基态或极靠近基态的能级即为激光下能级;而在四能级系统中,激光下能级和基态能级间存在一个跃迁,其一般为无辐射跃迁. 对于三能级或四能级系统电子激发过程,电子先从基态提升到高于激光上能级的一个或多个能级，进而通过非辐射跃迁到达激光上能级并很快在带内弛豫到寿命比较长的亚稳态. 当亚稳态上积累的粒子数多于激光下能级时, 粒子数反转便形成. 在亚稳态上的电子以辐射光子的形式释放能量回到基态, 这种自发辐射的光子被光学谐振腔反馈回增益介质诱发受激辐射, 产生与诱发光子性质完全相同的光子. 当光子在谐振腔内所获得的增益大于其在腔内的损耗时, 就会产生激光输出. 理论上, 四能级系统光纤激光器的阈值低于三能级系统光纤激光器的阈值.

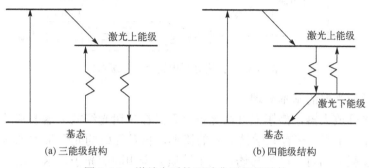

图 3.4.2　增益介质的两种典型能级结构

(a) 三能级结构　　　　　　　(b) 四能级结构

　　本实验采用半导体激光器作泵浦光源, 高反镜以及光纤端面间空气隙作反射镜, 掺铒光纤作增益介质, 其工作原理与红宝石激光器的工作原理相似, 同属三能级系统.

　　2) 掺铒光纤放大的原理和特性

　　掺铒光纤在同时注入泵浦光和信号光的条件下可对信号光进行放大, 实现掺铒光纤放大器 (EDFA) 的功能. 掺铒光纤放大器的增益介质是纤芯中掺杂铒离子 (Er^{3+}) 的单模石英光纤. 铒离子有许多不同的能级, 而且由于光纤基质的影响而产生分裂 (Stark 分裂), 形成准能带 (图 3.4.3). 参与光放大的主要有三个能级, 即基态能级 $^4I_{15/2}$、亚稳态能级 $^4I_{13/2}$、泵浦能级 $^4I_{11/2}$. 这样, 就可以把掺铒光纤看成是一个三能级系统, 在 980 nm 泵浦激光作用下, 电子从基态激发到泵浦能级上, 然后很快 (小于 1 μs) 衰变到亚稳态能级上; 衰变过程中, 多余的能量以声子的形式释放 (在光纤内产生晶格热振动). 在亚稳态能带中, 铒离子的电子将移向能带的底部, 并发射荧光, 这个过程长达 10 ms 左右, 因此亚稳态能带可以聚集很多粒子而形成粒子数反转. 在信号光的激励下, Er^{3+} 就会以受激发射的方式从亚稳态跃迁到基态, 并发射光子, 实现对信号光的放大. 亚稳态和基态之间的能量宽度决定受激发射出现在 1530~1560 nm 范围.

　　当然, 也有可能是基态离子吸收小部分入射信号光并跃迁到亚稳态, 这就是受激吸收. 但只要铒离子处于粒子数反转状态, 则受激辐射总是大于吸收, 导致入射光的增强, 产生光放大. 同时, 亚稳态上的粒子也可能以自发辐射的方式跃迁到基态. 自发辐射与待放大的光信号一起参与激光物质粒子的受激辐射, 与信号光竞争, 自身得到放大, 同时消耗高能级的粒子, 降低信号增益; 更严重的是放大的自发辐射 (ASE) 传到接收端, 形成噪声.

　　掺铒光纤放大器的另一个主要泵浦波长为 1480 nm, 与 980 nm 的间接泵浦方式不同, 这时仅有两个能级参与, Er^{3+} 在吸收一个 1480 nm 泵浦光光子后, 可以直接把一个电子从基态激发到亚稳态能带的顶部, 然后再移向亚稳态底部, 形成受激发射.

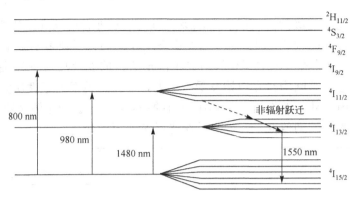

图 3.4.3　掺铒光纤中铒离子能级系

3) 掺铒光纤激光器的基本原理

对比掺铒光纤放大器,掺铒光纤激光器可看成在掺铒光纤放大器的基础上增加一个光学谐振腔和一个泵浦源. 在有光学谐振腔的情形,自发辐射的光子可被光学谐振腔反馈回增益介质并诱发受激辐射,产生与诱发光子性质完全相同的光子,这种正反馈过程在光学谐振腔中不断重复,实现受激辐射的显著放大,最终,当谐振腔内激光增益大于损耗时,便在腔内形成激光振荡. 因此,不同于掺铒光纤放大器,掺铒光纤激光器在有足够强泵浦光注入的条件下,依靠谐振腔对掺铒光纤自发辐射的荧光进行相干放大便可实现激光输出,这个过程完全不需要信号光的注入.

值得注意的是,除了通过引入谐振腔使受激辐射过程获得正反馈,泵浦光强度也是激光器出光的另一决定性因素. 当泵浦光功率较低时,粒子数基本上处于正常分布,此时只存在自发辐射所产生的荧光. 随着泵浦光功率增强,激光上能级粒子数逐渐增加,自发辐射荧光相应逐渐增强. 当激光上能级粒子数大于激光下能级粒子数时,粒子数实现反转. 此时,单个粒子独立的自发辐射逐渐变为多个粒子协调一致的受激辐射. 对应地,掺铒光纤对自发辐射产生放大,形成"放大的自发辐射". 当泵浦光进一步提高,达到一定强度时,放大的自发辐射将大大增强而形成"超荧光". 此时,自发辐射光子被受激放大而雪崩式地倍增,但由于粒子数反转程度尚未达到振荡阈值,激光振荡还没有形成. 超荧光又与自发辐射荧光不同,是介于激光和荧光之间的一种过渡状态,其状态分布不再是均匀的谱线宽度,比荧光光谱宽度窄. 最终当泵浦光功率很强,掺铒光纤的辐射放大增益将超过系统的损耗,形成自激振荡而产生激光.

综上,掺铒光纤激光器除了核心的掺铒光纤外,还需配置合适腔型的激光谐振腔,如典型的线性谐振腔和环形谐振腔,以及足够功率的泵浦源,如 980 nm 半导体泵浦激光器,还有一些相关集成光学功能器件,如波长耦合器、光隔离器、滤波器等.

4) 光纤激光器谐振腔的腔型结构

光纤激光器按腔型结构大体可分为线性谐振腔(驻波腔)和环形谐振腔(行波腔)两类.

对于线性谐振腔,当腔长为激光半波长的整数倍时,各级反射波与入射波就可以相干相长而出现谐振,且光场在腔内由于干涉效应而形成驻波分布. 因此,线性谐振腔也称为驻波腔. 线性谐振腔的典型是 F-P 腔,由一对平行放置的反射镜构成,其中一个是全反镜,另一个是部分反射镜或透射镜,如图 3.4.1 呈现的谐振腔结构所示. 事实上,对于光纤激光器，反射元件可以直接镀在光纤的端面上，或直接由光纤端面充当，或通过微纳加工技术制备在光纤内部. F-P 腔光纤激光器结构简单，易于直接集成在光纤中. 比如，利用紫外激光在光纤中直写光栅反射器，可实现分布布拉格反射(DBR)型和分布反馈(DFB)型这两种常见的、基于 F-P 腔的光纤激光器，如图 3.4.4 所示.

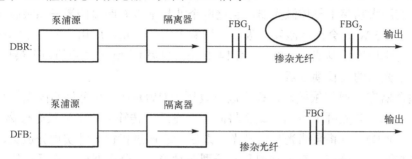

图 3.4.4　DBR 型和 DFB 型光纤激光器示意图

对于环形谐振腔，当腔长为激光波长的整数倍时，在环形谐振腔内传播的行波可产生谐振，因此也称为行波腔. 光纤环形谐振腔的基本结构如图 3.4.5 所示，其优点在于可以不使用反射元件构成全光纤腔. 这种最简单的光纤环形谐振腔是将光纤波分复用耦合器的两个端口连接起来形成一个连着掺杂光纤的环腔，其核心部分就是具有相干分束特性的波分复用定向耦合器. 这种环形谐振腔的精细度与耦合器的分束比相关：选择低的分束比可得到高精细度，而精细度越高，腔内储能也越高. 1 端输入的泵浦光绝大部分能量经耦合器耦合到环形通道中不断循环传输，激励增益介质产生激光并在腔内谐振放大. 值得注意的是，环形腔中激光的传输方向与泵浦光的传输方向没有关系. 环形谐振腔腔长较长，能够获得较窄线宽和较高的输出功率，因此在光纤激光器中具有重要的应用意义. 值得注意的是，增益介质中驻波的存在会产生烧孔效应，影响激光相干性，因此为避免烧孔效应，通常在光纤激光器环形谐振腔里插入隔离器以保证激光的单向运行，使激光运行在行波而非驻波状态. 如图 3.4.6 所示，典型的环形光纤激光器由封闭式波导结构串接掺杂光纤、耦合器、隔离器等集成光学器件构成，稳定性高，体积小，实用价值高.

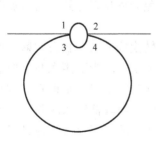

图 3.4.5　光纤环形谐振腔的基本结构

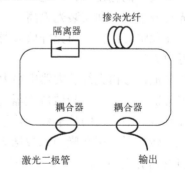

图 3.4.6　典型的环形光纤激光器示意图

5) 掺铒光纤激光器的泵浦源

铒离子(Er^{3+})有多个吸收带：650 nm、800 nm、980 nm、1480 nm. 理论上，这些频带都可以用来泵浦掺铒光纤. 但具体采用什么波长泵浦，取决于多种因素：泵浦效率要高；

需要有相应波长的激光器；不能有激发态吸收(指粒子吸收泵浦光后已处于激发态，但它又进一步吸收泵浦光并向更高的能级跃迁)等.

对于铒离子(Er^{3+})的上述吸收带，实验证实 980 nm 泵浦效率最高，1480 nm 次之，而 650 nm 和 800 nm 的泵浦效率较低，泵浦光源的体积也大. 另外，980 nm 和 1480 nm 均有技术成熟的商用大功率半导体激光器，且这两个波长都没有明显的激发态吸收(980 nm 泵浦光功率大于 1.5 W 时会出现激发态吸收，影响了它的高功率应用，所以 1480 nm 泵浦波长更适合高功率应用). 因此，980 nm 和 1480 nm 是掺铒光纤激光器的两个最佳泵浦波长.

6) 光纤激光器的波长耦合器

波长耦合器在光通信领域常被称为波分复用器(WDM)，其可将不同光纤传输的不同波长光合并到同一条光纤上传输，或者将同一条光纤上传输的许多波长光分离开来. 在光纤激光器中，WDM 可将泵浦光与信号光合束后一起通过掺铒光纤实现光放大，或将放大后的信号光与泵浦光分束，有分立型和光纤型两种形式. 分立型通过光反射镜、滤光片以及微透镜实现对泵浦和信号光的复用与分离，其光损耗较大；光纤型对泵浦光和信号光的插入损耗基本相同，且温度、偏振及波长响应特性较好.

光纤型 WDM 分为熔融拉锥型和带尾纤的干涉滤波器型两种. 其中，带尾纤的干涉滤波器型 WDM 的损耗为 0.4 dB 左右，而熔融拉锥型 WDM 的损耗更低，典型值为 0.1 dB，且制作成本较低. 然而，带尾纤的干涉滤波器型 WDM 对信号光和泵浦光均呈现平坦的传输响应，而熔融拉锥型 WDM 一般具有升余弦形传输响应. 因而，带尾纤的干涉滤波器型 WDM 的传输损耗不随泵浦光和信号光波长的改变而变化，并对偏振态和温度均不敏感；而熔融拉锥型 WDM 的偏振依赖损耗约为 0.5 dB，但通过熔融过程的光纤扭绞工艺可使偏振依赖损耗降到 0.2 dB. 综上所述，带尾纤的干涉滤波器型 WDM 具有更优的性能，但熔融拉锥型 WDM 结构简单、成本低，在实际应用中具有更高的经济性.

7) 光纤激光器的光隔离器

光隔离器(optical isolator，ISO)又称为光二极管(optical diode)，作用是只允许光波往一个方向传输，阻止光波往反方向传输，是一种非互易光学器件. 光隔离器可应用于激光器或光放大器的输出端，以避免反射光返回器件而影响器件的工作性能. 例如，在激光光源和光传输系统之间安装光隔离器，可以消除反射光对激光光源的不利影响，提高激光光源的工作稳定性；在掺铒光纤放大器中放置光隔离器可避免光路反射导致的自激振荡，有效降低放大噪声.

具体地，掺铒光纤放大器中很大一部分泵浦光能量被转换成放大的自发辐射，而放大的自发辐射功率过高会导致放大器的增益饱和与噪声系数增大. 因为噪声系数主要取决于掺铒光纤输入端附近的粒子数反转程度，而输入端附近反向放大的自发辐射功率过高将严重消耗反转粒子，引起噪声系数增大，最大增益受限. 为此，需降低输入端附近的反向放大的自发辐射光功率. 另外，掺铒光纤放大器内的光纤端面、熔接点以及其他光器件内部界面将会引起光反射；反射系数过大将导致掺铒光纤放大器内放大的自发辐射光自激振荡，引起放大器增益饱和与噪声系数增大，并消耗泵浦光能量，甚至使掺铒光纤放大器不能正常工作. 为降低输入端附近反向放大的自发辐射光功率和保证掺铒光纤放大器工作稳定性，通常在掺铒光纤放大器中设置光纤型隔离器(一般要求隔离度大于 40 dB，插入损耗小于 1 dB)，以遏制反向放大的自发辐射和消除反射光的不良影响.

2. 光纤激光器的动态特性

1）掺杂光纤的泵浦光吸收动态特性

掺杂光纤在泵浦光抽运下除了具有增益介质特性，还具有类似可饱和吸收体的特性．具体地，泵浦光进行端面泵浦在掺杂光纤中传输时，由于稀土离子对泵浦光的受激吸收，泵浦光将出现吸收损耗，导致光强在掺杂光纤中呈指数衰减．由于下能级粒子受激吸收跃迁的速率正比于泵浦光强和下能级与上能级的粒子数密度差，当泵浦激光强度足够大时，在泵浦的初始阶段，下能级粒子受激吸收跃迁的泵浦速率将显著大于上能级粒子的弛豫速率，导致下能级粒子数显著减少，上能级粒子数显著增加．在强光泵浦条件下，随着泵浦光抽运时间的增加，下能级与上能级的粒子数密度差将趋向零，导致掺杂光纤对泵浦光的吸收系数趋近于零，也即掺杂光纤对泵浦光的吸收趋向饱和，简称泵浦饱和．此时，掺杂光纤对泵浦光而言近似透明．事实上，考虑到上能级粒子存在弛豫通道，其能实现下能级粒子的补充，如铒离子激发电子由泵浦能级非辐射弛豫到亚稳态再跃迁回基态的自发辐射荧光过程，下能级粒子受激吸收跃迁的光学泵浦速率最终将等于上能级粒子弛豫的极限速率，达到吸收与弛豫动态平衡的稳态条件，也即各能级的粒子数趋于稳定．对于铒离子，由于在其弛豫通道中亚稳态能级 $^4I_{13/2}$ 具有长达毫秒量级的能级寿命，远长于泵浦能级 $^4I_{11/2}$ 小于 1 μs 的能级寿命，在强光泵浦下的稳态条件由亚稳态能级的粒子数饱和所决定．在本实验中，通过引入正脉冲宽度在毫秒量级的方波调制，并且利用示波器采集记录泵浦光透过掺杂光纤的时域强度信号，可呈现掺杂光纤吸收泵浦光达到饱和的完整动力学过程，如图 3.4.7 所示．

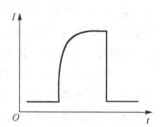

图 3.4.7　泵浦光透过掺铒光纤的典型动态曲线

2）掺杂光纤的荧光辐射动态特性

对于掺杂稀土元素的荧光光纤，如掺铒光纤，在合适波长的泵浦光激励下会发射荧光信号．如实验原理中"光纤激光器的组成部分"所述，在相关能级寿命的时间尺度，增益介质对泵浦光的吸收过程和激发粒子的弛豫过程均会呈现显著的动态特性．其中，对于激光增益介质的三能级或四能级系统，其亚稳态能级（图 3.4.2 中的激光上能级）在能级系统中具有最长的能级寿命，且显著长于泵浦能级的寿命，在强泵浦条件下决定了增益介质泵浦动力学过程的稳态条件．同时，这些亚稳态能级也是最主要的自发辐射或受激辐射跃迁通道，因此通过探测其荧光或激光的时域动态信号将能在一定程度上反映这些能级上激发粒子弛豫的动力学特性．特别是荧光信号，其由激发粒子从亚稳态能级跃迁至基态能级的自发辐射产生，因此可直接呈现亚稳态能级的动力学特征参量，如实现对能级寿命的定量评估．而激光信号，由于亚稳态受激辐射过程涉及激光谐振腔光场的强反馈，也即会与谐振腔中光子演化过程产生直接动力学耦合，其动力学特征会更为复杂多变，并非由亚稳态动力学特性所唯一决定．

具体地，对于激发态自发辐射产生荧光的过程，荧光强度与能级的跃迁概率和上能级粒子数的乘积成正比．如所讨论的，随着泵浦光抽运过程的发展，能级体系中各能级的粒子数将发生动态变化，最终达到泵浦与弛豫动态平衡的稳定状态．对于掺铒光纤，三能级系统中的 $^4I_{13/2}$ 亚稳态能级是掺铒光纤发射 1550 nm 荧光的上能级，其具有毫秒量级的能级寿命．在强泵浦的条件下，随着泵浦过程的发展，处于长寿命亚稳态的粒子数将会逐渐增

加，最终几乎占据所有铒离子数而导致泵浦饱和. 对应地，掺铒光纤所产生的荧光强度随

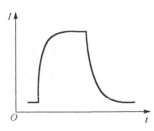

图 3.4.8 掺铒光纤荧光辐射的典型动态曲线

泵浦时间增加逐渐上升并趋向饱和，达到稳定状态. 这时若关闭泵浦光，荧光强度将按指数形式衰减. 其中，荧光强度下降到最大强度的 1/e 的时间长度称为荧光寿命，这是对自发辐射过程动力学特性进行评估的一个重要的物理参量，反映了粒子从激发态跃迁到基态过程中在激发态滞留的平均时间，等同于激发态的能级寿命. 在本实验中，通过测量毫秒量级方波泵浦光脉冲泵浦掺铒光纤产生的荧光动态曲线，可实现对掺铒光纤亚稳态能级弛豫动力学的初步探索，如图 3.4.8 所示.

3）掺铒光纤放大器对信号光放大的动态特性

将泵浦激光和信号激光同时输入掺铒光纤放大器中，通过泵浦激光抽运大量粒子到亚稳态实现粒子数反转，并通过信号激光诱导亚稳态粒子的受激辐射，可实现对信号光的显著放大. 信号光的放大倍数一般用增益(dB)来表示，增益越大表明掺铒光纤放大器的放大能力越好. 一般地，增益随泵浦光强的提高(提高反转粒子数)而提高，并趋向饱和(反转粒子数达到极限)；增益随掺铒光纤长度的增加(能提供的反转粒子数增多)而先提高后下降(光纤损耗的提高大于增益的提高)，其极值为最佳增益点，所对应的光纤长度为最大增益光纤长度. 另外，信号光的大小也会对增益产生影响：小信号光输入时的增益大于大信号光输入时的增益. 因为，对于小信号光放大的情形，上能级电子的消耗能从泵浦中得到充分补充，受激辐射增益能维持较高的水平；而对于大信号光放大的情形，上能级电子的消耗无法从泵浦中得到充分补充，受激辐射增益就会出现下降，在较低增益水平达到泵浦与辐射的平衡. 事实上，信号光输入影响粒子数反转程度而导致增益动态变化，这会使脉冲信号光在连续光泵浦的条件下呈现增益随时间显著变化的信号光输出动态曲线. 并且，该动态曲线特征会受到信号光大小的显著影响：小信号光与大信号光的增益随时间的变化具有不同的趋势. 在本实验中，通过测量连续泵浦光泵浦下毫秒量级方波信号光放大的动态曲线，实现对掺铒光纤放大器信号光放大动力学过程的探索，如图 3.4.9 所示.

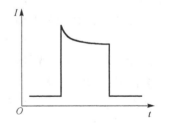

图 3.4.9 掺铒光纤放大器对大信号光放大的典型动态曲线

4）激光器的尖峰振荡和弛豫振荡

在激光器开启过程中，由于增益介质在泵浦源作用下会导致反转粒子数处于剧烈变化之中，激光腔内的初始激光因反转粒子数的剧变也处于剧变中，而反转粒子数与初始激光的强耦合以及分别所具有的不同的弛豫时间常数进一步令这种剧变呈现复杂多变的动力学特征. 其中，以下两种瞬态动力学现象在固体激光器中常被观察到.

（1）激光尖峰振荡. 指激光器首次开启或稳态运行受到显著扰动时，激光器输出振幅很大且持续振荡的激光脉冲序列.

（2）激光弛豫振荡. 指激光器输出功率幅度变化中更常规的、往往呈指数衰减的振荡. 弛豫振荡可发生在一个激光尖峰振荡脉冲序列演化过程中，或随激光系统的微小扰动而发生，例如腔镜的抖动或泵浦功率的变化.

上述两种现象具有直接关联性：它们都发生在粒子数反转和腔内激光光强响应激光运

行条件变化时处于显著不同的时间尺度的条件下.

以下重点讨论激光连续泵浦时产生激光尖峰振荡的基本原理. 当泵浦光开启时, 在激光上能级寿命 τ_2 的时间尺度, 上能级中的粒子数将从零增长到一个稳态值. 此时激光谐振腔内的光子密度很低, 因为光子只由自发辐射产生. 随着泵浦光不断地抽运, 在某个时刻反转粒子数将达到激光振荡的阈值 N_{th}, 但此时激光振荡尚未发生, 因为在相关腔模中的光子密度仍然比较低. 随着泵浦的继续进行, 反转粒子数进一步增加并远超阈值, 而激光模式中的光子密度也通过受激辐射迅速增长, 产生激光振荡. 然后, 激光振荡使受激辐射速率和腔内光子数剧增, 并消耗大量激光上能级粒子. 最终, 激光模式中的光子数密度提升到足够高, 以至于将上能级粒子数消耗至 N_{th} 以下——上能级粒子数降低到反转粒子数阈值以下将不可避免地导致光子数密度下降, 以及后续激射的停止. 这种腔内光子数密度剧烈的增长和快速的下降对应着激光输出功率中的一个尖峰. 随着泵浦的继续, 上能级粒子数将重新增长, 使上述尖峰产生的过程不断重复, 形成激光尖峰振荡序列. 值得注意的是, 即使在连续泵浦激光中, 这种激光尖峰振荡也不会无限地持续下去. 这是因为, 在尖峰产生后, 上能级粒子数和光子数密度并不会衰减至零. 因此, 在每个尖峰产生后, 最终的上能级粒子数和光子数密度将逐渐趋向于其稳定值. 在这种情况下, 尖峰的幅度将逐渐减小, 最终湮灭于激光输出功率的稳态曲线中. 也即, 激光尖峰振荡序列是激光初始产生过程中激光输出状态由瞬态振荡过渡到稳态振荡的一个弛豫过程. 一般而言, 激光泵浦功率越大, 尖峰脉冲形成得越快, 各尖峰间的时间间隔也越小.

当粒子数反转对泵浦的响应时间尺度 (在 τ_2 的量级) 慢于腔内光子密度变化时间尺度 (在腔光子寿命 τ_c 的量级) 时, 倾向于发生激光尖峰振荡. 因此, 激光尖峰振荡无法产生的条件为

$$\tau_2 \ll \tau_c \tag{3-4-1}$$

而激光弛豫振荡无法产生的条件为

$$\tau_2 < \frac{r^2}{4(r-1)}\tau_c \tag{3-4-2}$$

其中 r 为无受激辐射下的反转粒子数与激射阈值反转粒子数 N_{th} 激光尖峰振荡的比. 也就是说, 如果上能级寿命足够短, 则弛豫振荡不会发生, 并且对反转粒子数和腔内光子数密度的扰动将以指数形式衰减回其稳态解. 可以看到, 激光弛豫振荡无法产生的条件 [式 (3-4-2)] 与激光尖峰振荡无法产生的条件 [式 (3-4-1)] 是近似一致的, 也即两种振荡本质上是关联的.

反之, 如果条件 (3-4-2) 不满足, 弛豫振荡将会发生, 其振荡角频率为

$$\omega_{ro} = \sqrt{\frac{r-1}{\tau_2\tau_c} - \left(\frac{r}{2\tau_c}\right)^2} \approx \sqrt{\frac{r-1}{\tau_2\tau_c}} \tag{3-4-3}$$

如果 $\tau_2 \gg \tau_c$, 则式 (3-4-3) 近似成立. 注意到一般有 $r-1 \approx 1$, 在这种情况下振荡时间周期接近上能级寿命与腔内光子寿命的几何平均值.

条件 (3-4-2) 解释了为什么激光弛豫振荡以及激光尖峰振荡现象在气体激光器中并不普遍: 气体激光器中上能级寿命一般在几百纳秒的时间尺度, 接近或短于典型的腔内光子寿命. 相对地, 许多固体激光器 (包括光纤激光器) 的上能级寿命在微秒甚至毫秒时间尺度.

因此，激光尖峰振荡和激光弛豫振荡现象易于出现在这些激光器中. 在本实验中，通过搭建线性或环形光纤激光器并利用毫秒量级方波泵浦光对掺铒光纤进行泵浦，可在出射的 1550 nm 激光的动态曲线中观察到显著的激光尖峰振荡(弛豫振荡)现象，从而实现对相关动力学过程的直接探测研究，如图 3.4.10 所示.

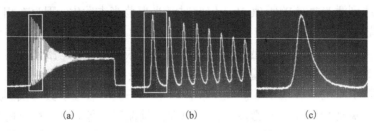

(a)　　　　　(b)　　　　　(c)

图 3.4.10　掺铒光纤激光器的典型尖峰振荡动态曲线
[(b)为(a)中白框对应区域，(c)为(a)、(b)中白框对应区域]

四、实验装置及仪器

本实验所用光纤激光器实验装置及配件如图 3.4.11 所示，对照该图标记和激光装置操作手册[①]认识光纤激光器各组成部分并了解相关技术细节：光纤激光器各组件在光学平板 1 上的分布位置；980 nm 半导体泵浦激光器 2 及 1550 nm 信号激光器的前操作面板及后面板各功能区域及其作用；泵浦激光及信号激光接入光路的连接方式及对应端口；波长耦合器 (WDM) 3 在光路中的作用；不同长度掺铒光纤放大器(EDFA) 4 的接入方式；1550 nm 光隔离器 5 在光路中的作用(思考：其功能可用什么光学元件近似代替？)；直通光纤跳线 9 替换 1550 nm 光隔离器 5 的连接方式(本图中状态)；光纤准直器 6a 和高反镜 6b 各自作用及调节方法；阶梯密度衰减片 7 的作用及调整方法；InGaAs 及 Si 光电探头各自的探测波长，其在安装架 8a 和 8b 放置及卸下、xy 方向调整的操作方法；红外显示卡 10 的作用及使用方法；红外长波通滤光片 11 的作用(980 nm 光高反射、1550 nm 光高透)；便携式数字万用表 12 的使用(了解测交流电压信号与直流电压信号间的切换方法)；示波器 13 的灵活使用，特别是对弱信号的稳定监控及放大操作.

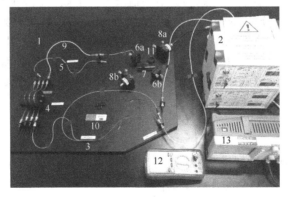

图 3.4.11　光纤激光器实验装置及配件

---

① 请参考：https://www.e-las.com/products/laser-basics/ca-124041-fiber-ring-laser.

五、实验内容

1. 线性光纤激光器实验

实验注意事项如下.

(1)进行激光操作时要注意安全(本实验中 980 nm 泵浦激光最大功率超过 100 mW,且该激光肉眼不可见,需特别注意),切忌迎着激光传播方向直视激光(对光纤激光而言,切勿用眼睛直接观察光纤端口的激光出射状态);调节激光器过程中建议佩戴合适的激光防护镜,并采取站立姿势操作,且不能佩戴手表、首饰等具有高表面反射率的物品;使用智能手机拍摄照片时应特别注意不能使手机处于激光路径中,以避免由于手机高反表面反射激光造成危险.

(2)在本实验中,连接光纤的操作需在激光关闭的情况下开展;确认光路上的光纤都连接好后,再开启激光光源进行光路上的镜架微调,以及进一步的实验测量.

(3)未连接到光路上的光纤接头必须用保护帽盖上;进行光纤操作时,应轻拿轻放,动作轻缓,避免用力拉扯造成光纤断裂或使内部产生损伤;进行光纤接头连接时需小心,避免暴力插拔光纤接头造成光纤或适配器损伤,避免光纤端面接触任何其他表面造成沾染(包括操作者自身).

(4)切勿用手或身体任何部分直接接触光学元件表面,如本实验所用到的阶梯密度衰减片表面,以避免对镜片表面造成严重沾染.

(5)实验中放置阶梯密度衰减片时,应注意选择合适的透射率(反射率)区域,以及镀膜面朝向.

1)熟悉基本的实验操作

(1)仔细阅读上面的"实验注意事项",对可能损坏设备的情形需充分了解;在 980 nm 泵浦激光及 1550 nm 信号激光均关闭的情况下,尝试进行以下基本实验操作.①光纤接头(本实验所用光纤接头类型为 ST)通过光纤适配(耦合)器连接. 在操作过程中,注意感受连接所需施加的力量及实现柔和连接所需技巧;特别注意不要令光纤端面接触任何其他表面(包括操作者自身);为最大限度地保护设备,光纤连接的操作练习应在另外提供的独立光纤及接头上开展,而不能在图中所示实际实验光路中开展. ②光纤准直器 6a 和高反镜 6b 的实际调节. ③光电探头在安装架 8a 和 8b 上放置及卸下(注意感受安装所需施加的力量及实现平稳安装所需技巧).④阶梯密度衰减片 7 的安装、位置调节、固定、拆卸等(应特别注意在操作过程中勿接触衰减片表面).

(2)在 980 nm 泵浦激光(或 1550 nm 信号激光)输出光纤连接入光路的条件下(图 3.4.5 中情形),开启激光电源(旋转钥匙开关到"On"位置),并调节激励电流逐渐增大,同时用红外显示卡监控光路中激光输出端(在光纤准直器 6a 的出射端观察)的激光输出情况,观察有激光输出时红外显示卡所呈现的状态.

2)980 nm 半导体泵浦激光器功率与电流的关系

(1)需要注意的是,在"线性光纤激光器实验"整个实验过程中,为避免光纤插拔过程中出现端面沾染(对高功率泵浦光纤激光而言,光纤跳线端面出现沾染会导致纤芯端面产生严重永久性热累积损伤而无法继续使用),光路连接均保持如图 3.4.12 所示的状态(设备连接与图 3.4.11 一致),且在实验过程中不要进行任何光纤插拔切换操作.

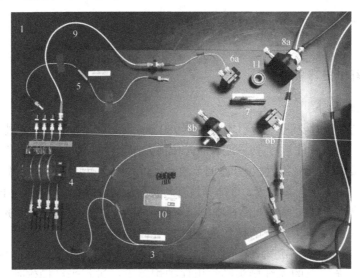

图 3.4.12　线性光纤激光器实验光路连接示意图

(2) 如图 3.4.12 所示，980 nm 激光输出光纤通过右下端光纤适配器与蓝色光纤连接耦合进光路(此时泵浦光顺时针注入光路)，传输经过 WDM 耦合器、掺铒光纤、直通光纤后，980 nm 激光由光纤准直器 6a 输出，并经阶梯密度衰减片(注意镀膜面朝向)反射至 InGaAs 光电探头(由于 InGaAs 光电二极管探测波长范围覆盖 980 nm 和 1550 nm，因此在整个实验过程中可一直使用 InGaAs 光电探头作为探测设备，而不需要切换为 Si 光电探头).

(3) InGaAs 光电探头信号连接至 980 nm 激光控制器后面板"Photo Diode"模块上的"Input"端，而近邻的"Output"端输出信号连接至数字万用表的电压测量输入端(观察输出信号波形时需连接至示波器信号输入端).

(4) 确认光路及电路处于良好连接状态后，开启 980 nm 激光电源(旋转钥匙开关到"On"位置)，并逐渐增大激励电流到 980 nm 激光阈值以上(红外显示卡放置 InGaAs 光电探头前能观察到激光束)，这时数字万用表一般已呈现一定的电压示数；若无，调节 InGaAs 光电探头安装架 8a 上的 xy 螺旋调节器，使 980 nm 激光辐照在 InGaAs 光电探头有效面积上(可通过红外显示卡判断)，以及提高激光控制器上的光电二极管增益(gain)，使数字万用表呈现电压响应；继续微调安装架上的 xy 螺旋调节器，使电压示数达到极大值；提高激励电流至最大值，观察数字万用表电压值是否会呈现饱和现象；若出现饱和，可通过选择适当的万用表电压量程，降低控制器上光电二极管增益，调节阶梯密度衰减片位置(使反射到 InGaAs 光电探头上的激光功率降低)这三种方法解决. 值得注意的是，本步操作可以直接通过类似于"4) 980 nm 激光传输通过掺铒光纤的动态特性"步骤的操作，利用示波器监控待测信号的方法先调出 980 nm 激光透射动态曲线并优化到信号最强状态后，再把待测信号切换到数字万用表进行数据测量.

(5) 测量 980 nm 激光输出功率随激励电流的变化(记录数据需呈现激光阈值特性；经标定测试，本激光器最大激励电流对应的 980 nm 激光功率值为 115 mW).

3) 1550 nm 半导体信号激光器功率与电流的关系

(1) 关闭 980 nm 激光(旋转钥匙开关到"Off"位置)，但保持 980 nm 激光控制器电源不关闭；如图 3.4.12 所示，1550 nm 激光输出光纤已连接至靠近高反镜 6b 的、与红色光纤相连接的光纤适配器上；保持 InGaAs 光电探头的连接方式(信号线连接方法与"4)980 nm 激光传输通过掺铒光纤的动态特性"保持一致，因为激光控制器中的输入信号放大器部分的功能具有独立性，与激光器是否输出无关)；阶梯密度衰减片移动到高反射区域.

(2)确认光路及电路处于良好连接状态后，开启 1550 nm 激光电源(旋转钥匙开关到"On"位置)，调节激励电流到最大值，并调高 980 nm 激光控制器上光电二极管增益到较大值(1550 nm 激光功率较低，因此应调高光电二极管增益)，这时数字万用表一般已呈现电压响应(数字万用表选择较高灵敏度的电压挡)；若无，关闭 1550 nm 激光，重复步骤"4)980 nm 激光传输通过掺铒光纤的动态特性"中的光路调节，也即先利用 980 nm 激光调节 InGaAs 光电探头准直状态到最优，然后再回到本步骤，观察数字万用表是否已呈现电压响应；若仍没有，重复步骤"4)980 nm 激光传输通过掺铒光纤的动态特性"直至数字万用表出现电压响应；若已有，继续微调安装架 8a 上的 xy 螺旋调节器，使电压示数达到极大值；若电压出现饱和，可通过选择适当的万用表电压挡、降低光电二极管增益等方法解决. 值得注意的是，本步操作也可以直接通过类似于"5)掺铒光纤 1550 nm 荧光的动态特性"步骤的操作，利用示波器监控待测信号的方法先调出荧光动态曲线并优化到信号最强状态后，再把待测信号切换到数字万用表进行数据测量. 事实上，对于荧光这类弱信号，在示波器监控下的调节往往更为直观高效.

(3)测量 1550 nm 激光输出功率随激励电流的变化(记录数据需呈现激光阈值特性；经标定测试，本激光器最大激励电流对应的 1550 nm 激光功率值为 1.8 mW).

4)980 nm 激光传输通过掺铒光纤的动态特性

(1)关闭 1550 nm 激光；保持图 3.4.12 所示的 980 nm 激光输出光纤连接入光路的状态(泵浦光顺时针注入光路)；将 4 路掺铒光纤中最长一路(4 m)与白色光纤相连接；掺铒光纤输出端通过黄色直通光纤跳线与光纤准直器 6a 连接；用安装架 8a 上的 InGaAs 光电探头探测经密度衰减片反射的 980 nm 激光；将激光控制器后面板上的 Output 端信号连接至示波器信号输入端.

(2)确认光路及电路处于良好连接状态后，开启 980 nm 激光电源，并操控面板上"Laser Modulator"模块的按钮，使"Off"灯灭，而"Rectangle"灯亮(此时输出的 980 nm 激光受方波调制)；调节激励电流到 980 nm 激光阈值以上适当值(使示波器能呈现良好的动态曲线)；调节 InGaAs 光电探头安装架上的 xy 螺旋调节器，使动态曲线幅度增大到极大值(过程中可适当调整示波器的电压幅度量程，使示波器能呈现清晰完整的波形)；若动态曲线呈现明显平顶状态，说明信号幅度过高导致饱和，可通过适当调节光电二极管增益或密度衰减片位置解决；调节控制面板上的"Freq."上下按钮，观察示波器上波形变化(过程中可适当调整示波器的扫描时间量程)，使受方波调制的 980 nm 激光通过掺铒光纤的完整动态过程能清晰呈现.

(3)记录示波器上呈现的对应高、中、低三个激光激励电流值的 980 nm 激光动态透射曲线(注意激光激励电流改变所导致的激光调制周期的改变：建议改变激光激励电流时，适当调节"Freq."按钮，使记录的三个激励电流值的波形具有相近的周期，以利于横向比较).

(4)对比不同激励电流 980 nm 激光动态透射曲线的变化.

5)掺铒光纤 1550 nm 荧光的动态特性

(1)保持图 3.4.12 光路及电路的连接状态；确认光路及电路处于良好连接状态后，开启 980 nm 激光, 调节激励电流至最大值, 并按步骤 4) 中的调节方法使示波器上呈现的波形幅度达到最大.

(2) 在 InGaAs 光电探头前安装红外长波通滤光片 11(980 nm 激光截止, 1550 nm 荧光高透), 并调节光电二极管增益到较大值; 按示波器面板上的 "Auto Set" 按钮, 观察此时示波器上呈现的波形: 若有荧光动态曲线呈现, 调节示波器及光电二极管增益优化曲线, 并微调 InGaAs 光电探头安装架上的 xy 螺旋调节器, 使信号幅度增大到极大值; 若无荧光动态曲线呈现, 重复 (1) 和 (2) 两步调节(可进一步调大光电二极管增益), 直至呈现荧光动态曲线.

(3) 记录示波器上呈现的对应高、中、低三个激光激励电流值的掺铒光纤增益介质荧光动态曲线(注意激光激励电流改变所导致的激光调制周期的改变; 建议改变激光激励电流时, 适当调节 "Freq." 按钮, 使记录的三个激励电流值的波形具有相近的周期, 以利于横向比较).

(4) 对比不同激励电流掺铒光纤增益介质荧光动态曲线的变化.

6) 掺铒光纤放大器对 1550 nm 信号光的放大

(1) 保持图 3.4.12 光路及电路的连接状态: 本步骤中 980 nm 泵浦激光及 1550 nm 信号激光通过 WDM 耦合器同时耦合到主光路中(泵浦光和信号光均为顺时针注入光路).

(2) 确认光路及电路处于良好连接状态后, 开启 980 nm 泵浦激光(不加调制)和 1550 nm 信号激光(加方波调制), 如 "5) 掺铒光纤 1550 nm 荧光的动态特性" 步骤调节示波器中呈现的 1550 nm 信号激光动态曲线, 使动态特性清晰呈现(注意: 如果示波器中显示的动态曲线呈现明显平顶状态, 说明信号幅度过高导致饱和, 应把光电二极管增益调小到适当挡位, 使动态曲线呈现正常状态).

(3) 记录示波器上呈现的对应不同泵浦激光电流值和信号激光电流值的 1550 nm 信号激光动态曲线: 泵浦激光电流值和信号激光电流值各取高、低两个值, 共四种情况(注意激励电流改变所导致的激光调制周期的改变; 建议改变激光激励电流时, 适当调节 "Freq." 按钮, 使记录的波形具有相近的周期, 以利于横向比较).

(4) 关闭 980 nm 泵浦激光, 记录 1550 nm 信号激光电流取上面高、低两个值时示波器上分别呈现的动态曲线.

(5) 对比上述实验结果.

7) 建立线性光纤激光器

(1) 保持图 3.4.12 光路及电路的连接状态; 确认光路及电路处于良好连接状态后, 开启 980 nm 激光, 调节激励电流至最大值, 并按 "5) 掺铒光纤 1550 nm 荧光的动态特性" 的调节方法使示波器上呈现的 1550 nm 荧光动态曲线幅度达到最大(适当调节示波器设置, 使示波器屏幕上能完整呈现一个周期的动态曲线, 且曲线幅度较大, 以利于在后续调节中观察激光尖峰振荡).

(2) 通过高反镜 6b(作为线性光纤激光器其中一个腔镜)上的角度调节器调节经高反镜反射回来的 980 nm 激光, 使其准确照射在光纤准直器 6a 的准直透镜中央(利用红外显示卡显示反射光点位置, 目测调节).

(3) 在任课老师或助教的协助下, 把 1550 nm 激光输出光纤的 ST 接头从靠近高反镜、与红色光纤相连接的光纤适配器上松开(不用完全拔出光纤, 只需使连接的两光纤端面不再处于压紧状态，中间出现空气隙，形成具有一定反射率的输出镜效果).

(4) 前后轻微调节上述 ST 接头的松开状态，监控此时示波器上呈现的 1550 nm 荧光动态曲线：若观察到尖峰振荡(出现 1550 nm 激光)，继续微调 ST 接头的松开状态和高反镜 6b 上的角度调节器，使尖峰振荡幅度达到最大；若未能观察到尖峰振荡，重复上面关于高反镜反射光的准直居中调节，再通过调节 ST 接头的松开状态，观察是否有尖峰振荡产生；若仍未观察到尖峰振荡，调节阶梯密度衰减片位置，使透过光强增加(减小激光谐振腔损耗)，再重复上述步骤的调节，直至观察到尖峰振荡，并调节幅度到最大状态.

(5) 用红外显示卡挡住高反镜，观察尖峰振荡幅度是否明显减小：若显著减小，说明该 1550 nm 激光主要是由高反镜 6b 所构成的激光谐振腔所产生的；若减小不显著，说明该 1550 nm 激光不是由高反镜 6b 所构成的激光谐振腔所产生的，因此需重复上一步骤和本步骤的调节，直至确认出现由高反镜 6b 所构成的激光谐振腔所产生的尖峰振荡.

(6) 适当调节示波器设置，使 1550 nm 激光尖峰振荡的完整动态过程能清晰呈现，且幅度较大；调节 980 nm 激光控制面板上的"Freq."上下按钮，观察示波器上尖峰振荡曲线变化(过程中适当调整示波器的时间轴量程).

(7) 记录此时示波器上所呈现的 1550 nm 激光尖峰振荡的动态特征. 需记录三幅图像：①一个方波调制周期所呈现的完整激光尖峰振荡动力学特征；②靠近第一个尖峰的多个尖峰振荡变化特征；③第一个尖峰的局域演化特征.

(8) 激光控制器后面板"Output"端信号连接至数字万用表电压测量输入端. 测量线性光纤激光器输出的 1550 nm 激光功率随 980 nm 泵浦激光激励电流的变化(记录数据需呈现激光阈值特性).

2. 建立环形光纤激光器

(1) 在任课老师或助教协助下，如图 3.4.13 所示连接 980 nm 泵浦激光到光路(此时泵浦光逆时针注入光路)；选择 4 m 的掺铒光纤与白色光纤相连接；掺铒光纤输出端通过黄色直通光纤与光纤准直器 6a 连接；设置在安装架 8b 上的 InGaAs 光电探测器探测经密度衰减片(注意镀膜面安装方向；调节衰减片位置使 980 nm 激光通过衰减片的高透射区域)反射的 980 nm 激光，并最终通过示波器呈现信号.

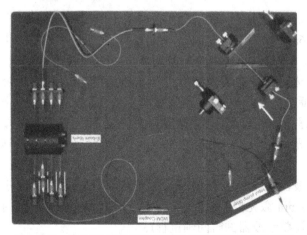

图 3.4.13　环形光纤激光器逆时针光路准直调节示意图

(2)逆时针光路准直调节：确认光路及电路连接好后，开启 980 nm 泵浦激光（加方波调制）；通过光纤准直器 6b 上的角度调节器调节准直出射的 980 nm 激光准确照射在光纤准直器 6a 的准直透镜中央（利用红外显示卡辅助判断）.

(3)通过光电探测器安装架 8b 上的 xy 调节器调节探头位置，使示波器上信号达到最强.

(4)关闭 980 nm 泵浦激光；在任课老师或助教协助下，如图 3.4.14 所示连接 980 nm 泵浦激光到光路（此时泵浦光顺时针注入光路）；设置在安装架 8a 上的 InGaAs 光电探测器探测经密度衰减片反射的 1550 nm 荧光或激光（注意此步骤光电探测器设置在安装架 8a 上，与图 3.4.13 中光电探测器设置在安装架 8b 上不同），并最终通过示波器展示信号.

(5)顺时针光路准直调节：确认光路及电路连接好后，开启 980 nm 泵浦激光（加方波调制）并调节激励电流到最大；通过光纤准直器 6a 上的角度调节器调节准直出射的 980 nm 激光，使其准确照射在光纤准直器 6b 的准直透镜中央（利用红外显示卡辅助判断）.

(6)观察示波器上的信号，通过 980 nm 截止滤光片判断信号是否为 1550 nm 信号；若是，进一步微调光电探测器安装架 8b 上的 xy 位置调节器，使信号进一步放大；若不是，重新回到逆时针光路准直调节的步骤，优化光纤准直器 6b 的准直情况，然后再按后续步骤往下调节，直至探测到 1550 nm 信号.

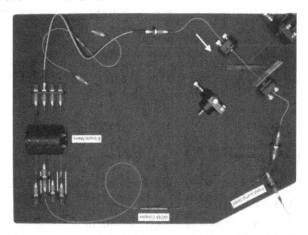

图 3.4.14 环形光纤激光器顺时针光路准直调节示意图

(7)观察 1550 nm 信号是否含有激光信号（基于尖峰振荡特征）；若包含，进一步循环微调光纤准直器 6a、6b 和光电探测器安装架 8b 上的调节器，优化激光谐振腔两光纤准直器的准直状态，使 1550 nm 激光信号逐步放大直至幅度达到饱和（此时应有显著的尖峰振荡特征）；若未包含，微调光纤准直器 6a 的调节器，观察是否有 1550 nm 激光输出；若仍未包含，重新回到逆时针光路准直调节的步骤，优化光纤准直器 6b 的准直情况，然后按后续步骤往下调节，直至探测到 1550 nm 激光信号，再按照上述步骤进行优化，使 1550 nm 激光输出功率的提升达到饱和（环形激光器此时的运行状态如图 3.4.15 所示）.

(8)适当调节示波器设置，使 1550 nm 激光尖峰振荡的完整动态过程能清晰呈现，且幅度较大；调节 980 nm 激光控制面板上的"Freq."上下按钮，观察示波器上尖峰振荡曲线变化（过程中适当调整示波器的时间轴量程）.

(9)记录此时示波器上所呈现的 1550 nm 激光尖峰振荡的动态特征. 需记录三幅图像：①一个方波调制周期所呈现的完整激光尖峰振荡动力学特征；②靠近第一个尖峰的多个尖峰振荡变化特征；③第一个尖峰的局域演化特征.

(10)激光控制器后面板"Output"端信号连接至数字万用表电压测量输入端. 测量环形光纤激光器输出的 1550 nm 激光功率随 980 nm 泵浦激光激励电流的变化(记录数据需呈现激光阈值特性).

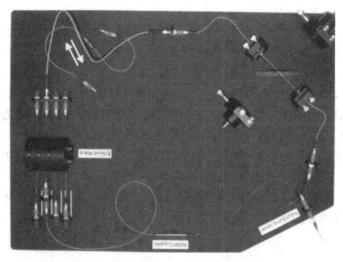

图 3.4.15　环形光纤激光器运行状态示意图(注意两个方向均有激光传播)

(11)在任课老师或助教协助下,把掺铒光纤输出端与光纤准直器 6a 通过黄色直通光纤跳线 9 连接的状态切换为通过光隔离器 5 连接的状态,如图 3.4.16 所示. 测试在这种光路设置下的 1550 nm 激光传播方向；把泵浦光的调制方式改变为三角波调制,重复(9)和(10)两个步骤的实验测量.

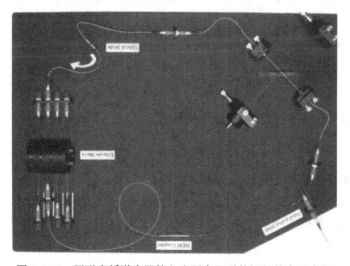

图 3.4.16　环形光纤激光器接入光隔离器后的运行状态示意图

3. 拓展实验: 光纤激光器运行效率以及温度依赖特性

(1)探索怎样的阶梯密度衰减片光密度和掺铒光纤长度的配置组合可获得最高的激光功率输出(最高的激光转换效率).

(2)探索980 nm半导体泵浦激光器的工作温度对掺铒光纤激光器性能的影响.

六、思考题

(1)对980 nm激光传输通过掺铒光纤的动态曲线而言,相同激励电流不同掺铒光纤长度的结果与不同激励电流相同掺铒光纤长度的结果之间是否具有一定程度上的对应关系?

(2)本实验中,高反镜是否是线性光纤激光器产生1550 nm激光输出的必要条件?

(3)环形激光器实验中放置InGaAs光电探测器探测1550 nm激光,为何选择在光电探测器安装架8b上,而不是选择在安装架8a上?

(4)为什么本实验中对泵浦光或信号光调制时,调制方波的正脉冲宽度设置在毫秒量级?

(5)本实验中观察到的激光尖峰振荡有何特征?特征的物理起源是什么?如何通过观察尖峰振荡特征准确判断激光阈值激励电流?

七、参考文献

安毓英, 刘继芳, 曹长庆. 2010. 激光原理与技术. 北京: 科学出版社.

蔡志岗, 雷宏香, 王嘉辉, 等. 2004. 光学与光电子学专门化实验. 广州: 中山大学出版社.

周炳琨, 高以智, 陈倜嵘, 等. 2014. 激光原理. 北京: 国防工业出版社.

Davis C C. 2014. Lasers and Electro-optics. Cambridge: Cambridge University Press.

Hooker S, Webb C. 2010. Laser Physics. Oxford: Oxford University Press.

3.5 调 Q 脉冲激光原理及测量技术实验

一、实验目的

掌握调 Q Nd:YAG脉冲激光原理及测量技术.

二、实验要求

(1)理解电光调 Q 脉冲压缩的基本原理.
(2)了解退压和加压式电光调 Q 的原理及方法.
(3)掌握脉冲激光相关技术参数的测试方法.

三、实验原理

脉冲激光由于具有较高的峰值功率和聚焦功率密度而广泛应用于激光加工、激光烧蚀、激光手术和激光等离子体光谱元素分析等. 由于普通脉冲激光器输出的光脉冲存在弛豫振荡现象，所以很难获得脉宽窄、峰值功率较高的脉冲激光. 调 Q 技术的发展和应用将激光脉宽压缩到纳秒量级，峰值功率达到兆瓦量级，是激光发展史上的一个重大突破. 本实验主要研究调 Q Nd:YAG 脉冲激光的产生原理及其测量技术.

1. 调 Q 基本概念

用品质因数 Q 值来衡量激光器光学谐振腔的质量优劣，是对腔内损耗的一个量度. 调 Q 技术中，品质因数 Q 定义为腔内储存的激光能量与每秒钟损耗的激光能量之比，可表示为

$$Q = 2\pi v_0 \frac{腔内储存的激光能量}{每秒钟损耗的激光能量} \tag{3-5-1}$$

式中，v_0 为激光的中心频率.

如用 E 表示腔内储存的激光能量，γ 为光在腔内走一个单程能量的损耗率，那么光在这一单程中对应的损耗能量为 γE. 用 L 表示腔长，n 为折射率，c 为光速，则光在腔内走一个单程所需要的时间为 nL/c.

由此，光在腔内每秒钟损耗的能量为 $\dfrac{\gamma E}{nL/c}$，这样 Q 值可表示为

$$Q = 2\pi v_0 \frac{E}{\gamma E c/(nL)} = \frac{2\pi nL}{\lambda_0 \gamma} \tag{3-5-2}$$

式中，$\lambda_0 = c/v_0$ 为真空中的激光波长. 可见 Q 值与损耗率总是成反比变化的，即损耗大，Q 值就低；损耗小，Q 值就高.

固体激光器由于存在弛豫振荡现象，产生了功率在阈值附近起伏的尖峰脉冲序列，从而阻碍了激光脉冲峰值功率的提高. 我们设法在泵浦开始时使谐振腔内的损耗增大，即提高振荡阈值，使振荡不能形成，激光工作物质上能级的粒子数大量积累，当积累到最大值(饱和值)时，腔内损耗突然变小，Q 值突增. 这时，腔内会像雪崩一样以极快的速度建立起极强的振荡，在短时间内反转粒子数被大量消耗，转变为腔内的光能量，并在透反镜端耦合输出一个极强的激光脉冲. 输出光脉冲的脉宽越窄，峰值功率就越高，通常把这种光脉冲称为巨脉冲.

调节腔内的损耗实际上是调节 Q 值，调 Q 技术即由此而得名，也称为 Q 开关技术. 谐振腔的损耗 γ 一般为

$$\gamma = \alpha_1 + \alpha_2 + \alpha_3 + \alpha_4 + \alpha_5 \tag{3-5-3}$$

其中，α_1 为反射损耗；α_2 为吸收损耗；α_3 为衍射损耗；α_4 为散射损耗；α_5 为输出损耗.

用不同的方法去控制不同的损耗，就形成了不同的调 Q 技术. 如控制反射损耗 α_1 的转镜调 Q 技术、电光调 Q 技术；控制吸收损耗 α_2 的可饱和染料调 Q 技术；控制衍射损耗 α_3 的声光调 Q 技术；控制输出损耗 α_5 的透射式调 Q 技术.

图 3.5.1 为脉冲泵浦的调 Q 激光器产生激光巨脉冲的时间过程. 在 $t=t_0$ 时闪光灯脉冲接近终了，打开 Q 开关光闸，腔内损耗 γ 此时有一个突变，腔内增益瞬时大于腔内损耗. 这个 t_0 叫做 Q 开关打开时刻，在实验中，需要微调以实现最大的巨脉冲能量输出. Q 开关打开后，要经过一段自发辐射为主的过程，然后，受激辐射迅速增强并占据主导地位，反转

粒子数在短时间内被耗尽,同时输出一个巨脉冲激光.

从激光开始振荡到巨脉冲的形成过程可分为如下三个阶段.

(1) 初始阶段($t_0 < t < t_D$):当 Q 开关打开时($t=t_0$),激光振荡开始建立,此时反转粒子数 $\Delta N = \Delta N_i$,以自发辐射为主,这个阶段的腔内光子数密度 φ 的增长十分缓慢.

(2) 雪崩阶段($t_D < t < t_P$):到 $t=t_D$ 时刻,受激辐射开始主导激光辐射过程(即激光振荡),并迅速超过自发辐射而占据优势,雪崩过程开始形成,腔内光子数密度 φ 迅速增大,同时反转粒子数 ΔN 迅速减小.

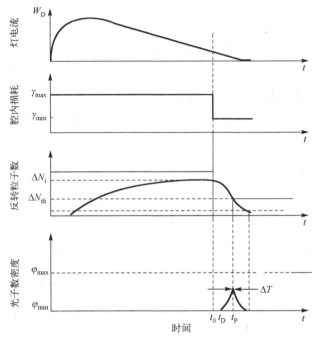

图 3.5.1 激光巨脉冲产生的时间过程

(3) 衰减阶段($t > t_P$):到 $t=t_P$ 时刻,光子数密度达到最大值 φ_{max},形成巨脉冲的峰值(此刻,对应图中的 ΔN_{th},激光工作物质上能级的粒子数由于受激辐射而减少的速率最大,或者说,反转粒子数变化最陡).此后,反转粒子数 ΔN 继续耗尽,腔内光子数密度 φ 迅速减少,直至振荡终止.

本实验以电光 Q 开关激光器的原理、调整、特性测试为主要内容.利用晶体的电光效应制成的 Q 开关具有以下诸多优点:开关速度快;所获得激光脉冲峰值功率高,可达几兆瓦至吉瓦;脉冲宽度窄,一般可达几纳秒至几十纳秒;输出激光的功率稳定性好,时间控制精度高;便于与其他仪器联动;器件可以在高重复频率下工作,是一种已获得广泛应用的 Q 开关.

2. 纵向加压 KD*P Q 开关原理

1) KD*P 晶体的纵向电光效应

KD*P 晶体属于四方晶系 $42m$ 晶类,光轴 c 与主轴 z 重合.未加电场时,在主轴坐标系中,其折射率椭球方程为

$$\frac{x^2 + y^2}{n_o^2} + \frac{z^2}{n_e^2} = 1 \tag{3-5-4}$$

其中，n_o、n_e 分别为寻常光和异常光的折射率. 加电场后，由于晶体对称性的影响，$42m$ 晶类只有 γ_{63} 和 γ_{41} 两个独立的线性电光系数. γ_{63} 是电场方向平行于光轴的电光系数，γ_{41} 是电场方向垂直于光轴的电光系数. $\mathrm{KD}^*\mathrm{P}$ 晶体加外电场后的折射率椭球方程为

$$\frac{x^2 + y^2}{n_o^2} + \frac{z^2}{n_e^2} + 2\gamma_{41}(E_x yz + E_y xz) + 2\gamma_{63}E_z xy = 1 \tag{3-5-5}$$

只有在 $\mathrm{KD}^*\mathrm{P}$ 晶体光轴 z 方向加电场时上式变成

$$\frac{x^2 + y^2}{n_o^2} + \frac{z^2}{n_e^2} + 2\gamma_{63}E_z xy = 1 \tag{3-5-6}$$

经坐标变换，可求出此时在三个感应主轴上的主折射率

$$n_{x'} = n_o - \frac{1}{2}n_o^3 \gamma_{63} E_z$$

$$n_{y'} = n_o + \frac{1}{2}n_o^3 \gamma_{63} E_z$$

$$n_{z'} = n_e \tag{3-5-7}$$

上式表明，在 E_z 作用下 $\mathrm{KD}^*\mathrm{P}$ 变为双轴晶体，折射率椭球的 xy 截面由圆变为椭圆，椭圆的长短轴方向 x'、y' 相对于原光轴 x、y 转了 $45°$，转角大小与外加电场大小无关，长、短半轴的长度即 $n_{y'}$ 和 $n_{x'}$. 由上式可以看出它们的大小与 E_z 呈线性关系，电场反向时，长短轴互换，见图 3.5.2.

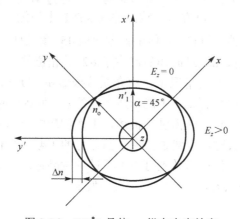

图 3.5.2 $\mathrm{KD}^*\mathrm{P}$ 晶体 γ_{63} 纵向电光效应

当光沿着 $\mathrm{KD}^*\mathrm{P}$ 光轴 z 方向传播时，由于晶体在感应主轴 x'、y' 方向上的折射率不同，在这两个方向偏振的光波分量经过长度为 l 的晶体后产生相位差

$$\delta = \frac{2\pi}{\lambda}(n_{y'} - n_{x'})l = \frac{2\pi}{\lambda}\gamma_{63}V_z \tag{3-5-8}$$

式中，$V_z = E_z l$ 为加在晶体 z 向两端的直流电压.

使光波两个分量产生相位差 $\pi/2$ 所需要加的电压，称为 "$\lambda/4$ 电压"，以 $V_{\lambda/4}$ 表示，即

$$V_{\lambda/4} = \frac{\lambda}{4n_0^3\gamma_{63}} \tag{3-5-9}$$

KD*P 晶体的电光系数 $\gamma_{63} = 2.36 \times 10^{-11}$ m/V，对于 $\lambda = 1.0\ \mu m$，KD*P 晶体的 $V_{\lambda/4} = 4000$ V 左右.

2) 带起偏器的 KD*P 电光 Q 开关

带起偏器的 KD*P 电光 Q 开关是一种发展较早、应用较广泛的电光晶体调 Q 装置，其特点是利用一个偏振器兼做起偏和检偏，偏振器可采用方解石格兰-傅科棱镜，也可用介质膜偏振片，其装置如图 3.5.3 所示. KD*P 晶体具有纵向电光系数大、抗破坏阈值高的特点，但容易潮解，故需要放在密封盒内使用. 通常采用纵向运用方式，即 z 向加压，z 向通光.

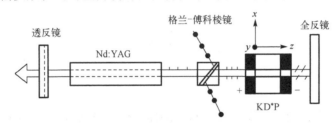

图 3.5.3　带起偏器的 KD*P 电光调 Q 激光器装置原理图

带起偏器的 KD*P 电光 Q 开关工作过程如下.

Nd:YAG 棒在氙灯的激励下产生无规则偏振光，通过偏振器后成为线偏振光. 若起偏方向与 KD*P 晶体的晶轴 x(或 y) 方向一致，并在 KD*P 上施加一个 $V_{\lambda/4}$ 的外加电场，由于电光效应产生的电感应主轴 x' 和 y' 与入射偏振方向成 45° 角，这时调制晶体起到了一个 1/4 波片的作用，显然，线偏振光通过晶体后产生了 $\pi/2$ 的相位差，往返一次产生的总相位差为 π，偏振面旋转了 90°，这种情况下，由介质偏振器和 KD*P 调制晶体组成的电光开关处于关闭状态，谐振腔的 Q 值很低，不能形成激光振荡. 虽然这时整个器件处在低 Q 值状态，但由于氙灯一直在对 Nd:YAG 棒进行抽运，工作物质中亚稳态粒子数便得到足够的积累，当反转粒子数达到最大时，突然去掉调制晶体上的 1/4 波长电压，即电光 Q 开关迅速被打开，沿谐振腔轴线方向传播的激光可自由通过调制晶体，而其偏振状态不发生任何变化，这时谐振腔处于 Q 值状态，形成雪崩式激光发射.

四、实验装置及仪器

如图 3.5.4 所示，实验仪器主要包括固体激光谐振腔、偏振片、1/4 波片、电光 Q 开关、示波器、热释电能量探头、连续光电探头、pin 短脉冲光电探头等.

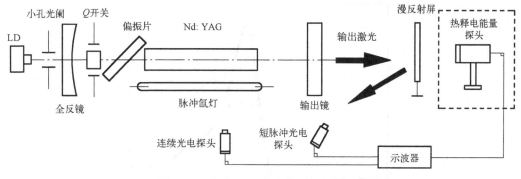

图 3.5.4　电光调 Q 脉冲激光实验装置图

五、实验内容

1. 退压式调 Q

(1)用 LD 激光束准直调整激光器各光学元件的位置,使各光学元件的对称中心基本位于同一直线上. 再调整各光学元件的俯仰方位,使介质膜反射镜、偏振器、电光晶体的通过面与激光工作物质端面相互平行.

(2)启动电源,在不加 $V_{\lambda/4}$ 晶体电压情况下,反复调整前后腔镜,使静态激光输出最强. 一般称不加调 Q 元件的激光输出为静态激光;调 Q 后的激光输出为动态激光或巨脉冲激光.

(3)观察静态激光的弛豫振荡现象. 用示波器观察脉冲激光器的一个激光脉冲,发现它由一连串不规则的尖峰脉冲组成. 光泵越强,脉冲个数越多,但其包络的峰值增加不多. 产生弛豫振荡的主要原因是:当激光器达到阈值时,产生激光,使谐振腔内的光能密度增加. 由于增益饱和效应,光能密度的增加将导致反转粒子数降低,低于阈值时,激光发射停止. 然后,光泵抽运又使反转粒子数增加,超过阈值时,产生第二个激光脉冲. 如此不断重复,便形成了一系列小的尖峰脉冲.

(4)Q 开关关门实验. 给电光晶体加上 $V_{\lambda/4}$ 电压,转动 KD*P 晶体,充电并打开激光,反复微调电光晶体,直到其 x、y 轴与偏振器的起偏方向平行. 同时适当微调 $V_{\lambda/4}$ 电压,直到激光器完全不能振荡为止,说明此时电光 Q 开关已处于关闭状态(低 Q 值状态).

(5)接通电光晶体的退压电路,输出动态激光,微调延迟时间电位器,调节氙灯开始泵浦至退去 $V_{\lambda/4}$ 电压之间的延迟时间,一边微调延迟电位器旋钮,一边观察激光强弱,直到激光输出最强. 改变脉冲泵浦能量,用能量计分别测量几组静、动态输出能量. 并利用公式分别计算出在某一泵浦能量下的动态与静态激光输出能量之比 η,称为动静比

$$\eta = \frac{\text{动态激光能量}}{\text{静态激光能量}} \tag{3-5-10}$$

观测和记录脉冲激光波形. 用光电二极管接收激光,并用 100 MHz 以上带宽示波器(因动态激光脉冲宽度一般为几到几十纳秒)观察激光波形,典型结果如图 3.5.5 所示. 根据下式计算激光脉冲的峰值功率 P_{pk} 和平均功率 $\bar{P}$:

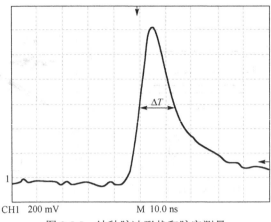

CH1 200 mV   M 10.0 ns

图 3.5.5　纳秒脉冲形状和脉宽测量

$$P_{pk} = \frac{\text{单脉冲能量} E}{\text{脉冲半功率点间宽度} \Delta T} \qquad (3\text{-}5\text{-}11)$$

$$\overline{P} = \text{单脉冲能量} E \times \text{重复频率} \qquad (3\text{-}5\text{-}12)$$

计算不同注入电压下输出激光的峰值功率和平均功率.

2. 加压式调 Q

(1) 谐振腔的粗调操作同退压式调 Q.

(2) 加入 1/4 波片，反复调整前后腔镜，使静态激光输出最强.

(3) Q 开关关门实验：转动 1/4 波片，直到激光器完全不能振荡为止. 此即说明电光 Q 开关已处于关闭状态（即低 Q 值状态）.

(4) 打开动态激光，微调延迟时间电位器，控制氙灯开始泵浦至加 $V_{\lambda/4}$ 电压，观察激光强弱，直到激光输出最强.

(5) 测量方法同退压式.

3. 实验注意事项

脉冲 Nd:YAG 激光器辐射的激光功率非常高，使用过程中稍有不慎，激光束就会损伤身体或物品，轻则烧坏衣物，灼伤皮肤，重则造成眼睛永久性失明；如果照射到某些危险物上甚至会引起火灾和爆炸. 激光器泵浦闪光灯电源、触发电源和调 Q 电源都使用高压电，意外触及可造成人身伤害. 因此，在实验中应注意以下安全事项.

(1) 仪器启动后，禁止向激光腔内窥视.

(2) 严防直接或反射的激光射入眼内，有关人员应佩戴激光防护镜.

(3) 严禁学生实验时打开电源箱外壳，以防剩余电压伤人或损伤仪器.

(4) 激光器工作时随时注意仪器的运转情况，特别是循环水是否流动和电源放电声音是否正常. 如遇异常情况，请迅速关机，待查明异常原因并排除后再行开机工作.

六、思考题

(1) 为什么调 Q 时增大激光器腔内损耗的同时能使上能级反转粒子数增加？

(2)根据图 3.5.1，试述改变退压延迟时间 t_D 和加在晶体上的电压值 $V_{\lambda/4}$，为什么会影响调 Q 激光器的输出.

(3)对比退压式电光调 Q 和加压式电光调 Q 的异同点.

七、参考文献

陈鹤鸣, 赵新彦. 2009. 激光原理及应用. 北京: 电子工业出版社.

蓝信钜, 等. 2009. 激光技术. 3 版. 北京: 科学出版社.

李霜, 丁蕴丰. 2011. 理工类大学专业实验教学平台的建设与探索——长春理工大学固体激光器综合实验平台的建设. 长春理工大学学报(社会科学版), 24(1): 163-165.

刘敬海, 徐荣甫. 1995. 激光器件与技术. 北京: 北京理工大学出版社.

沈柯. 1986. 激光原理教程. 北京: 北京工业学院出版社.

3.6　光镊实验

一、实验目的

了解光镊系统的组成并掌握其工作原理和操控微小物体的方法.

二、实验要求

(1)了解光镊系统的组成并熟悉其工作原理.

(2)借助光镊系统捕获和操控微小物体.

(3)对微小物体所受到的光力及捕获效率进行计算.

三、实验原理

光不仅携带能量，还携带着动量. 所以，当光照射在物体表面时，物体对光的折射、散射、吸收等现象将会引起光子动量的变化从而对物体产生辐射压力的作用. 1960 年，激光的发明为研究光力提供了高强度、高准直度的光源，从而大力推进了光操控的应用进展. 光操控就是利用光实现对物体操控的技术. 1970 年，美国贝尔实验室的科学家亚瑟·阿斯金(Arthur Ashkin)(2018 年被授予诺贝尔物理学奖)首次利用激光束产生的辐射压力实现了液体环境中微小颗粒的推动操控，随后又利用两束相向传播的激光束实现了微颗粒甚至是原子的捕获. 双光束操控方式在光路上稍显复杂,而且当时只实现了微颗粒的二维捕获. 于是，科学家们提出了利用单束激光实现微颗粒的三维捕获的想法. 1986 年，Ashkin 等利用具有高数值孔径的物镜将单束激光高度聚焦后，成功实现了微米介质球的捕获，并将此技术命名为"单光束梯度力光阱". 一年之后，Ashkin 等继续改进这一技术，实现了微小细菌甚至病毒的光学捕获和操控，并正式将该技术命名为"Optical Tweezers"，这标志着"光镊"的正式诞生. 与传统的宏观机械镊子相比，光镊具有非接触、无损伤等优点，且产生的光力为皮牛(pN)量级，能够对微观粒子(尺度从几十纳米到几十微米)实施高精度的捕获和操控，因此光镊技术自诞生之后在生物医学、物理化学等领域发挥了重要的作用.

传统光镊的核心部件就是一个高度聚焦的光束，如图 3.6.1(a)所示. 入射的激光被高数值孔径的物镜聚焦后，液体环境中的微颗粒在焦点附近将受到光力的作用，这种光力来源于光与微颗粒之间的动量传递效应. 具体来说，光力分为两个分量：一个分量沿光梯度方向，称为光学梯度力 F_g，它是微颗粒处于不均匀的光场中引起的，光梯度力使微颗粒向光强最强的区域运动；另一个分量沿着光传播方向，称为光散射力 F_s，它是微颗粒的散射和吸收等作用产生的，光散射力会使微颗粒沿着光传播方向运动. 通过对聚焦光束进行调制，可以改变这两种力的大小从而实现对微颗粒的捕获、加速、旋转等. 对于传统光镊而言，要构造稳定的捕获势阱，一般需要使用高数值孔径(一般 NA = 1.0～1.4)物镜对入射激光进行聚焦，此时产生的光梯度力大于光散射力，于是微颗粒或者细胞就能被稳定地束缚在焦点区域内. 在分析和计算不同的目标物在光镊系统中所受到的光力时，需要采用不同的理论模型，这主要取决于目标物的直径与激光波长的比例关系. 当目标物直径远远大于激光波长时，采用射线光学模型，也称为几何光学模型；当目标物直径远远小于波长时，目标物可等效为电场中的偶极子，需要采用瑞利近似的电磁模型(偶极子近似模型)；对于直径介于两者之间的目标物,则采用洛伦兹-米散射模型(采用时域或频域的麦克斯韦方程)来研究物体所受到的光力. 本实验采用的激光源是波长为 632.8 nm 的氦氖激光器，被捕获的目标物是直径 10 μm 左右的微球，故采用几何光学模型来分析其所受的光力. 图 3.6.1 (b)为透明微球在非均匀光场(入射高斯光束的中心偏离微球中心)中所受到的光力示意图. 设入射光沿 z 方向传播，微球的折射率 n' 大于周围介质的折射率 n. 当光束穿过微球时会发生折射(光子动量相应发生改变)，如图中的光线 I 和 II，由于微球偏离光场的中心(以微球位于高斯光束中心左侧为例)，光束 I 能量更强，用粗线表示. 相对于较弱的光线 II，光线 I 对微球产生更大的作用力 F_I(该力与光强成正比，$F_I > F_{II}$). 于是总的合力将微球推向右下方光强较大的方向，这种由于光场强度分布不均匀产生的、指向光强最大方向的力即为光学梯度力. 对于基于单光束梯度力光阱的光镊系统而言，如图 3.6.1 (c)所示，以微球处于焦点 O 的正下方为例，我们继续采用几何光学模型来分析其受力情况. 同样考察一对典型的光线 I 和 II (此时两者能量相同)，由于光的折射，动量发生了改变，同样地，微球的动量必定有大小相等、方向相反的变化. 根据力等于单位时间内动量的变化，小球将受到相应的光力 F_I 和 F_{II}，则它们的合力 F 指向正上方的焦点 O 处. 同样的方法可以分析微球处于光镊系统物镜焦点附近任何区域的受力情况，可以发现，微球所受的光力合力均指向焦点处. 因此我们可以得出结论，在焦点附近的区域，微球受到的光力主要以指向焦点方向(光强最大的方向)的光学梯度力为主(光学散射力可以被忽略)，于是，微球就会被稳定捕获. 这就是光镊的捕获原理. 在此基础上，通过移动载物台还可以实现微球的三维平移操控.

上述微球在光镊系统中受到的光力，理论上也有一套完整的计算方法，因相对复杂一些，这里不再赘述，有兴趣的读者可以查阅本实验所引用的刘关玉(2011)、李宇超(2018)和郭红莲等(2002)文献. 为了估计本实验中微球在焦点附近不同的位置处所受的光力情况，可以采用"流体阻力法"，即在微球所处的液体环境中引入一定速度的流体，流体对微球的黏滞力使得微球偏离光阱的中心位置，当黏滞力和光阱力大小相等、方向相反时，微球就会停留在某一平衡位置. 那么通过计算该平衡位置处的黏滞力，即可计算出微球在此处所受的光力大小. 当流体流速不大时，微球在流体中所受的黏滞力 F' 可以由斯托克斯定律获得

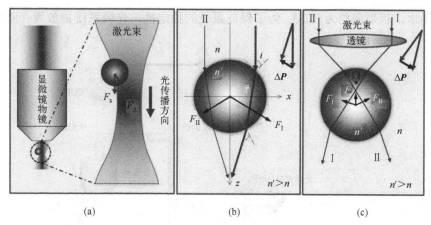

图 3.6.1　(a)光镊的基本原理示意图，光镊的聚焦光束对微球施加光学梯度力 F_g 和光学散射力 F_s；(b)借助几何光学模型分析微球在非均匀光场中的受力情况；(c)单光束梯度力光阱的作用机理

$$F' = 6\pi r v \eta \tag{3-6-1}$$

其中，r 和 v 分别为微球的半径和运动速度；η 为微球所处液体环境在室温下的动力学黏滞系数(本实验中为水环境，室温下 $\eta = 9.1 \times 10^{-4}$ Pa·s). 通过测量不同平衡位置处所引入的流体速度，结合式(3-6-1)即可求出微球在相应位置处所受到的光力大小 F. 研究发现，微球在焦点附近一定范围内可以等效为一个做简谐振动的弹簧振子，其受到的光力大小 F 与偏离焦点的距离或位移 d 呈比例，即满足 $F = -kd$，其中 k 表示弹簧振子的弹性系数，对于光镊而言则代表捕获势阱的强度. 因此，如果我们获得物体在捕获势阱内的运动规律，即光力和位移的关系，则可通过此式计算出该光镊的捕获强度. 相反，如果已知捕获强度，通过该式也可以计算微球所受的光力.

上述讨论的是在某一功率下，不同位置处的受力情况. 如果要讨论在同一位置处，微球所受的光力大小 F 和光功率 P 的关系，同样可以采取"流体阻力法". 不同的光功率下，改变流体的速度，使处于某一位置的微球恰好被流体冲走，此时微球所受的黏滞力大小恰好与光力相等. 即通过计算不同功率对应的临界状态下的黏滞力，即可求得光功率和微球所受光力之间的对应关系.

四、实验装置及仪器

中山大学光信息科学与技术实验室自己搭建了一套简易的光镊系统设备，如图 3.6.2 所示. 氦氖激光器发出的红色激光束(波长为 632.8 nm 的高斯光束)经过准直扩散透镜组合后穿过可调光衰减片，此衰减片主要用于对激光功率进行连续调节，其反射光束可通过一光功率计进行实时监测. 之后激光束经过两个 45° 反射镜和一个 50:50 的分光镜(或者 50:50 分光棱镜)后进入显微镜物镜，然后聚焦于放置在显微镜载物台上的样品池里面，以实现对样品的光学捕获和操控. 样品的捕获和操控过程通过 CCD 进行实时监测，并显示在计算机屏幕上. 这里，所使用的氦氖激光器发射的激光模式特性好、光束发散角小、稳定性高，且发射的可见的红光便于观察和操作. 显微镜物镜使用 20 倍的普通光学物镜(NA = 0.4)，焦距长，样品的可视活动范围广. 样品选用直径为 10 μm 左右的玻璃微球，折射率约为 1.60. 样品池为圆形薄底玻璃皿，直径 3 cm，给粒子提供了一个较大的自由活动空间. 样品所处的微环境为水，折射率约为 1.33. 为了保证系统的稳定性，光镊系统被放置在防震光学平台上.

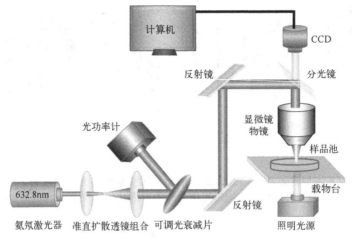

图 3.6.2　光镊系统示意图

五、实验内容

（1）采用光镊系统捕获和操控样品.

①了解光镊系统的光路设计，熟悉显微镜操作.

②配置样品溶液置于载物台上，粗调载物台，使样品处于激光焦点附近.

③微调载物台，使样品无限靠近焦点光斑，样品会在光学梯度力的作用下被稳定捕获，此位置即为势阱.

④继续微调载物台，实现样品的三维平移操控.

（2）测量相同功率下（指入射到样品上的光功率 P）样品所受的光力和偏离焦点光斑的位移之间的关系，并对实验数据进行拟合.

①引入不同流速的微流，在相同功率下，找到样品所处的平衡位置，记录相对于势阱的位移 d，并根据式（3-6-1）计算样品所受的黏滞力，即光力 F.

②对以上数据进行线性拟合，得到捕获势阱的强度 k.

（3）测量不同光功率 P 下被捕获的样品处于同一个平衡位置时所受到的光力，建立光力和光功率的量化关系.

①引入微流，逐渐增大流速，使样品刚好被冲走，记录对应的流速，根据式（3-6-1）计算样品在此功率下所受的黏滞力，即光力 F.

②改变光功率，用同样的方法测量微球处在相同平衡位置处被冲走的流速，计算对应的光力.

③对光力和光功率的数据进行拟合处理，找到对应的量化关系.

（4）测量光镊系统聚焦光功率（即入射到样品上的光功率 P）和衰减片的反射光功率，找到两者的定量关系，以实现对光力的实时监测.

（5）拓展实验：可以借助此光镊系统实现水中微油滴的捕获和操控.

①自制水中微油滴样品：一般采用液相乳化法来制备，将少量的油(有机液滴)注入水中(体积比约为1:10)，通过超声振荡，借助水和液滴的乳化作用，即可得到分散在水中的球形微油滴溶液，微油滴体积从飞升到皮升不等(直径几到几十微米)；微油滴平均尺寸可由超声频率和时间、油和水的体积比控制.

②一般情况下，油滴的折射率大于周围的水环境，借助本实验中的单光束光阱即可实现微米尺度油滴的稳定捕获和灵活操控，操作过程参照前面玻璃微球的捕获和操控.

六、思考题

(1)试着画出微球处于物镜焦点上方时的受力情况，并指出合力的方向.

(2)实验中如何测量微球所受的光力和偏离势阱的位移之间的关系？

(3)实验中如何测量微球所受的光力和光功率之间的关系？

七、参考文献

郭红莲, 姚新程, 李兆霖, 等. 2002. 光镊系统中微小颗粒的位移和所受力的测量. 中国科学, 32(2): 97-102.

李宇超. 2018. 基于光纤探针的三维光操控. 广州: 中山大学.

刘关玉. 2011. 光镊系统的定量研究. 广州: 中山大学.

温名聪. 2022. 微液滴和亚微米颗粒的光学操控及应用. 广州: 中山大学.

余娜, 蔡志岗, 梁业旺, 等. 2010. 光镊系统的组建及光阱效应的观察. 大学物理, 29(3): 59-62.

 【科学素养提升专题】

激 光 简 史

激光(laser)即"受激辐射的光放大"(light amplification by stimulated emission of radiation). 该概念最早由爱因斯坦在1917年发表的《关于辐射的量子理论》论文中提出. 1928年拉登堡首次观测到受激辐射，但直到1951年，才由汤斯想到一种在微波频段产生受激辐射的方法，并基于将介质置于谐振腔内的创新思路于1953年成功制造了可产生"受激辐射的微波放大"的装置，即微波激射器. 同时，普罗霍洛夫和巴索夫独立发展了微波激射器的量子理论. 基于上述开创性工作，三人共同获得1964年诺贝尔物理学奖.

微波激射器的发明为激光器的发明带来了希望的曙光，在世界范围掀起了激光研究热潮. 最终梅曼拔得头筹，在1960年5月成功研制出第一台激光器. 他使用指尖大小的红宝石棒作激光介质，巧妙利用氙灯作为高亮度激励光源激发红宝石中铬原子，发出了人类历史上第一束激光脉冲. 之后，基于不同工作介质的激光器如雨后春笋般出现，推动了激光技术的迅速发展. 1960年12月，佳万等制造了第一台气体激光器——氦氖激光器，其模式特性优异；1962

梅曼与第一台红宝石激光器

年霍尔等制造了第一台半导体激光器,使激光器小型化;1964 年帕特尔发明了第一台二氧化碳激光器,为高功率激光提供了重要路径;1966 年具有宽增益带宽染料激光器的出现孕育了超短脉冲的雏形,而钛宝石激光技术使超短脉冲走向成熟;20 世纪 70 年代实现的半导体激光泵浦光纤激光器促进了高效高功率激光的发展. 随激光领域发展,调制、稳频、调 Q、锁模等技术相继出现并日趋完善. 其中,1985 年莫罗和斯特里克兰发明啁啾脉冲放大技术,极大地推动了超短超强激光技术的发展,被授予 2018 年诺贝尔物理学奖.

近三十年,基于自由电子受激辐射原理的自由电子激光器所输出的超宽带可调谐超短脉冲具有高偏振度、高峰值功率和高功率可调等特点,而阿秒光脉冲的出现进一步拓展了人类瞬态观测能力——其中,2023 年诺贝尔物理学奖授予阿戈斯蒂尼、克劳斯和卢利尔,表彰三人在产生阿秒光脉冲方面的贡献.

在激光发展的大潮中,我国老一辈科学家紧跟国际激光研究前沿,取得了令人瞩目的成就. 梅曼发明第一台激光器后仅一年,中国第一台激光器就于 1961 年 8 月研制成功——由王之江设计并和邓锡铭等研制的、基于创新直管式氙灯的红宝石激光器. 1963 年,邓锡铭等成功研制中国第一台氦氖激光器,干福熹等成功研制中国第一台钕玻璃激光器. 老一辈科学家在激光诞生之初奋勇拼搏、勇攀高峰的伟大精神,为我国激光事业的长足发展奠定了坚实基础. 2019 年,中国科学院上海光学精密机械研究所的羲和激光装置实现了最高峰值功率 12.9 PW 的世界纪录,标志着我国在超强超短激光领域的国际前沿水平.

第 4 章 光电测量技术

4.1 特外曼–格林干涉实验

一、实验目的

了解激光数字干涉技术的原理和方法，理解光学系统的点扩散函数(PSF)、调制传递函数(MTF)和光学传递函数(OTF)的物理概念及其联系.

二、实验要求

(1) 搭建特外曼–格林(Twyman-Green)干涉光路，测量不同形貌工件的表面轮廓.
(2) 利用干涉法测量透镜的点扩散函数、调制传递函数，并评价其波差.

三、实验原理

1. 精密位移量的激光干涉测量方法

本实验采用特外曼–格林干涉系统，用激光为光源，可获得清晰、明亮的干涉条纹，其原理如图 4.1.1 所示.

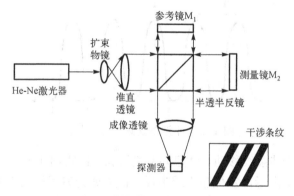

图 4.1.1 特外曼-格林干涉原理图

激光通过扩束准直系统提供入射的平面波(平行光束). 设光轴方向为 z 轴，则此平面波可用式(4-1-1)表示

$$U(Z) = A\mathrm{e}^{\mathrm{j}kz} \tag{4-1-1}$$

式中，A 为平面波的振幅；$k = 2\pi/\lambda$ 为波数，λ 为激光波长.

此平面波经半透半反镜(beam splitter, BS)分为两束，一束经参考镜 M_1 反射后成为参考光束，其复振幅 U_R 用式(4-1-2)表示

$$U_R = A_R \cdot e^{j\phi_R(z_R)} \tag{4-1-2}$$

式中，A_R 为参考光束的振幅；$\phi_R(z_R)$ 为参考光束的相位，由参考光程差 z_R 决定.

另一束为透射光，经测量镜 M_2 反射，其复振幅 U_t 用式(4-1-3)表示

$$U_t = A_t \cdot e^{j\phi_t(z_t)} \tag{4-1-3}$$

式中，A_t 为测量光束的振幅；$\phi_t(z_t)$ 为测量光束的相位，由测量光程差 z_t 决定.

此两束光在半透半反镜上相遇，由于激光的相干性，因而产生干涉条纹. 干涉条纹的光强 $I(x,y)$ 由式(4-1-4)决定

$$I(x, y) = U \cdot U^* \tag{4-1-4}$$

式中，$U = U_R + U_t$，$U^* = U_R^* + U_t^*$，而 U^*、U_R^*、U_t^* 分别为 U、U_R、U_t 的共轭波.

当反射镜 M_1 与测量镜 M_2 彼此间有一交角 θ，并将式(4-1-2)、式(4-1-3)代入式(4-1-4)，且当 θ 较小，即 $\sin\theta$ 约等于 θ 时，经简化可求得干涉条纹的光强为

$$I(x, y) = 2I_0[1 + \cos(kl2\theta)] \tag{4-1-5}$$

式中，I_0 为激光光强；l 为光程差，$l = z_R - z_t$.

式(4-1-5)说明干涉条纹由光程差 l 及 θ 来调制. 当 θ 为一常数时，干涉条纹的光强如图 4.1.2 所示. 当测量在空气中进行，且干涉臂光程不大，即略去大气的影响时

$$l = N \cdot \frac{\lambda}{2} \tag{4-1-6}$$

式中，N 为干涉条纹数.

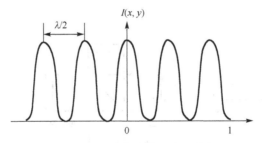

图 4.1.2　干涉条纹截面光强分布

因此，通过记录干涉条纹移动数并已知激光波长，由式(4-1-6)即可测量反射镜的轴向位移量 ΔL. 如图 4.1.1 所示，定位在半透半反镜面处或无穷远处的干涉条纹由成像透镜将条纹成在探测器上，可实现干涉条纹计数. 测量灵敏度为：当 $N=1$ 时，

$$\Delta l = \frac{\lambda}{2}, \quad \lambda = 0.63\,\mu m$$

则 $\Delta l = 0.3\,\mu m$，如果细分 N(一般以 1/10 细分)，则干涉测量的最高灵敏度为 $\Delta l = 0.3\,\mu m$.

2. 数字干涉测量方法

数字干涉技术是一种相位的实时检测技术. 这种技术不仅能实现干涉条纹的实时提

取，而且可以利用波面数据的存储功能消除干涉仪系统误差，消除或降低大气扰动及随机噪声，使干涉技术实现 $\lambda/100$ 的精度．其原理如图 4.1.3 所示．

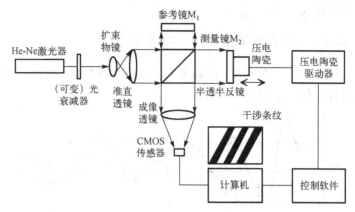

图 4.1.3　数字干涉测量方法的原理简图

图中的实验系统仍采用特外曼-格林干涉仪，但测量镜 M_2 由压电陶瓷驱动，产生位移．此位移的频率与移动量由计算机控制．设参考镜 M_1 的瞬时位移为 l_i，被测表面的形貌为 $w(x,y)$，则参考光路和测试光路的光场可分别用下式表示：

$$U_R = a \cdot \exp[j2k(s+l_i)] \tag{4-1-7}$$

$$U_t = b \cdot \exp\{j2k[s+w(x,y)]\} \tag{4-1-8}$$

式中，a、b 分别为反射光和透射光振幅．由于使用的是半反半透镜，分光比为 1:1，所以反射光和透射光振幅一致，即 $a=b$．

当参考光与测试光叠加时会产生干涉条纹，而干涉条纹中某点 (x,y) 的瞬时光强 I 如下：

$$I(x,y,l_i) = |U|^2 = a^2 + b^2 + 2ab \cdot \cos\{2k[w(x,y)-l_i]\} \tag{4-1-9}$$

式中，令 $r = 2ab/(a^2+b^2)$，r 即为干涉条纹的对比度．

上式说明，干涉场中任意一点的光强都是 l_i 的余弦函数．由于 l_i 随时间变化，因此式（4-1-9）的光强是一个时间周期函数，可用傅里叶级数展开．设 $r=1$，则

$$I(x,y,l_i) = a_0 + a_1 \cos(2kl_i) + b_1 \sin(2kl_i) \tag{4-1-10}$$

式中，$a_0 = a^2 + b^2$；$a_1 = 2ab\cos[2kw(x,y)]$；$b_1 = 2ab\sin[2lw(x,y)]$．

由连续采集条纹和三角函数的正交性，可求出傅里叶级数的各个系数，从而求得被测波面

$$w(x,y) = \frac{1}{2k}\arctan\frac{\sum_{i=1}^{np}I(x,y,l_i)\sin(2kl_i)}{\dfrac{2}{n}\sum_{i=1}^{np}I(x,y,l_i)\cos(2kl_i)} \tag{4-1-11}$$

式中，$l_i = i\lambda/(2n)$，$i=1,2,\cdots,np$．用 p 个周期进行驱动扫描，可消除大气湍流、振动、漂移

等引起的误差，且测量速度快，可实现高精度的测量，式(4-1-11)说明孔径内任意一点的相位可由该点上的 $n \times p$ 个光强的采样值计算出来，因此，可获得整个孔径上的相位. 此法还可以用于测定被测件的三维形貌.

3. 面形的三维干涉测量及评价(PV 值与 RMS 值)

本实验可以实现面形的三维测量. 高精度光学平面零件的面形精度可用 PV 值与 RMS 值两个评价指标进行评价，如图 4.1.4 所示.

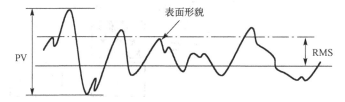

图 4.1.4　面形精度的评价

由图 4.1.4 可见，PV 值是表面形貌的最大峰谷值；RMS 值是表面形貌的均方根值. 另外，EM 值是测量最大值与均方根值之差，也可作为评价面形精度的辅助函数. 其中

$$PV = x_{\max} - x_{\min} \tag{4-1-12}$$

$$RMS = \pm\sqrt{\frac{\sum v^2}{N-1}} \tag{4-1-13}$$

式中，$v = x_i - T$，x_i 为单次测值，$T = \sum x_i / N$，N 为重复测定次数.

4. 光学系统的波差测量

实际工作中，光学系统成像与理想状态下光学系统的成像存在的偏差称为像差. 波差为其中一种，为实际光波和理想球面波之间的偏差.

测量光学系统波差的光路只需在光路图(图 4.1.3)中的半透半反镜和反射镜之间加上波差试件即可实现.

如果光学系统存在像差，其出瞳平面上的光振动的相位分布与理想球面波所对应的相位分布将存在差异，用函数 $\phi(x,y)$ 来表示

$$\phi(x,y) = kW(x,y) \tag{4-1-14}$$

式中，k 是波数($k = 2\pi/\lambda$，λ 为光波长)；$W(x,y)$ 即为波差.

光学系统波差可利用激光干涉方法进行测量. 若不考虑标准参考镜和标准球面镜等系统误差，可由式(4-1-7)和式(4-1-8)给出参考光波面和被测光波面.

利用数字干涉测量方法实现波差的数字求解的具体操作是：通过压电陶瓷驱动测量镜 M_2 实现相位调制，当测量镜移动 n 步，每步移动量为 $\lambda/(2n)$ 时，根据每一步所对应的干涉图分布 $I(x,y,l_i)$ ($l_i = i\lambda/(2n)$，$i = 1,2,\cdots,n$)，可求得被测光学系统的波差为

$$W(x,y) = \frac{1}{2k}\arctan\left[\frac{\sum\limits_{i=1}^{n} I(x,y,l_i)\sin(2kl_i)}{\sum\limits_{i=1}^{n} I(x,y,l_i)\cos(2kl_i)}\right] \tag{4-1-15}$$

结果以三维立体图、等高图显示，数据有 PV、RMS 和 EM.

5. 光学系统的 PSF 及 MTF 评价

光学系统相对于理想物点的成像点的质量可作为光学系统成像质量的评价指标. 点扩散函数(PSF)是指理想物点对应像方焦点的复振幅分布. 实验中通常采用平行光入射被测光学系统的方法，这时所要考察的像方焦点的分布即为 PSF，可通过对光学传递函数(OTF)进行傅里叶变换求得

$$\text{PSF}(x,y) = \iint_{-\infty}^{+\infty} \text{OTF}(f_x,f_y)\exp[-j2\pi(f_x x + f_y y)]\,\mathrm{d}f_x \mathrm{d}f_y \tag{4-1-16}$$

调制传递函数(MTF)反映了光学系统对不同空间频率的物点在其相应的像点中对比度的下降情况. 其表达式和 OTF 的关系为

$$\text{OTF}(f_x,f_y) = \text{MTF}(f_x,f_y)\exp[-j\text{PTF}(f_x,f_y)] \tag{4-1-17}$$

式中，$\text{PTF}(f_x,f_y)$ 是相位调制函数，表示相位上的偏移. 因此，调制传递函数实际是 OTF 的模，其表达式为

$$\text{MTF}(f_x,f_y) = \frac{|\text{OTF}(f_x,f_y)|}{|\text{OTF}(0,0)|} \tag{4-1-18}$$

有像差的光学系统与没有像差的光学系统相比，它的 MTF 较小；当相位调制函数差为π时，MTF 为负值，对比度发生反转，明暗条纹恰好反过来. 按上述方法计算可得到 PSF 与 MTF.

四、实验装置及仪器

数字干涉测量方法的原理简图如图 4.1.3 所示，所需实验仪器为 He-Ne 激光器、(可变)光衰减器、扩束物镜、准直透镜、半透半反镜、参考镜 M_1、测量镜 M_2、成像透镜、CMOS 传感器、计算机、压电陶瓷驱动器等.

波差测量实验装置图如图 4.1.5 所示，包括 He-Ne 激光器、准直扩束系统(含(可变)光衰减器)、半透半反镜、傅里叶透镜、参考镜 M_1、测量镜 M_2、成像透镜、CMOS 传感器、计算机、压电陶瓷驱动器等.

台阶镜形貌测量实验装置图如图 4.1.6 所示，所需实验仪器为 He-Ne 激光器、准直扩束系统(含(可变)光衰减器)、半透半反镜、参考镜 M_1、台阶镜 M_3、成像透镜、CMOS 传感器、计算机、压电陶瓷驱动器等.

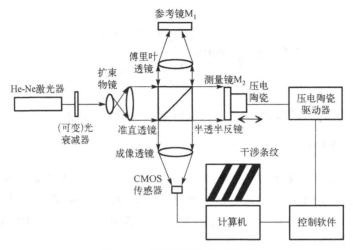

图 4.1.5 波差测量实验装置图

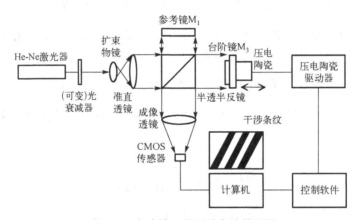

图 4.1.6 台阶镜形貌测量实验装置图

五、实验内容

1. 数字干涉测量方法验证

(1)打开激光电源,待激光光强稳定后,打开压电陶瓷驱动器电源和计算机.

(2)打开 csylaser 软件,选择实验类型 A,按"活动图像"键.

(3)在位于两个干涉臂的平移台上装上平面反射镜(膜面朝外).按光路图检查光路,调节反射镜的高低,使得激光可以完整地照射在反射镜表面.

(4)用纸挡住其中一路干涉臂,然后调节平移台的俯仰、角度微调旋钮,令该臂反射的光束入射到 CMOS 传感器表面;用纸挡住已调好的干涉臂,用同样的方法调节另一路干涉臂,使反射光入射到 CMOS 传感器表面,并使两路反射光初步重合.

(5)调节(可变)光衰减器,使 CMOS 传感器获得的干涉画面光强适中.微调平移台使两路干涉臂的反射光完全重合,条纹间隔适中.在 csylaser 软件中按"PZT 自动扫描"的"开始"键,使反射镜产生轴向位移,并观察条纹平移.

(6)关闭 csylaser 软件，打开 wave 软件. 点击"实时采样"按钮，打开采样窗口，选择扫描周期为 1，扫描步数为 32，再点击"采样"按钮，扫描完毕后按"返回"键，返回主界面.

(7)点击工具栏的"数据显示"，选择"综合数据显示"，按键盘上的"PrintScreen"键，保存实验图像.

2. 波差测量

(1)在光路中的测量臂上放入待测波差样品——傅里叶透镜. 重复 1.中步骤(4)～(6)，调节焦点位置，观察干涉图像.

(2)点击工具栏的"数据分析"，选择"扩散函数"，观察得到的三维图(该图反映了被测光学系统的成像质量)，点击"设置"下的"点扩散函数截面图". 以上述步骤(6)的方法保存该页面和干涉图，以及调制传递函数图.

3. 台阶镜形貌检测

将测量镜 M_2 换成台阶镜 M_3 后，重复 1.中步骤(4)～(6)，调节焦点位置，观察干涉图像，在计算机内进行扫描并处理，选择"综合数据显示"，并打印.

4. 实验过程的要求

(1)实验台上的 He-Ne 激光器、(可变)光衰减器、扩束物镜、准直透镜和半透半反镜的光轴已调好，未经实验老师的允许禁止自行调节.

(2)将实验图像打印并贴在实验报告中.

(3)做完实验后，将实验结果交由老师检查. 将实验记录牌、实验仪上的傅里叶透镜和两片反射镜，恢复原位并放好；依次关闭激光管电源、压电陶瓷驱动器、实验仪电源、计算机. 用防尘袋盖好各个元件.

六、思考题

(1)怎样由干涉条纹计算出你所测得的反射镜面的位移量是多少？

(2)怎样从观察到的条纹变化(如形变、移动等)获得相位的实时变化？

(3)什么叫波差？什么叫点扩散函数和传递调制函数？

(4)特外曼-格林干涉系统与常见的马赫-曾德尔干涉系统、迈克耳孙干涉系统比较，各有什么特点？

(5)用普通的激光干涉测量方法测量位移的精度是多少？用数字干涉测量方法测量的精度是多少？为什么数字干涉测量方法能提高测量精度？

(6)实现干涉的三个前提是什么？为什么使用 He-Ne 激光容易实现光干涉？

(7)如何求被测光学系统的波差、点扩散函数和传递调制函数？

(8)讨论为什么数字干涉测量方法不仅能实现干涉条纹的实时提取,还可以利用波面数据的存储功能消除干涉仪系统误差，降低随机噪声，使干涉技术实现 $\lambda/100$ 的精度？

(9)分析待测样品的波差，回答什么叫孔径光阑、入瞳、出瞳.

七、参考文献

蔡志岗, 雷宏香, 王嘉辉, 等. 2004. 光学与光电子学专门化实验. 广州: 中山大学出版社.

姚建铨, 于意仲. 2006. 光电子技术. 北京: 高等教育出版社.

4.2 散斑干涉实验

一、实验目的

了解散斑的成因、性质和可用于面形测量的方法；掌握 PV、RMS、EM 等指标综合评价表面粗糙度的方法.

二、实验要求

(1)使用散斑干涉的方法，完成对不同粗糙程度样品的表面形貌测量.

(2)使用相减法，对样品的形变进行测量和分析.

三、实验原理

1. 散斑的形成

当激光这种高度相干光线经光学粗糙表面反射或透射时，便在表面及其附近的空间中呈现出一种随机的颗粒状光场分布. 无论用眼睛观察，还是用照相干板直接或间接地(通过成像系统)记录表面或其附近某一平面上的光场，均得到一幅亮暗分明的随机斑纹图样，称之为激光斑纹或激光散斑. 要形成散斑，且散斑质量较好，必须具备以下三个条件：

(1)必须有能产生散射光的粗糙表面；

(2)为使散射光较均匀，粗糙表面深度必须大于入射光波长；

(3)入射光的相干度要足够高，例如使用激光作为入射光.

按观察方式和散斑成因的不同，通常将激光散斑分为两类. 在物体表面附近空间产生的散斑，称为物场散斑或客观散斑(图 4.2.1)；经成像系统在相平面上产生的散斑，称为像面散斑或主观散斑(图 4.2.2).

2. 散斑的大小

散斑颗粒的大小可用它的平均直径来表示，而颗粒尺寸的严格定义是两相邻亮斑间距离的统计平均值. 此值由产生散斑的激光波长及粗糙表面被照明区域的尺寸对该散斑的孔径角所决定，即

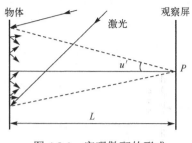

图 4.2.1 客观散斑的形成

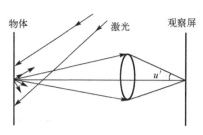

图 4.2.2 主观散斑的形成

$$散斑平均直径\langle\sigma\rangle = 0.6\lambda / \sin\mu' \tag{4-2-1}$$

式(4-2-1)说明散斑的大小粗略地对应于散射光的干涉条纹间隔, 而后者是由形成散斑的光瞳直径两端的光波所产生的.

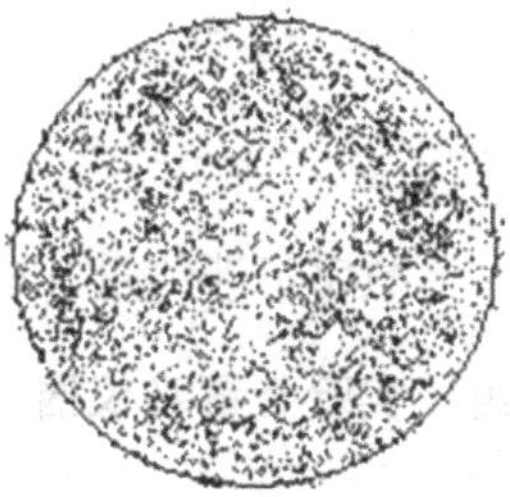

3. 散斑的光强分布

以完全相干的激光照明粗糙面时, 激光散斑呈类似图 4.2.3 的分布, 其散射波的相位无规则地分布在 0 到 2 之间, 而且偏振方向相同. 理论上可推导出这些散斑强度分布的概率密度函数为

图 4.2.3 激光散斑形貌

$$P(I)\mathrm{d}I = \frac{1}{\langle I\rangle}\exp\left[\frac{-I}{\langle I\rangle}\right]\mathrm{d}I \tag{4-2-2}$$

式中, $P(I)\mathrm{d}I$ 表示散斑强度在 I 与 $(I+\mathrm{d}I)$ 之间的概率密度; $\langle I\rangle$ 为散斑的平均强度, I 为观察屏上某一点的实际光强.

这种杂乱无章的随机散斑图称为正常散斑图, 其强度分布为负指数概率密度函数, 有一种散斑干涉法是将来自同一光源的均匀亮度的参考光束加到散斑场上, 参考光方向必须沿着形成散斑的光束方向. 这时加上的参考光会影响散斑的大小和强度分布. 上面已讲到, 在没有参考光束时, 散斑的大小大致对应于干涉条纹间隔, 而条纹是由形成散斑的光瞳直径的两个端点的光波所产生的. 当引入较强的参考光束时, 相对于中央强光束将产生干涉现象, 使得干涉光之间的夹角减半, 干涉条纹间隔加倍, 因此散射直径也加倍.

4. 测量离面位移的原理

如图 4.2.4 所示, 平行的激光束经分光棱镜分光后, 照射在粗糙面和参考面上. 粗糙面和参考面所反射的光束经过成像透镜 L_1 会聚, 并在观察屏上形成散斑场. A_1 为粗糙面所产生的散斑场在像面中某点 P 的振幅, A_2 为参考面所产生的散斑场在 P 点的振幅, 则 P 点的合振幅为 A_1+A_2, 而强度取决于 A_1 与 A_2 的相位差. 当粗糙面位移(或变形)后, 两散斑场的相位差发生改变, 合成的散斑场强度随之变化. 若相位差的改变为 $2\pi, 4\pi, \cdots$, 即成差的改变为 $\lambda, 2\lambda, \cdots$, 则变形前后的散斑场强度一致, 称为相关; 若成差的改变为 $\lambda/2, 3\lambda/2, \cdots$, 则亮散斑变为黑散斑, 称为不相关. 将变形前后的图像拍摄下来, 对两幅散斑图像进行波面相减, 便可得到相关位移信息.

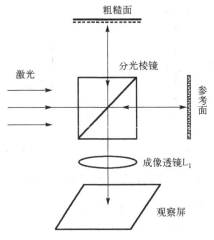

图 4.2.4 散斑离面位移的原理图

数字干涉测量方法、面形的三维干涉测量及评价的相关内容请参考实验 4.1 的实验原理.

四、实验装置及仪器

粗糙物形貌测量实验及物体变形测量实验装置图如图 4.2.5 所示,所需实验仪器为 He-Ne 激光器、(可变)光衰减器、扩束物镜、准直透镜、半透半反镜、参考镜 M_1、测量粗糙物、成像透镜、CMOS 传感器、计算机、压电陶瓷驱动器等.

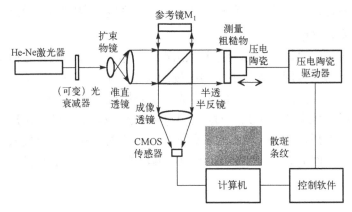

图 4.2.5 粗糙物形貌测量实验及物体变形测量实验装置图

五、实验内容

1. 粗糙物形貌测量

(1)打开激光电源,待激光光强稳定后,打开压电陶瓷驱动器电源和计算机.

(2)打开 csylaser 软件,选择实验类型 A,按"活动图像"键.

(3)在位于两个干涉臂的平移台上分别装上平面反射镜(膜面朝外)和钢片. 按光路图检查光路,调节反射镜和钢片的高低,使得激光可以完整照射在反射镜和钢片表面.

(4)用纸挡住其中一路干涉臂,然后调节平移台的俯仰、角度微调旋钮,令该臂反射的光束入射到 CMOS 传感器表面；用纸挡住已调好的干涉臂，用同样的方法调节另一路干涉臂，使反射光入射到 CMOS 传感器表面，并使两路反射光初步重合(注意粗糙物的反射光束和反射镜的反射光束的差异).

(5)调节(可变)光衰减器，使 CMOS 传感器获得的干涉画面光强适中. 微调平移台使两路干涉臂的反射光完全重合，条纹清晰可见. 在 csylaser 软件中按"PZT 自动扫描"的"开始"键，使反射镜产生轴向位移，并观察条纹平移.

(6)关闭 csylaser 软件，打开 wave 软件. 点击"实时采样"按钮，打开采样窗口，选择扫描周期为 1，扫描步数为 32，再点击"实时采样"按钮，扫描完毕后按"返回"键，返回主界面.

(7)点击工具栏的"数据显示"，选择"综合数据显示"，按键盘上的"PrintScreen"键，保存实验图像.

(8)更换铝片与铜片，重复步骤(2)～(6)，比较三种粗糙物表面形貌的差异(注意：对于反射光强较弱的样片，可在参考镜和半透半反镜之间加入(可变)光衰减器，使得两个干涉臂的光强接近，以增加干涉条纹对比度).

2. 物体变形测量

(1)对比三种粗糙物干涉条纹，将样品更换为干涉条纹最清晰(即对比度最高)的粗糙物，重复 1.中的步骤(2)～(6)，点击工具栏的"文件"，选择"另存为"，保存为"err"格式，记录粗糙物变形前的形貌数据.

(2)旋进待测粗糙物背后的大螺丝，使散斑样品产生微弱位移，然后再重复 1.中的步骤(4)～(6). 点击"数据显示"，选择"综合数据显示"，按键盘上的"PrintScreen"键，保存实验图像.

(3)点击工具栏上的"工具"菜单，选择"波面相减"键，打开保存的"err"格式文件，得到所要的形变量的图. 点击工具栏的"数据显示"，选择"综合数据显示"，按键盘上的"PrintScreen"键，保存实验图像.

3. 实验注意事项

(1)实验台上的 He-Ne 激光器、(可变)光衰减器、扩束物镜、准直透镜和半透半反镜的光轴已调好，未经实验老师的允许禁止自行调节.

(2)将实验图像打印并贴于实验报告中.

(3)做完实验后，将实验结果交由老师检查. 将实验记录牌、实验仪上的反射镜和粗糙物恢复原位并放好；依次关闭激光管电源、压电陶瓷驱动器、实验仪电源、计算机. 用防尘袋盖好各个元件.

六、思考题

(1)什么是散斑和成像散斑？散斑干涉技术有何用途？
(2)怎样从散斑图像中读出被测粗糙面的位移量？
(3)在散斑干涉测量中，什么情况为相关？什么情况为不相关？
(4)分析散斑的基本性质.

七、参考文献

蔡志岗, 雷宏香, 王嘉辉, 等. 2004. 光学与光电子学专门化实验. 广州: 中山大学出版社.

姚建铨, 于意仲. 2006. 光电子技术. 北京: 高等教育出版社.

4.3 共焦测量实验

一、实验目的

了解共焦成像原理及层析性的特点.

二、实验要求

(1)搭建共焦光路, 对平面反射镜样品进行离焦量–光斑直径关系的标定.

(2)对待测样品进行扫描, 根据标定结果, 测量其表面形貌.

三、实验原理

1. 激光共焦测量

由于传统的光学显微镜受到光学衍射的限制, 所以无法提供无限的放大能力, 其发展一度被宣告终止, 且其成像方式依旧停留在平面成像上. 传统上, 荧光染色的样品通常由荧光显微镜观测, 但由于景深的关系, 荧光显微镜无法仅观测某一断层, 所以拍到的荧光影像常显得一团模糊, 无法区分染色的部位到底位于何处, 比如在细胞膜上还是细胞内部, 因此薄切片的制作技术便应运而生. 但切片后无法观测活体样品, 且难以显现样品的原状. 这个难题直到共焦扫描显微镜发明后才得以解决.

共焦扫描显微技术的原理在 1957 年时由 Marvin Minsky 提出, 但由于当时缺乏适当的光源与数据处理的能力, 所以这一原理仍停留在纯理论的阶段, 共焦扫描显微技术真正成为一个实用的显微技术则是在激光与个人计算机发明以后. 1969 年, Paul Davidovits 和 M. David Egger 利用激光发展了第一台共焦扫描显微镜, 而第一台商业化的共焦扫描显微镜则是到 1987 年才问世. 自此以后, 无论是激光技术还是信息技术都有着惊人的发展, 这使得共焦显微技术更加完备.

共焦扫描显微镜不是普通的光学显微镜, 而是将光学显微镜与激光、高灵敏度探测和数字图像处理技术相融合的新型高精度显微成像系统.

共焦成像分为反射式及透射式两种, 本实验使用的是反射式共焦成像, 实验原理见图 4.3.1. 点光源置于准直物镜 L_1 焦点上, 发出的光经过准直物镜 L_1 后准直为平行光, 被半透半反镜反射后, 由共焦透镜 L_2 会聚照射在试样上. 若试样放置于共焦透镜 L_2 的焦面上, 则此时入射光被试样反射后经共焦透镜 L_2 恢复成平行光并原路返回到半透半反镜后, 再由准直物镜 L_3 会聚在探测器上, 形成二次成像, 这就是共焦成像.

共焦成像利用放置在光源后的照明针孔和放置在探测器前的探测针孔实现点照明和点探测, 来自光源的光通过照明针孔发射出的光聚焦在样品焦平面的某个点上, 该点所发射的荧光成像在探测针孔上, 该点以外的杂散光均被探测针孔阻挡. 照明针孔与探测针孔对被照射点或被探测点来说是共轭的, 因此被探测点即共焦点, 被探测点所在的平面即共

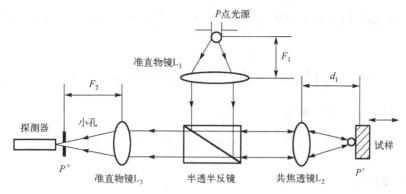

图 4.3.1 反射式共焦成像实验原理图

焦平面. 计算机以像点的方式将被探测点显示在计算机屏幕上, 为了产生一幅完整的图像, 由光路中的扫描系统在样品焦平面上扫描, 从而产生一幅完整的共焦图像. 只要载物台沿着 z 轴上下移动, 将样品从一个新的层面移动到共焦平面上, 样品的新层面又成像在显示器上, 随着 z 轴的不断移动, 就可以得到样品不同层面连续的切片图像.

通常在探测器前面加小孔光阑以抑制杂散光干涉. 当光源、样品及探测器处于彼此共轭的位置时, 探测器接收到的反射光最多. 当样品稍微沿轴向偏离共焦透镜的焦平面时, 反射光在探测器的前面或者后面成像, 此时光被光阑阻挡, 使探测器接收到的光迅速减弱, 相应的轴向曲线变窄.

共焦成像在测量上的特点如下:

(1) 共焦测量具有很高的轴向分辨率, 只有当被测物体处于透镜焦平面时, 其反射像才能被有效地记录下来;

(2) 对被测物体的不同层次进行扫描可以得到不同层次的像, 利用不同层次的像就可以重构出物体的三维图像;

(3) 当输入的光源是激光光源时, 因为其单色性好, 所以图像会具有较高的衬度.

共焦显微技术的三维成像能力可以使其在材料、生物医学、工业探测和仪器计量等领域得到广泛的应用.

2. 三维形貌层析的共焦测量

设样品在光束照射下的复振幅为 $u(x_0, y_0)$, 共焦透镜和成像透镜的光瞳分别为 $P_1(\xi_1, \eta_1)$ 和 $P_2(\xi_2, \eta_2)$, 于是透过共焦透镜的复振幅为

$$U_1(x_1, y_1) = h_1(x_0, y_0)U(x_0 - x_1, y_0 - y_1) \qquad (4\text{-}3\text{-}1)$$

其中, (x_1, y_1) 是共焦透镜后某一垂直于光轴的平面的坐标系, $h_1(x_0, y_0)$ 是共焦透镜振幅的点扩散函数

$$h_1(x_0, y_0) = \iint_{-\infty}^{\infty} P_1(\xi_1, \eta_1) \exp\left[\frac{jk}{d}(\xi_1 x_0 + \eta_1 y_0)\right] d\xi_1 d\eta_1 \qquad (4\text{-}3\text{-}2)$$

设 M 为透镜的放大率, 则成像透镜的后焦平面上的光振幅分布为

$$U_2(x, y) = \iint_{-\infty}^{\infty} P_1(x_1, y_1) h_2\left(\frac{x}{M} - x_0, \frac{y}{M} - y_0\right) dx_0 dy_0 \qquad (4\text{-}3\text{-}3)$$

若使用的光阑孔径趋向无穷小(即探测器的接收面积趋向一点)，$x = y = 0$，则探测到的光强为

$$I(x,y) = \left| \iint h_1(x_0, y_0) \cdot u(x_0 - x_1, y_0 - y_1) * h_2(-x_0, -y_0) \mathrm{d}x_0 y_0 \right|^2 \tag{4-3-4}$$

由于该点扩散函数是偶函数，可以改写为

$$I(x,y) = \left| h_1(x_0, y_0) h_2(x_0, y_0) * U(x_0, y_0) \right|^2 \tag{4-3-5}$$

四、实验装置及仪器

共焦成像关系定标实验装置图如图 4.3.2 所示，所需实验仪器为 He-Ne 激光器、准直扩束系统[含(可变)光衰减器]、半透半反镜、待测样品(平面反射镜)、成像透镜、光阑、CMOS 传感器、计算机等. 样品测量实验装置图如图 4.3.3 所示，所需仪器为 He-Ne 激光器、准直扩束系统[含(可变)光衰减器]、半透半反镜、待测样品(表面粗糙样品)、成像透镜、光阑、CMOS 传感器、计算机等.

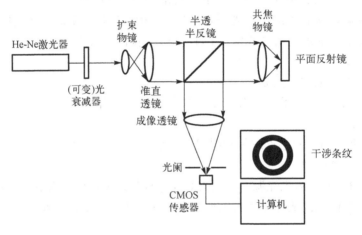

图 4.3.2　共焦成像关系定标实验装置图

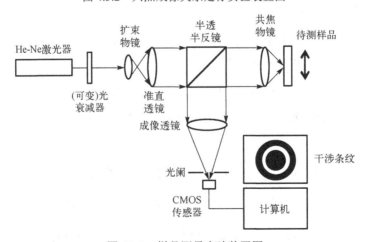

图 4.3.3　样品测量实验装置图

五、实验内容

1. 共焦成像关系定标

(1)打开激光电源,待激光光强稳定,打开压电陶瓷驱动器电源,打开计算机.

(2)打开 csylaser 软件,选择实验类型 D,按"活动图像"按钮.

(3)在平移台上安装平面反射镜,调整共焦物镜的位置,使得光束经过共焦物镜后,可以照射在反射镜上,并原路返回成为平行光束.

(4)调节 CMOS 传感器的位置,使光斑在 CMOS 芯片表面聚焦[注意:调节(可变)光衰减器,使得 CMOS 传感器不会过曝].

(5)将光阑的位置调到成像透镜的后焦面前,孔径调到恰好比光斑略大.

(6)点击"光斑确定开始"按钮,记录光斑直径读数.转动平移台后面的微调百分尺,使得平面反射镜在平行光轴的方向移动,进行光斑直径与反射镜纵向位移变化关系的定标.完成后点击"光斑确定结束"按钮.

2. 样品测量

(1)将反射镜更换为金属反射片,并固定在样品座上.

(2)调节平移台右侧的微移百分尺,使得样品在垂直光轴的方向移动,采样测量金属样品表面的起伏情况.采样点为 10 个.计算样品的粗糙程度,并以 PV、RMS 和 EM 值进行表示.

3. 实验注意事项

(1)实验台上激光器、(可变)光衰减器、扩束物镜、准直透镜和半透半反镜的光轴已调好,未经实验老师的允许禁止自行调节,否则后果自负.

(2)做完实验后,将实验结果交由老师检查,将实验记录牌、实验仪上的反射镜和金属样品恢复原位放好;依次关闭激光管电源、压电陶瓷驱动器、实验仪电源、计算机.用防尘袋盖好各个元件.

4. 实验报告要求

(1)除按绪论课中老师提到的要求外,还要做实验结果分析.

(2)按键盘上的"PrintScreen"键,保存实验图像,打印并粘贴到实验报告中.

六、思考题

(1)说明实现共焦测量的关键技术.

(2)共焦成像在测量上有哪些特点?

(3)为什么能利用共焦成像技术测量物体表面形貌?什么叫层析性?为什么共焦成像具有层析性?

(4)如何利用共焦成像在测量上获得被测物的 3D 形貌?

(5)什么叫层析性?为什么三维共焦成像具有层析性?

七、参考文献

蔡志岗, 雷宏香, 王嘉辉, 等. 2004. 光学与光电子学专门化实验. 广州: 中山大学出版社.

姚建铨, 于意仲. 2006. 光电子技术. 北京: 高等教育出版社.

4.4 纳米测量光学实验

一、实验目的

建立纳米精度测量的概念，了解其实现的方法.

二、实验要求

(1) 掌握使用笔束激光干涉法进行纳米精度的位移和振动测量.

(2) 理解使用笔束激光干涉法实现纳米精度测量相比其他方法的优势.

三、实验原理

1. 位移的纳米测量方法

纳米科学是在纳米和原子尺度上研究物质的特性、相互作用，包括相关应用的前沿科学与技术. 纳米测量技术是纳米科学的一个重要分支，有着巨大意义.

目前能够进行纳米测量的方法主要有非光学方法与光学方法. 其中，非光学方法包括电容测微仪测量法、X 射线干涉法、扫描电子显微镜测量法等；而光学方法则有 F-P 激光干涉法、外差激光干涉法、原子力显微镜测量法等. 电容测微仪测量法的测量范围有限，测量分辨率与测量范围有关，而且存在非线性；X 射线干涉法设备结构复杂，价格昂贵；F-P 激光干涉法设备的分辨率可达 0.1 nm，但测量范围一般都较小. 以上几种方法在使用中都存在一定的限制.

除构造一个光学干涉仪系统外，纳米测量过程还需要建立一个合适的纳米测量环境. 测量时需注意以下几点.

(1) 采用各种减振隔离装置，一方面减小外界振动对测量系统的影响，另一方面将测量系统的振动固有频率远离振动源的频率. 例如，使用光学平台进行被动隔振，因为光学平台固有频率为赫兹级别，明显大于光学干涉系统的亚赫兹量级，所以难以产生共振.

(2) 保持实验室温度恒定.

(3) 减小空气扰动的影响.

测量时须注意以下原则.

(1) 共光路系统补偿原则；

(2) 振动补偿原则，例如，使用主动隔振台，通过反馈实现对外界位移的补偿；

(3) 减小受影响的光路原则；

(4) 减小杂散光原则；

(5) 交流调制放大原则.

本实验使用的是笔束激光干涉法，如图 4.4.1 所示，测量精度可达到纳米级.

笔束激光干涉仪(pencil beam interferometer)于 1982 年由 Bieron 发明，目的是用于测量具有轴对称或旋转对称结构的大型非球面光学元件的线轮廓. 此后，Tackacs、钱石男等对笔束激光干涉仪作了重要改进和完善，提出了长程面型仪(long trace profiler)，并将其应用于同步辐射装置掠入射反射镜的轮廓测量，取得了很高的测量精度.

激光器发出的是光斑直径较细的准直激光束，即笔束激光. 半透半反镜将笔束光分为待测光束和参考光束. 两束光经反射后回到半透半反镜，由于反射镜的存在，此时待测光束和参考光束存在一定空间间距 $2d$，它们透过半透半反镜平行入射于成像透镜，并在成像透镜后焦面干涉，形成干涉条纹.

CCD 上干涉条纹位移量为

$$X_f = \frac{Mfs}{2d} \tag{4-4-1}$$

式中，M 为物镜放大倍数；f 为透镜焦距；$2d$ 为两束光空间间距；s 为待测镜(如图 4.4.1 中的三角反射镜 M_2)的位移量.

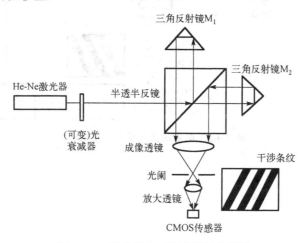

图 4.4.1　笔束激光干涉法测量装置图

2. 笔束激光干涉的位移测量

干涉合成光强为

$$I = I_1 + I_2 + 2\sqrt{I_1 I_2} \cos\left[\frac{2\pi}{\lambda} \cdot 2(l_1 - l_2')\right] \tag{4-4-2}$$

当压电陶瓷按 $x(l) = x_0 \sin \omega_0 t$ 振动时，有

$$l_2' = l_2 + x_0 \sin \omega_0 t \tag{4-4-3}$$

$$I = I_1 + I_2 + 2\sqrt{I_1 I_2} \cos \frac{4\pi}{\lambda}[l_1 - (l_2 + x_0 \sin \omega_0 t)] \tag{4-4-4}$$

可得

$$x_0 = \frac{1}{8}N\lambda \qquad\qquad (4\text{-}4\text{-}5)$$

其中 N 为光强变化频率与振动台振动频率之比.

四、实验装置及仪器

纳米测量光学实验装置图如图 4.4.2 所示,所需实验仪器为 He-Ne 激光器、(可变)光衰减器、半透半反镜、三角反射镜(M_1、M_2)、成像透镜、放大透镜(物镜)、CMOS 传感器、光阑、计算机、压电陶瓷驱动器.

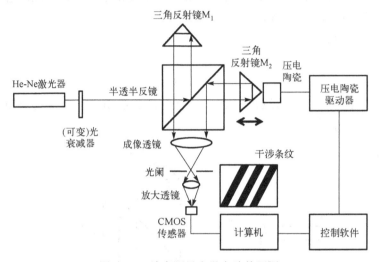

图 4.4.2 纳米测量光学实验装置图

五、实验内容

1. 实验步骤

(1)打开激光电源,待激光光强稳定,打开压电陶瓷驱动器电源,打开计算机.

(2)打开 csylaser 软件,选择实验类型 A,按"活动图像"键.

(3)在两个平移台上装上三角反射镜.按光路图检查光路,使笔束激光能较好地照在两个三角反射镜上.

(4)把光阑的位置调到成像透镜的后焦面上,孔径调到最小.用纸挡住其中一个干涉臂的光束,然后调节该干涉臂的平移台的俯仰及横向微调旋钮,令其反射的光束入射到光阑的孔径之内;再反过来用同样的方法调节另一路干涉臂的反射光入射到光阑内.

(5)在光阑与 CMOS 传感器之间放入放大透镜(即 20 倍目镜).调节目镜的位置,使两束反射光会聚的焦点重合在 CMOS 传感器上.

(6)调节 CMOS 传感器的位置使条纹清晰,调节(可变)光衰减器,使光强适中.微调两个平移台的微调旋钮使干涉条纹最直,条纹间隔适中.在 csylaser 软件中按"PZT 自动扫描"的"开始"键,使反射镜产生轴向位移,并观察条纹平移.

(7)点击"条纹计数开始"按钮,拖动"PZT 手动扫描"中的滑动条,给压电陶瓷驱动器输入恒定的直流电压，推动压电陶瓷运动. 记录压电陶瓷的输入电压与条纹移动数的关系. 记录完后，点击"条纹计数结束"按钮.

(8) 根据式(4-4-1)算出对应的 X_f，实现定标（$M=20$，$f=180$ mm）.

(9) 依次点击"条纹计数开始"和"PZT 自动扫描"中的"开始"按钮，给压电陶瓷输入周期性的正弦直流电压. 记录压电陶瓷和条纹变化的周期，验证式(4-4-5). 记录完后，点击"条纹计数结束"按钮.

2. 实验注意事项

(1) 实验台上激光器、（可变）光衰减器、扩束物镜、准直透镜和半透半反镜的光轴已调好，未经实验老师的允许禁止自行调节，否则后果自负.

(2) 做完实验后，将实验结果交由老师检查，将实验记录牌、实验仪上的三角反射镜恢复原位放好；依次关闭激光管电源、压电陶瓷驱动器、实验仪电源、计算机. 用防尘袋盖好各个元件.

3. 实验报告要求

(1) 除了绪论课中老师提到的要求外，还要做实验结果分析.
(2) 思考实验中误差的来源，讨论解决的方法.

六、思考题

(1) 什么叫纳米光学？研究纳米测量光学技术有何意义？
(2) 什么叫笔束激光？为什么纳米测量要用笔束激光？
(3) 为什么实验要采用图 4.4.1 所示的装置结构？各装置对提高位移测量精度有什么贡献？

七、参考文献

蔡志岗，雷宏香，王嘉辉，等. 2004. 光学与光电子学专门化实验. 广州: 中山大学出版社.
姚建铨，于意仲. 2006. 光电子技术. 北京: 高等教育出版社.

4.5　CCD/CMOS γ 校正实验

一、实验目的

了解 γ 校正的目的，掌握三基色通道的 γ 校正方法.

二、实验要求

(1) 了解图像传感器的三基色通道.
(2) 了解图像传感器芯片的色阶响应与输入光强的关系.
(3) 掌握三基色通道定标方法.
(4) 掌握色彩空间转换关系.

三、实验原理

随着 CCD、CMOS 等图像传感器和数字图像处理技术的发展，人们提出可以用图像传感器对物理量的分布情况进行并行测量. 由于图像传感器可在同一时刻记录所有位置的光强信息，所以可替代点测量器实现对亮度、光强等物理量分布情况的测量，并显著提高测量速度.

图像传感器是一种观察和记录外部世界的仿生工具，其成像效果需符合人眼观察的效果. 例如大部分的面阵感光芯片的成像不仅还原了外部世界或目标物的空间位置与形状，还模仿了人眼对亮度变化的生理响应. 人眼对于光强的感知是非线性的，在暗场情况下能敏感地分辨细微的光强变化，而在亮场时分辨能力显著降低. 根据测算，人眼亮度感知对输入光强的响应呈幂指数关系. 所以，使用民用、商用图像传感器成像的设备（如数码相机、摄像机等），其光强的感光曲线也接近于γ分布. 利用这类图像传感器进行光强、亮度、色度等物理量分布情况的测量，会引入分布曲线的压缩和畸变，产生测量的显著误差. 因此，在进行分布曲线描绘前，需要标定非线性响应的特性参数，将感知的光强还原为原始输入的数值，这一过程称为"γ校正".

面阵图像传感器芯片的输入光强与色阶响应呈幂指数关系如下：

$$I_{out} = KI_{in}^{\gamma} \tag{4-5-1}$$

式中，I_{in} 代表输入光强或亮度，可以是整体光强或者 R、G、B 三基色中某一分量的光强刺激值；I_{out} 表示整体光强或某基色分量的响应色阶（即感知亮度）；γ 称为 Gamma 系数，是在特定光强度域中的一个常数，与感光芯片的光强响应特性有关，当γ=1 时，响应关系为线性关系，当$\gamma \neq 1$ 时，响应关系呈非线性；K 为常数，其值由 I_{out} 和 I_{in} 的关系曲线拟合得到.

因此在实际测量中，利用已知光源对图像传感器的 I_{out} 和 I_{in} 进行定标后可拟合得出γ与 K；然后利用已经标定的图像传感器测量 I_{out} 的逐点读数，再根据式（4-5-2）求解 I_{in}

$$I_{in} = \left(\frac{I_{out}}{K}\right)^{1/\gamma} \tag{4-5-2}$$

通过上述方法即可完成γ校正，实现利用非线性响应特性图像传感器对光强、亮度等的精确测量. 而从式（4-5-2）可知，γ与 K 定标的误差直接影响实际测量中的准确度.

由于测量目标的发光强度或者亮度等存在随时间而变化的情况，因此在测量时如能同时测得 I_{out} 和 I_{in}，则可以减少测量中与时间涨落相关的误差.

四、实验装置及仪器

γ感光特性曲线同步定标系统原理图如图 4.5.1 所示，所需实验仪器为稳流稳压电源、光度计、积分球、CCD/CMOS 相机、LED 等.

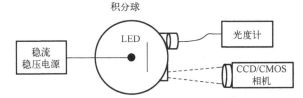

图 4.5.1 γ感光特性曲线同步定标系统原理图

LED 安装在积分球的球心位置，由稳流稳压电源驱动点亮，其发出的光在积分球内壁多次反射而均匀分布. 积分球球壁上开有两个圆孔，一孔接入光度计，另一孔打开，供开孔正前方的 CCD/CMOS 相机实时记录 LED 亮度变化. 为保证测量精度，需将镜头的焦面调节到开孔端面上.

五、实验内容

1. 三基色通道定标

由于图像传感器具有三基色通道，且各通道并不关联，因此需要对各通道的 γ 与 K 进行单独定标. 实验中选定红、绿、蓝三种单色 LED 作为光源，分别测量 CCD/CMOS 图像传感器芯片三基色通道的感光特性.

定标实验中，将稳流稳压电源的输出电流逐步从零升至 LED 标定工作电流，使发光强度逐步增大. 在此过程中，同时利用相机和光度计分别拍摄 LED 光斑和记录 LED 的光通量. 由于相机拍摄的 LED 亮度 I_{out}（即图片的色阶）是与 LED 的实际亮度 I_{in}、图片曝光量有关的，需通过预实验确定合适的光圈和曝光时间，可避免拍到的光斑图像出现色阶饱和. 实验中使用 MATLAB 进行图像处理，读取图片中的光斑色阶（即 I_{out}），再通过式 (4-5-1) 进行运算.

相机拍摄到的不同亮度的光斑图像中，可以由 MATLAB 读出对应颜色通道的色阶矩阵. 根据式 (4-5-1)，其中特定颜色的输入亮度为 I_{in}，输出图像色阶为 I_{out}，作出实验数据图，并用幂指数函数拟合得到式 (4-5-1) 中的 K 及 γ 参数.

将不同基色通道的 K 及 γ 代入公式 (4-5-2)，并将图像色阶值归一化，即可从已知三基色输出色阶 I_{Rout}、I_{Gout} 和 I_{Bout} 回推出对应的输入亮度 I_{Rin}、I_{Gin}、I_{Bin}，具体的数学表达式如下.

红色通道

$$I_{Rin} = 255\left(\frac{I_{Rout}}{255}\right)^{1/\gamma_R} \tag{4-5-3}$$

绿色通道

$$I_{Gin} = 255\left(\frac{I_{Gout}}{255}\right)^{1/\gamma_G} \tag{4-5-4}$$

蓝色通道

$$I_{Bin} = 255\left(\frac{I_{Bout}}{255}\right)^{1/\gamma_B} \tag{4-5-5}$$

2. 白光 γ 校正

由于白色及其他混合光的颜色均可认为是利用三基色光源不同配比的混光得到的，因此根据 RGB 与 YUV 色彩空间转换关系，任何一种颜色的亮度 Y_{in} 可用三基色成分的亮度按公式 (4-5-6) 来计算得出

$$Y_{in} = 0.299I_{Rin} + 0.587I_{Gin} + 0.114I_{Bin} \tag{4-5-6}$$

式中，I_{Rin}、I_{Gin}、I_{Bin} 分别为红、绿、蓝通道的亮度.

由此，根据式 (4-5-3)～式 (4-5-6) 以及三基色通道对应的 K 及 γ，即可计算出图像设备

对非基色的响应特性 γ，其数学关系式为

$$\left(\frac{Y_{\text{out}}}{255}\right)^{1/\gamma} = 0.299 \times \left(\frac{I_{\text{Rout}}}{255}\right)^{1/\gamma_{\text{R}}} + 0.587 \times \left(\frac{I_{\text{Gout}}}{255}\right)^{1/\gamma_{\text{G}}} + 0.114 \times \left(\frac{I_{\text{Bout}}}{255}\right)^{1/\gamma_{\text{B}}} \qquad (4\text{-}5\text{-}7)$$

其中 Y_{out} 为混合光的色阶值.

可见根据同步定标法得到三基色通道的响应特性 K 及 γ 后，结合混色公式(4-5-7)即可实现对任何颜色图像的 γ 校正，绘制精确的亮度分布曲线. 设计白光 LED 实验，可验证单色光方案的 γ 修正同样适用于混合光场合，该方法具有通用性. 对于拍摄图像而言，真实亮度 Y_{in} 与经过相机内部 γ 编码的色阶 Y_{out} 之间的转化关系为

$$Y_{\text{in}} = 255\left(\frac{Y_{\text{out}}}{255}\right)^{1/\gamma} \qquad (4\text{-}5\text{-}8)$$

六、思考题

(1) 实验中使用积分球的目的是什么？

(2) 实验中有哪些误差来源？

七、参考文献

陈挺, 陈志忠, 林亮, 等. 2006. GaN 基白光 LED 的结温测量. 发光学报, 27(3): 407-412.

程星, 吴金, 陆生礼, 等. 2007. 色彩空间 RGB 与 YUV 转换的硬件设计. 电子器件, 30(2): 661-663.

卢德润, 黄振宇. 2009. 前照灯校准器检定装置中 CCD 相机响应特性探讨. 中国测试, 35(2): 18-20.

姚建铨, 于意仲. 2006. 光电子技术. 北京: 高等教育出版社.

游雄. 1995. 基于 GAMMA 校正的数字视频信号与显示色度的变换关系. 测绘学报, 24(1): 57-63.

Gonzalez R C, Woods R E, Eddins S L. 2005. 数字图像处理(MATLAB 版). 阮秋琦, 等译. 北京: 电子工业出版社.

Kykta M. 2009. 高清显示中的伽马校正、亮度和明视度探索. 现代显示, 107: 13-18.

 【科学素养提升专题】

中国光学之父

王大珩(1915~2011)，出生于日本东京，原籍江苏苏州，是中国光学事业奠基者，中国科学院院士、中国工程院院士，"两弹一星功勋奖章"获得者，为中国应用光学、光学工程、光学精密机械、空间光学、激光科学和计量科学等的创建和发展做出了杰出贡献，被誉为"中国光学之父".

1936 年王大珩毕业于清华大学物理系，1938 年留学英国，其间发表《在有球差存在下的最佳焦点》论文，创造性地提出了用优化理论导致以低级球差平衡残余高级球差并适当离焦的论点，使得其在国际科研领域崭露头角. 该论点仍是当今大孔径小像差光学系统设计中像差校正和质量评价的最佳依据. 当他发现光学玻璃在第二次世界大战期间被多种新式武器大规模使用后，开始专攻光学玻璃的研究，1945 年研制出 V-棱镜精密

折射率测量装置并制成商品仪器，获得英国科学仪器协会"第一届青年仪器发展奖"．尽管多所英国知名公司抛来橄榄枝，但爱国心切的王大珩依然选择回国报效祖国．1948年他回国后参加创建大连理工大学．1951年王大珩受邀筹备中国科学院仪器馆（中国科学院长春光学精密机械与物理研究所的前身），面对几乎一无所有的局面，他带领团队从捡弹片、清除坦克、淘旧货开始，坚信"事在人为"，1952年仪器馆在长春成立，王大珩任首任馆长/所长，带领团队很快熔炼出中国第一炉光学玻璃，紧接着，又制作出了一系列高级精密仪器：我国第一台电子显微镜、高温金相显微镜、多臂投影仪、大型光谱仪、万能工具显微镜、高精度经纬仪、晶体谱仪和光电测距仪（史称"八大件"）．1960年世界激光技术问世，第二年王大珩领导的中国科学院长春光学精密机械与物理研究所便研发出我国第一台激光器，并紧跟国际激光技术发展前沿．之后，由于国家需要，王大珩又开始专攻国防光学技术及工程研究，在核爆与靶场光测设备、空间光学测试、红外微光夜视等诸多领域做出了重要贡献．王大珩也是中国航天相机技术研究的开拓者，以及"863计划"的主要倡导者．

手机摄影与计算摄影

第 5 章　光通信器件与技术

5.1　光纤耦合器件实验

一、实验目的

学习掌握光纤耦合器件的原理、功能及其主要技术参数的定义和测量方法.

二、实验要求

(1)学习光纤耦合器件的原理和功能.

(2)掌握光纤耦合器件主要技术参数的定义及其测量方法，熟悉光功率计和光源的使用，规范测量操作.

(3)撰写器件参数指标测试报告，分析器件性能.

三、实验原理

光纤耦合器件制作目前普遍采用熔融拉锥技术，具体的制作方法一般是将两根(或两根以上)除去涂覆层的裸光纤以一定方式(绞合或使用夹具)靠近，在高温加热下使光纤熔融，同时向两侧拉伸光纤，利用计算机监控其光功率耦合曲线，并根据耦合比与拉伸长度的关系控制停火时间，最后形成光纤耦合双锥结构. 如图 5.1.1 所示是熔融拉锥机系统控制原理示意图，光纤拉伸速度、拉伸长度、火焰强度、耦合分光比等参数均可通过计算机进行设置，通过监控熔融拉锥过程中两路输出光的功率变化曲线，可以控制拉伸停止的位置，制作出各种功能的耦合器件.

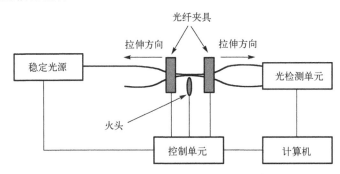

图 5.1.1　熔融拉锥机系统控制原理示意图

1. 单模耦合器

随着拉锥过程的进行，熔融拉锥耦合区光纤变细且足够逼近，从输入臂输入的光在由包层作为芯纤、外介质(一般为空气)作为新的包层的复合波导中传输，在输出端被重新分配到直通臂和耦合臂中输出，如图 5.1.2 所示.

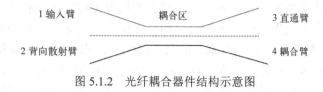

图 5.1.2　光纤耦合器件结构示意图

设初始条件为 $P_1(0)=1$，$P_2(0)=0$，且两光纤具有相同的传输常数 $\beta_1=\beta_2$，则输出光功率

$$P_3=\cos^2(CL)，\quad P_4=\sin^2(CL)\tag{5-1-1}$$

其中 C 是耦合系数，由耦合波导结构决定；L 是耦合区有效相互作用长度. 通过这两个关系式，可以看出，两个端口输出的光强是互补的，通常测量其中一端的功率随拉伸长度的变化，就能够知道另外一端的功率变化. 图 5.1.3 给出了对某一次直通臂实际测量的结果，拉伸停止在不同位置，直通臂光强透过率不同，两路输出光的分光比也不同，这样就可以通过控制拉伸长度，而得到不同分光比的光耦合器. 结合拉伸长度和熔融程度，合理调整参数，通过工艺上的细致控制，从而获得不同分光比的光耦合器.

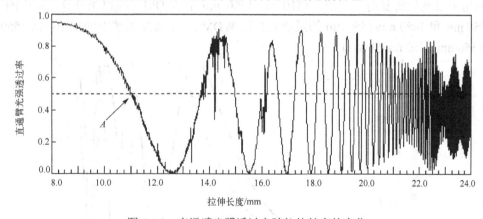

图 5.1.3　直通臂光强透过率随拉伸长度的变化

考虑到熔融拉锥的耦合是周期性的，耦合周期越多，耦合系数与传输波长的依赖关系越大，所以应尽量减少熔融拉锥中的耦合次数，最好在一个周期内完成耦合. 通过合理改变熔融拉锥条件，能够获得不同功能的光纤耦合器件.

2. 多模耦合器

多模光纤中，传导模是若干个分立的模式，总的模式数 $M=V^2/2$，V 为归一化频率. 当传导模进入熔融拉锥区时，纤芯变细，导致 V 值减小，束缚的模式数减少，远离光轴的高阶模进入包层形成包层模，当纤芯变粗时，包层模以一定比例被耦合臂捕获，获得耦合光功率. 但大多数低阶模只能从直通臂输出而不参与耦合，因而两输出端模式不同. 器件对传输光的模式比较敏感，为克服这种缺陷，需要改进熔融拉锥工艺，使多模信号在熔融拉锥区能够实现模式混合，尽量消除器件的模式敏感性.

3. 宽带耦合器

采用熔融拉锥法实现光纤间传输光功率耦合的耦合系数与波长有关，光传输波长发生变化时，耦合系数也会发生变化，即耦合器的分光比发生变化，一般分光比随波长的变化率为 0.2%/nm. 这种耦合器允许的带宽一般只有±20 nm，称为标准型耦合器.

随着熔融拉锥技术的提高，器件的成品率已经达到相当高的水平，工艺不断推陈出新. 可以利用预拉伸技术，先对其中一根光纤进行拉伸，也可选择两根不同纤芯直径的光纤进行熔融拉锥，通过改变其中一根光纤的传播常数以减小耦合系数对传输波长的依赖，再与另外一根光纤一起拉伸，能够得到宽带耦合器，在一定的波长范围内，保持一个相对稳定的耦合比，也被称作波长平坦型耦合器.

4. 波分复用器

光纤熔融拉锥法制作波分复用器（WDM）的原理如图 5.1.4 所示，纵坐标为耦合臂功率输出比，当拉伸停止在 4.5 mm 的 B 点位置时，1310 nm 的光从耦合臂输出接近为零（几乎全部从直通臂输出），而 1550 nm 的光能最大程度地从耦合臂输出，这样就可以把两个波长的光分开，制作出 1310 nm/1550 nm 波分复用器. 熔融拉锥法制作全光纤型波分复用器主要应用于双波长的复用，例如，1310 nm/1550 nm 的 WDM、掺铒光纤放大器中的 980 nm/1550 nm 和 1480 nm/1550 nm 的泵浦光合波 WDM、光学监控系统中的 1510 nm/1550 nm 或者 1550 nm/1650 nm 的 WDM.

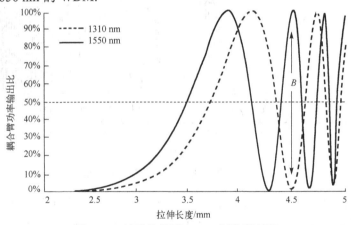

图 5.1.4　熔融拉锥型 WDM 制作原理图

四、基本技术参数

1. 插入损耗（insert loss）

在光路中由于增加了光无源器件而产生的额外损耗称为插入损耗，定义为该器件所指定的通道的输出与输入端口之间的光功率之比（dB），即

$$\text{I.L.} = -10\lg\frac{P_{\text{out}}}{P_{\text{in}}} \tag{5-1-2}$$

其中，P_{in} 为发送进输入端口的光功率；P_{out} 为从输出端口接收到的功率. 对于一个 2×2 耦合器，共有四个通道，对一个双波 WDM，有两个工作通道.

由于要进行相对测量，所以仪器的稳定性非常重要，在测量中应该特别注意. 但实验中仪器可能会出现不稳定的情况，所以，每一对输入光强与输出光强测量的时间间隔不能太长，否则，测量数值可能不准确. 另外，测量时光纤的摆放也可能影响测量值，要注意测量过程中光纤不要被过度拉扯或扭曲.

2. 附加损耗(excess loss)

附加损耗即功率分配耦合器的所有输出端口光功率总和相对于全部输入光功率的减少量，即

$$\text{E.L.} = -10\lg \frac{\sum_i P_{out i}}{P_{in}} \qquad (5\text{-}1\text{-}3)$$

E.L.是体现器件制造工艺质量的指标,反映了器件制造过程中整个器件的固有损耗. 对于标准的 X 和 Y 型光耦合器，一般 E.L.<0.1 dB.

3. 分光比(splitting ratio)

分光比即功率分配耦合器各输出端口功率分配的比值，即

$$\text{S.R.} = \frac{P_{out i}}{P_{out j}} \qquad (5\text{-}1\text{-}4)$$

如对 X 型耦合器，1:1 或 50:50 代表同样的分光比，也就是平常所说的 3 dB 耦合器. 通过熔融拉锥工艺能够获得不同分光比(从 1:99 到 50:50)的光耦合器.

4. 方向性(directivity)

方向性即非注入光的某一输入端口的反向输出光功率与输入光功率的比值:

$$D = -10\lg \frac{P_{R}}{P_{in}} \qquad (5\text{-}1\text{-}5)$$

其中 P_R 表示非注入光的某一输入端口的反向输出光功率；P_{in} 表示从指定输入端口输入的光功率. 对于标准 X 和 Y 型耦合器，一般 D>60 dB.

5. 均匀性(uniformity)

对于要求均匀分光的耦合器，定义所有输出端口输出光功率的最大变化量为均匀性:

$$U = -10\lg \frac{P_{min}}{P_{max}} \qquad (5\text{-}1\text{-}6)$$

6. 隔离度

器件输入端口的光进入非指定输出端口光能量的大小，又称串扰(crosstalk)，WDM 将来自一个输入端口的 n 个波长($\lambda_1, \lambda_2, \cdots, \lambda_n$)信号分离后送到 n 个输出端口，每个端口对应

一个特定的标称波长 $\lambda_j(j=1,\cdots,n)$，隔离度为

$$C_j(\lambda_i) = -10\lg\frac{P_j(\lambda_i)}{P_i(\lambda_i)}, \quad i,j=1,\cdots,n,\ \text{且}\ j\neq i \tag{5-1-7}$$

其中 $P_j(\lambda_i)$ 是从输出端第 j 个端口输出的波长为 λ_i 的信号的光功率；$P_i(\lambda_i)$ 是从第 i 个端口输出的波长为 λ_i 的信号的光功率.

以两波长波分复用为例.

通道 2 对波长为 λ_1 的光的隔离度为

$$C_2(\lambda_1) = -10\lg\frac{P_2(\lambda_1)}{P_1(\lambda_1)} \tag{5-1-8}$$

通道 1 对波长为 λ_2 的光的隔离度为

$$C_1(\lambda_2) = -10\lg\frac{P_1(\lambda_2)}{P_2(\lambda_2)} \tag{5-1-9}$$

一般地，分波器隔离度要求在 20 dB 以上.

7. 偏振相关损耗(polarization dependent loss)

光信号以不同的偏振态(如线偏振、圆偏振、椭圆偏振等)输入时，对应输出端口输出功率的最大变化量称为偏振相关损耗

$$\text{P.D.L.} = -10\lg\frac{P_{\min}}{P_{\max}} \tag{5-1-10}$$

与前面不同的是，在测量偏振相关损耗时，要在光无源器件输入端前加一光纤偏振控制器(图 5.1.5)，以获得各种偏振态. 偏振控制器，从理论上来说，可以将任意偏振态的输入偏振光转变为随机的任意偏振状态.

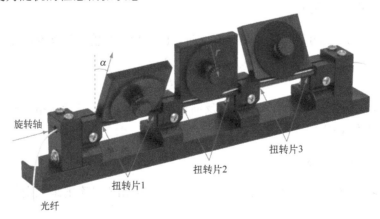

图 5.1.5　光纤偏振控制器

光纤偏振控制器有三个可以活动的扭转片，每个扭转片里面缠绕了不同圈数的光纤，形成三个不同的光纤延迟环(或称光纤波片)(图 5.1.5). 转动扭转片会导致光纤扭曲并产生双折射，引起偏振态的改变，循序改变三个扭转片的扭转角，将会得到不同的偏振态输出. 光纤偏振控制器的三个活动片在不同位置，对应输出某个偏振态，这个偏振态与光

源的偏振态有关. 也就是说, 光纤偏振控制器只能够相对地改变光在光纤中的偏振状态, 而具体改变成一个什么样的偏振态, 需要通过实验确定. 不过, 在测量 P.D.L 中, 并不需要确切地知道哪个偏振态对应的损耗大或者小, 而是对于所有偏振态来说, 损耗的变化量到底有多大. 所以, 在实验中必须细致改变三个活动片的相对位置, 以得到尽可能多的偏振态和尽可能大的功率变化量.

五、实验仪器配件与注意事项

待测器件: 2×2 耦合器、1×4 耦合器、WDM 耦合器等, 随机抽取.

其他仪表/器件: 通信波段 1310 nm/1550 nm 稳定化光源、光功率计、光纤跳线(用于测量器件的输入功率)、适配器、偏振控制器、折射率匹配块(匹配液)、光纤端面放大器、镜头纸等.

实验注意事项如下.

(1)操作前洗净双手并擦干, 实验过程中, 如果弄脏双手或手汗太多, 须重新洗手再进行实验.

(2)合理摆放实验台上的光纤和器件, 光纤不要有弯折、挤压和扭曲.

(3)确保连接器卡口卡位对准并卡紧; 光源接头不可拧得过紧.

(4)注意保护光纤接头和端面, 禁止用手触摸连接器和适配器的端口, 更不准用嘴吹气清洁. 如果端口比较脏, 可以用镜头纸蘸酒精仔细清洁干净. 借助光纤端面放大器检测连接器端面情况, 包括是否清洁, 是否损坏等.

(5)稳定光源与功率计为精密仪器, 注意保持光口的清洁. 测量前, 需检查光仪表的工作状态, 如果功率波动在 0.5 dB 以内, 实验可以正常进行.

六、实验内容

对于光纤耦合器, 需要测量的参数包括插入损耗、附加损耗、分光比或均匀性、方向性(仅对定向耦合器)、偏振相关损耗等.

对于波分复用器, 先测量作为合波器的 WDM, 参数包括插入损耗和偏振相关损耗; 再测量作为分波器的 WDM, 参数包括插入损耗、隔离度和偏振相关损耗. 最后测量光源先经过一个 WDM 合波, 然后再经过另一个 WDM 分波构成的一个两波分复用系统的插入损耗和隔离度.

七、实验报告要求

(1)测量待测耦合器件的主要技术参数. 如实记录数据, 并对大量的实验数据进行制表, 分别对实验结果和测量误差进行分析.

(2)使用光功率计测量时, 要求分别读出以 W 和 dBm(分贝毫瓦, 见以下定义公式)为单位的功率数值, 并用 W 和 dBm 为单位分别计算前述各种参数指标, 并作对比分析. W 和 dBm 的换算表见表 5.1.1.

$$分贝毫瓦: 1\,dBm = 10\lg\frac{P(mW)}{1\,mW}$$

表 5.1.1　W 和 dBm 的换算表

以 W 为单位	以 dBm 为单位
1 μW	−30 dBm
10 μW	−20 dBm
100 μW	−10 dBm
1 mW	0 dBm
10 mW	10 dBm
100 mW	20 dBm
1 W	30 dBm

(3)撰写器件技术参数测试报告，并对比该器件出厂时的测试报告，分析该器件性能.

八、思考题

(1)分光比为 1:1 的耦合器为什么又叫 3 dB 耦合器？

(2)插入损耗和附加损耗的不同之处是什么？

(3)简述标准跳线的作用和测量方案的关系.

(4)单模光纤之间的横向耦合与多模光纤之间的横向耦合有何差异？

(5)偏振控制器自身的插入损耗对 P.D.L 的测量影响有多大？

九、参考文献

崔静, 蔡志岗, 王福娟, 等. 2011. 光纤耦合器对光谱响应的研究. 中山大学学报(自然科学版), 50: 58-61.

黄章勇. 2003. 光纤通信用新型光无源器件. 北京: 北京邮电大学出版社.

李玲, 黄永清. 1999. 光纤通信基础. 北京: 国防工业出版社.

林学煌, 等. 1998. 光无源器件. 北京: 人民邮电出版社.

王来瑞, 张申生, 崔健吾, 等. 2003. 光纤熔融拉锥系统及其应用. 微电子学与计算机, 8: 142-144.

5.2　光隔离器实验

一、实验目的

学习掌握光隔离器的工作原理、功能及其主要技术参数的定义和测量方法.

二、实验要求

(1)熟悉光隔离器，了解光隔离器的工作原理和功能.

(2)学习光隔离器主要技术参数及其测量方法，熟悉光功率计和光源的使用，规范测量操作.

(3)撰写器件参数指标测试报告，分析器件性能.

三、实验原理

光隔离器是一种只允许光沿光路正向传输的非互易性光无源器件，主要用于抑制光通信网络中的反射波. 其在光信号的发射、放大、传输等过程中有广泛的应用. 因为许多光器件(如激光二极管及光放大器等)对来自连接器、熔接点、滤波器等的反射光非常敏感，若不消除这些反射光，器件性能将急剧恶化，这时就需要用光隔离器来阻止反射光返回系统. 光隔离器对反射光的隔离主要基于磁光晶体的法拉第效应.

1. 法拉第磁光效应

法拉第磁光效应(1945 年)：对于给定的磁光晶体材料，光振动面旋转的角度 θ 与光在该物质中通过的距离 L、磁感应强度 B 以及光线与磁场的夹角 α 的余弦成正比(图 5.2.1)

$$\theta = VLB\cos\alpha \tag{5-2-1}$$

式中，V 是比例系数，称韦尔代(Verdet)常数，它是材料的特性常数，单位是 $(')/(\mathrm{Gs \cdot cm})$. 进一步研究表明，法拉第磁光效应旋转角是材料的介电常数、旋磁比和饱和磁场强度以及光波频率、外加磁场强度的函数.

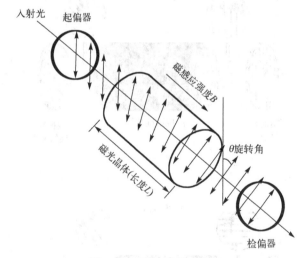

图 5.2.1　法拉第磁光效应

值得注意的是，法拉第磁光效应和材料的固有磁光效应不同. 固有磁光效应的方向受光的传播方向影响，与外加磁场的方向无关，无论外界磁场如何变化，迎着光看去，光的偏振面总是朝同一方向旋转. 因此，在材料的固有旋光效应中，如果光束沿着原光路返回，其偏振面将转回到初始位置. 而在法拉第磁光效应中，磁场对磁光材料的作用是磁致旋光现象发生的原因，所以磁光材料引起的光偏振面旋转的方向取决于外加磁场的方向，与光的传播方向无关. 这是磁光材料和天然旋光材料之间的重要区别. 也就是说，天然旋光性物质，它的振动面旋转方向不只与磁场方向有关，还与光的传播方向有关. 例如，光线两次通过天然性的旋光物质，一次是沿着某个方向，另一次是与这个方向相反，观察结果是振动面并没有旋转. 可是磁光材料则不同，光线以相反的方向两次通过磁光材料时，其振动面的旋转角是叠加的. 旋转角 θ 的大小受磁光材料的旋磁特性、长度、工作波长及磁场强度的影响, 材料长度越长, 磁场强度越强, 工作波长越短, 旋转角度将越大.

光隔离器采用的是法拉第旋转器, 其单向光旋转角为 45°, 其材料主要为钇铁石榴石 (YIG). 现在多采用高性能磁光晶体, 采用液相外延技术在石榴石单晶上生成掺镝、镓、钬或铽等元素的薄膜材料, 如 $(YbTbBi)_3 Fe_5O_{12}$ 石榴石单晶薄膜, 其单位长度的法拉第旋转角是传统 YIG 晶体的 5 倍以上, 而所需磁感应强度仅为传统材料的一半或者 1/3.

2. 光隔离器的工作原理

(1) 正向光经过第一个偏振镜后, 只让偏振方向为竖直方向的光通过, 经过一个顺时针方向旋转 45° 的法拉第旋转器后将竖直方向的偏振光顺时针调整成 45° 偏振方向, 设置第二个偏振镜的偏振方向为 45°, 正向光可以通过, 如图 5.2.2(a) 所示.

(2) 如果前方光路中有一束反向光循原路径返回, 经过输出端偏振镜后, 只让偏振角为 45° 的光通过, 经过法拉第旋转器, 光偏振角将沿着原来偏转的方向继续旋转 45°, 到了输入端的偏振镜时, 光的偏振方向变为水平方向, 与输入端偏振镜透振方向垂直, 光被隔离, 如图 5.2.2(b) 所示. 这样光隔离器就实现了正向光的导通和反向光的隔离.

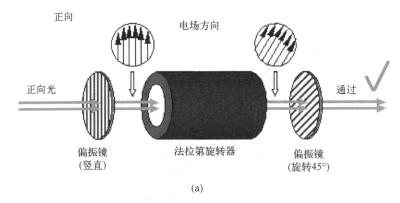

(a)

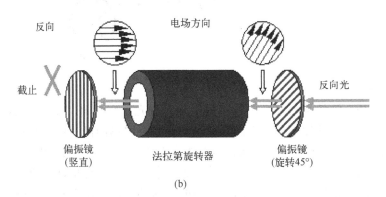

(b)

图 5.2.2　(a) 光隔离器正向导通; (b) 光隔离器反向截止

3. 光纤准直器和自聚焦透镜

光纤准直器是光纤通信系统和光纤传感系统中的基本光学元件, 它是由光纤插针和长度为 1/4 节距的自聚焦透镜组成的, 如图 5.2.3 所示. 自聚焦透镜是一种折射率分布沿径向

渐变的柱状光学透镜，其折射率分布为

$$n^2(r) = n_0^2(1 - Ar^2) \tag{5-2-2}$$

其中，n_0 是透镜轴线上的折射率；A 是聚焦常数.

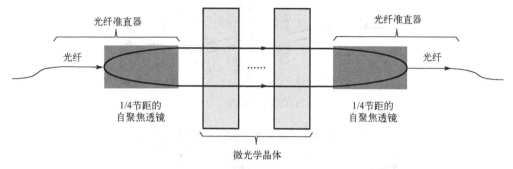

图 5.2.3　光纤准直器的工作原理

普通透镜是通过控制透镜表面的曲率，利用产生的光程差使光线会聚成一点. 自聚焦透镜与普通透镜的区别在于，自聚焦透镜材料折射率的分布沿径向逐渐减小，能够使沿轴向传输的光产生连续折射，从而实现出射光线平滑且连续地会聚到一点，自聚焦透镜的聚焦周期，即节距为

$$P = \frac{\pi}{\sqrt{A}} \tag{5-2-3}$$

根据自聚焦透镜的传光原理，对于 1/4 节距的自聚焦透镜，当从其一端面输入一束平行光时，经过自聚焦透镜后光线会聚在另一端面上. 准直是聚焦功能的逆应用，当会聚光从自聚焦透镜一端面输入时，经过自聚焦透镜后会转变成平行光线. 在光隔离器中其主要作用是对光纤出射光束进行准直，使得两光纤准直器间有较长的间距，可以插入偏振器、磁光晶体等微光学元件，以提高光纤到光纤的耦合效率，实现较小的系统总损耗.

4. 偏振无关的光隔离器

图 5.2.2 所示的光隔离器显然是偏振相关的，对于不同偏振态的入射光，其输出会有明显不同. 而图 5.2.4 所示的光隔离器是偏振无关的，它使用楔形双折射晶体作为偏振器，两个偏振器主截面方向成 45°.

如图 5.2.4(a)所示，经过光纤准直器射出的准直光束，进入楔形双折射晶体 P1 后，光束被分成 o 光和 e 光，其偏振方向互相垂直，传播方向成一夹角，当它们经过 45° 法拉第旋转器时，出射的 o 光和 e 光的偏振面各自向同一个方向旋转 45°，由于双折射晶体 P2 的晶轴相对于第一个双折射晶体 P1 正好成 45° 夹角，所以 o 光和 e 光被 P2 折射到一起，合成两束间距很小的平行光，并被自聚焦透镜耦合到光纤纤芯里面，因而正向光以极小的损耗通过光隔离器.

如图 5.2.4(b)所示，由于法拉第磁光效应的非互易性，当光束反向传输时，首先经过双折射晶体 P2，分为偏振面与 P1 晶轴成 45° 角的 o 光和 e 光，由于这两束线偏振光经 45° 法拉第旋转器时，振动面仍朝与正向光旋转方向相同的方向旋转 45°，相对于第一个双折射晶体 P1 的晶轴共旋转了 90°，整个逆光路相当于经过一个沃拉斯顿棱镜，出射的两束线偏振光被 P2 进一步分开一个较大的角度，不能被自聚焦透镜耦合进光纤纤芯，从而达到反向隔离的目的.

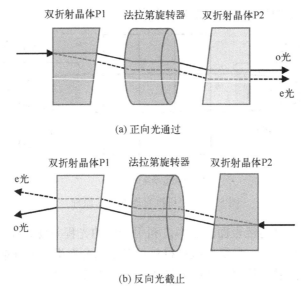

(a) 正向光通过

(b) 反向光截止

图 5.2.4 一种偏振无关的光隔离器工作原理

四、基本技术参数

1. 插入损耗

插入损耗同实验 5.1，从略.

2. 隔离度

隔离度是指光隔离器反方向的传输损耗，所以，也称作反向隔离度

$$\text{I.L.} = -10\lg\frac{P_{\text{out}}}{P_{\text{in}}} \qquad (5\text{-}2\text{-}4)$$

所以，光隔离器的插入损耗与隔离度的测量方法是一样的，只是一个测量正向，另一个测量反向.

3. 回波损耗

器件的回波损耗是指入射到器件中的光能量和沿入射光路反射回的光能量之比. 回波损耗由各晶体元件和空气折射率失配造成的反射引起.

如图 5.2.5 所示是国际电报电话咨询委员会(CCITT)和国家标准中建议的回波损耗测试方法. 测试时，选择一个插入损耗小、分光比为 1:1 并带连接器端口的定向耦合器进行测试. 未接待测器件之前，先用光功率计测得定向耦合器第 2 端的输出光功率 P_0，即输入给待测器件的光功率. 然后将待测器件接上，并在待测器件的尾端和定向耦合器悬空的第 3 输出端口涂上匹配剂(或使用匹配块)，以消除末端菲涅耳反射的影响，这种情况下测得

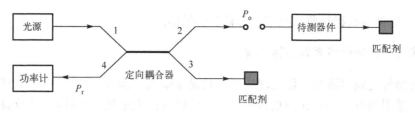

图 5.2.5 回波损耗的测量原理

定向耦合器输入光一侧的第 4 端口返回的光功率 P_r，即可得到待测器件的回波损耗

$$R.L. = -10\lg\frac{2P_r}{P_o} \tag{5-2-5}$$

4. 偏振相关损耗

偏振相关损耗同实验 5.1，从略.

五、实验仪器配件与注意事项

实验仪器配件包括通信波段 1310 nm/1550 nm 稳定化光源、光功率计、光隔离器、定向耦合器、光环行器、单模标准跳线(用于测量器件的输入功率)、适配器、偏振控制器、折射率匹配块(匹配液)、光纤端面放大镜、镜头纸等.

实验注意事项如下.

(1)操作前洗净双手并擦干，实验过程中，如果弄脏双手或者手汗太多，须重新洗净双手并擦干再进行实验.

(2)合理摆放实验台上的光纤和器件，光纤不要有弯折、挤压和扭曲.

(3)确保连接器卡口卡位对准并卡紧，光源接头不可拧得过紧.

(4)注意保护光纤接头和端面，禁止用手触摸连接器和适配器的端口，更不准用嘴吹气清洁. 如果端口比较脏，可以用镜头纸蘸酒精仔细清洁干净. 可以借助光纤端面放大器检测连接器端面情况，包括是否清洁，是否损坏等.

(5)稳定光源与功率计为精密仪器，注意保持光口的清洁. 测量前，需检查光仪表的工作状态，如果功率波动在 0.5 dB 以内，实验可以正常进行.

(6)使用光功率计测量时，要求分别读出 W 和 dBm 数值，熟悉应用 W 和 dBm 计算的方法与差异.

六、实验报告要求

实验报告要求写明实验目的、实验原理、实验用具及装置图、实验步骤；在实际操作过程中认真记录实验现象，并回答思考题. 此外，实验报告中必须包括以下内容.

(1)测量光隔离器的插入损耗、隔离度、回波损耗和偏振相关损耗.

(2)如实记录实验数据，大量的实验数据需制表，要对实验结果进行分析，包括测量的技术参数、测量误差等.

(3)撰写器件参数指标测试报告,分析器件性能.

七、拓展实验:光环行器参数指标测量

光环行器与光隔离器的工作原理类似,只是光隔离器为双端口器件,而光环行器为多端口器件,常用的有三端口和四端口,可用于单纤双向光通信、光纤传感探测和光学色散补偿等领域,如图 5.2.6 所示.

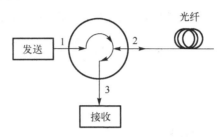

图 5.2.6 光环行器工作原理示意图

光隔离器与光环行器均要求器件的工作通道插入损耗小,隔离通道的隔离度要高.作为拓展实验,要求同学自行调研学习光环行器的工作原理和应用,制订实验方案,对给定的光环行器进行检测并给出测试报告.

八、思考题

(1)法拉第磁光效应与克尔磁光效应的差异及其应用.

(2)光隔离器的工作原理.

(3)如果采用图 5.2.4 所示的方案制作光隔离器,理论上其 P.D.L 应该会是多大?比较与图 5.2.2 的差异.

(4)简述光环行器的结构和工作原理(选做).

九、参考文献

李玲,黄永清. 1999. 光纤通信基础. 北京:国防工业出版社.

林学煌,等. 1998. 光无源器件. 北京:人民邮电出版社.

吴福全,李国华,封太忠,等. 1995. 小型与偏振无关光隔离器的性能研究. 曲阜师范大学学报,21(4):51-54.

5.3 光时域反射仪实验

一、实验目的

学习掌握光时域反射仪(OTDR)的使用,并能准确测量光纤相关参数.

二、实验要求

(1)了解光时域反射仪工作原理,熟悉光时域反射仪操作规程.

（2）学习测量光纤长度、光纤损耗系数、光纤故障点和连接器插入损耗等.

（3）探索分析影响测量准确度的各种因素.

三、实验原理

光纤通信技术的发展日新月异，随之而来的是光纤测量仪器的迅速发展. 其中，OTDR 是最有价值的一种光纤测量仪器. OTDR 可测量的主要参数包括：①光纤长度和故障点的位置；②光纤的衰减和衰减分布情况；③光纤的接头位置和损耗；④光纤全回损等.

OTDR 的基本原理由巴尔诺斯基（Barnoski）博士于 1977 年首先提出. 当激光被注入光纤时，光纤本身会不断地对激光产生瑞利散射. 通过测量分析沿着光纤后向散射回来的背向散射光，可以得到沿光纤长度分布的衰减曲线. 图 5.3.1 所示是 OTDR 的工作原理图，由激光器发出的光脉冲经过光环行器耦合注入到待测光纤，光纤的背向散射信号经过光环行器的第三端口出射，被光电检测器接收并经过放大处理后得到沿光纤长度分布的功率曲线. 实际上探测器接收到的光能量可以分为两种类型：一种是瑞利散射光；另一种是光纤断面或连接面的菲涅耳反射光.

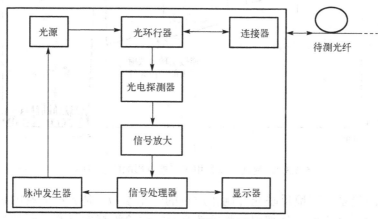

图 5.3.1　OTDR 的工作原理图

瑞利散射：它是由光纤材料的随机密度涨落导致的折射率波动引起的. 瑞利散射光强和入射光波长的四次方成反比，一般比入射光功率低四个数量级. 在单模光纤通信的两个低损耗传输窗口 1310 nm 和 1550 nm 波段，光纤损耗的主要来源是光纤材料对光的瑞利散射，引起的损耗系数分别约为 0.35 dB/km 和 0.2 dB/km.

菲涅耳反射：当光入射到折射率不同的两个介质分界面时，一部分光会被反射，这种现象称为菲涅耳反射. 在光纤和空气界面，如果按光纤折射率约为 1.47，空气折射率为 1 来计算，菲涅耳反射光大约占入射光功率的 3.6%. 光纤端面/断面以及连接器接点处都会产生菲涅耳反射，因为菲涅耳反射信号通常比瑞利散射信号高几个数量级，菲涅耳反射信号在测试曲线上会表现为一个较强的反射峰.

图 5.3.2 是利用 OTDR 测量得到的衰减曲线和相应连接点影响的示意图，通过分析测试曲线，可以知道光纤对光信号的衰减程度、光纤中的连接点和断点的位置，以及光纤弯曲和受压过大的情况. 实际的情况并不会那么明显，所以，在测量中需要认真检查和分析曲线数据.

光纤长度的测量是以激光进入光纤到它遇到故障点反射回OTDR的时间间隔来计量的. 通过记录发出脉冲和接收到反射光的时间差, 根据

$$d = \frac{c \cdot t}{2n} \qquad (5\text{-}3\text{-}1)$$

就可以计算出光纤长度. 因此, 正确设定光纤纤芯对所传输光波长的折射率 n 对长度测量结果的准确性十分关键.

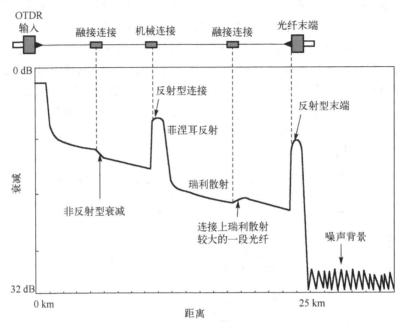

图 5.3.2 衰减曲线和相应连接点影响的示意图

光纤的衰减量是客观地反映光纤制作质量的一个参数, 是光纤固有的损耗, 它代表光在光纤中传输光功率的损耗情况. 光纤每千米的传输损耗定义为光纤的损耗系数, 相同条件下, 应选用损耗系数小的光纤, 可传输更远的距离. 光纤中的衰减还包括光纤接头、连接器、光纤弯曲断裂等引起的损耗, 在实际维护中应尽量减少这些损耗. 衰减测试有两点法和五点法. 前者适合于图线的线性较好、噪声较小的情况, 在测整条光纤或某两点间的衰减值时一般也采用此方式. 后者适用于光纤的一致性较差、噪声较大的情况, 测量接头损耗和连接器等反射引起的损耗也常用此方法, 由于这种方法基于数学上的求偏差的理论, 所以其测量精度较高. 在要求不太严格的情况下, 也可直接从事件表中读出各接点衰减值的大小.

有的 OTDR 还具有回损和全回损的测试功能, 全回损用全部反射光的能量和入射光能量的比值的对数来表示, 而回损测试的原理与全回损有所不同.

四、实验装置及仪器

所需实验仪器为横河 AQ7270 OTDR、待测光纤、擦镜纸、光纤端面放大镜. 图 5.3.3 是横河 AQ7270 OTDR 仪器面板.

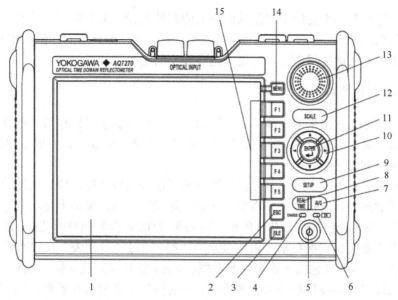

图 5.3.3　横河 AQ7270 OTDR 仪器面板

1. LCD 显示屏；2. ESC 键；3. FILE 键；4. 充电指示灯；5. 电源开关；6. 电源指示灯；
7. AVERAGE 平均测量；8. REAL TIME 实时测量；9. SETUP 键；10. 方向键；
11. ENTER 键；12. SCALE 键；13. 旋钮；14. MENU 键；15. 软键

五、实验内容

在实验前，学生必须认真阅读仪器使用手册和实验台上的操作指南，并做好笔记.

1. 基本参数设置

用干净镜头纸擦净待测光纤连接器端面，小心插入 OTDR/光纤接口（FC/PC 适配器），对准卡位. 开机时仪器会进行自检，自检通过后进入测试界面.

一次有效的测量必须正确设置测量参数，如光源脉宽、长度范围和光源波长等. 为了提高测量的精确度，应根据被测光纤的长度设置合适的长度范围和脉冲宽度，距离一般选被测纤长的 1.5 倍，使曲线占满屏的 2/3 为宜. 脉冲宽度直接影响着 OTDR 的动态范围，随着被测光纤长度的增加，脉冲宽度也应逐渐加大，脉宽越大，功率越大，可测的距离越长，但分辨率变低. 脉宽越窄，分辨率越高，测量也就越精确. 一般根据所测纤长，选择一个适当大小的脉冲宽度，通常是试测两次后，确定一个最佳值. 不同波长的光在光纤中的传输特性是不一样的，必须针对光纤的用途设置好光源波长. 不同测量长度范围的设置会影响到光源的脉宽和脉冲间隔，如果设置的长度范围比光纤实际的长度短，光纤中就会同时存在两个或多个光脉冲，使测试曲线出现"鬼影". 要得到正确的测量结果，还要设置准确的光纤折射率等参数.

利用 OTDR 进行光纤线路的测试一般有三种方式：自动方式、手动方式、实时方式. 当需要概览整条线路的状况时，采用自动方式，它只需要设置折射率、波长等最基本的参数，其他参数由仪表在测试中自动设定，按下自动测试键，整条曲线和事件表都会被显示，测试时间短、速度快、操作简单，宜在查找故障的段落和部位时使用. 手动方式需要对几个主要的参数进行设置,主要用于对测试曲线上的事件进行详细分析,一般通过变换、移动游标,放大曲线的某一部分对事件进行准确定位,提高测试的分辨率,增加测试的精度. 实时方式是对曲线不断地扫描刷新,实现对光纤线路的实时监测.

2. 光纤长度和损耗测量

OTDR 横坐标显示出来的距离是从机器上光纤连接器的接口处作为"零点"算起的,仪器出厂前需要对此进行校准. 纵轴上的损耗是对应距离处的损耗,一般以单位 dB 表示,而不是仪器测量到的光强.

在自动测量模式下,OTDR 首先自动检查光纤接头连接情况,检查通过后就自动选择一个相对合适的测量长度范围、分辨率和脉宽,测试完成后,屏幕上显示出光纤的长度和总损耗,这是对待测光纤做一个初步的概览的结果. OTDR 有智能分析功能,能够根据测量得到的返回光能量突变情况自动分析连接点的情况. 通过"事件表"按钮查看光纤各个连接点的测量结果. 事件表包括了连接点的类型、位置、损耗和回波损耗. 选择"查看曲线"按钮可查看光纤损耗曲线(图 5.3.4). 光纤每千米的损耗定义为衰减系数,表现为 OTDR 测试曲线的斜率. 实验中需要正确设定光纤的群折射率,否则会导致测量误差. 一般情况下,对于 1310 nm 波长,折射率为 1.4677,对于 1550 nm 波长,折射率为 1.4682.

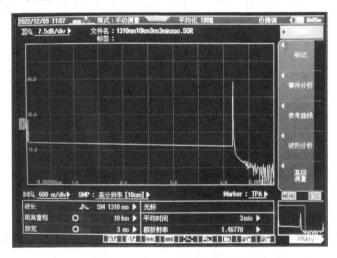

图 5.3.4 OTDR 测试曲线实例

一般地,机器所选择的测量长度范围、分辨率和脉宽并非最合适,如果需要精确地进行故障定位和损耗分析,需要手动调整一些测量参数.

3. 故障定位和接点损耗测量

假如 OTDR 不能正确分析出连接点的情况,可以手动测量和分析. 针对不同的测量对象和测量目的,可以更改激光脉宽达到不同的测量动态范围和分辨率. 在手动方式下按"查看曲线"按钮可以查看光纤损耗曲线,定位事件位置,分析连接损耗. 分析连接损耗有"TPA 两点法"和"最小平方近似(LSA)法",后者相对于前者增加了软件辅助确定事件的始末.

在损耗测量中，应该避免菲涅耳反射峰的影响，否则会导致测量偏差. 测量的噪声会导致测量误差，实验中可以通过增大测量的平均时间或平均次数的方式，减小噪声影响.

OTDR 仪器界面设计便于操作，上手快，但要真正掌握并非易事，需要多操作多练习，并认真阅读相关的仪器资料，才能使用好仪器，达到它应有的精度.

4. 拓展实验内容

将光纤末端浸入纯净水中或加折射率匹配块，观察末端菲涅耳的反射情况.

在附加光纤和待测光纤之间加入一个衰减器，用 OTDR 测量其衰减量，并与标称值对比.

六、实验报告要求

本实验主要是让学生理解 OTDR 的工作原理并进行实际的操作，熟悉操作程序并学习分析 OTDR 测试曲线. 仪器有许多功能，学生要尽量了解与熟悉. 实验报告要求写明实验目的、实验原理、实验用具及装置图、实验步骤；在实际操作过程中认真记录实验现象，并回答思考题. 此外，实验报告中必须包括以下内容.

(1) 先用自动方式对待测光纤做初步测量. 初步确定待测光纤长度、光纤总损耗和损耗系数，分析测量误差（1310 nm 和 1550 nm 两个波长都要测量和分析）.

(2) 在手动测量方式下，选用两种脉宽（3 ns 和 100 ns）分别测量，对比两次测量的异同，分析脉宽选择对测量的影响. 如有时间，还可以选用其他脉宽进行测量.

(3) 精确测定附加光纤和待测光纤相连处的连接器位置，测量连接器损耗（注：选用 TPA 两点法进行分析）.

(4) 认真记录实验过程，熟悉仪器操作方法，通过实际测量经验，重温并细化理解 OTDR 工作原理和相关技术.

(5) 测量结果存盘拷贝，利用仿真软件对数据进行处理后保存长度测量图和连接器定位图.

七、思考题

(1) 思考 OTDR 的工作原理，说明主要部件的作用.

(2) 思考菲涅耳反射与瑞利散射的差异及产生的机理，并简述在实验中如何区分这两种效应.

(3) 分析参数设定对测量结果的影响，说明有哪些参数是比较关键的.

(4) 思考利用 OTDR 测量光纤长度时的误差来源，分析影响测量分辨率的因素.

八、参考文献

蔡志岗, 靳珂, 李伟良, 等. 2002. 光时域反射仪(OTDR)的研制. 半导体光电, 23(1): 48-50.

李玲, 黄永清. 1999. 光纤通信基础. 北京: 国防工业出版社.

日本横河机电株式会社. 2013. AQ7270 系列 OTDR 操作手册. 东京: 日本横河机电株式会社.

5.4 光纤熔接实验

一、实验目的

学习操作光纤熔接机，能够高质量地完成光纤熔接实验.

二、实验要求

(1) 了解光纤光缆的结构和工作原理.
(2) 学习光纤切割刀、光纤熔接机的结构和工作原理，熟悉其操作程序和规范.
(3) 对熔接效果进行评判和检测，探索分析影响光纤熔接的各种因素.

三、实验原理

光在光纤中传输时会产生损耗，这种损耗主要包括光纤自身的传输损耗和光纤接头处的熔接损耗. 光纤接头处的熔接损耗则与光纤本身及现场施工有关. 影响光纤熔接损耗的因素较多，大体可分为光纤本征因素和非本征因素两类.

(1) 光纤本征因素是指光纤自身因素，主要有四点：①光纤模场直径不一致；②两根光纤芯径失配；③纤芯截面不圆；④纤芯与包层同心度不佳. 其中光纤模场直径不一致影响最大，按国际电报电话咨询委员会建议，单模光纤的容限标准如下.

模场直径：$9\sim10\ \mu m\,(\pm10\%)$，即容限约$\pm1\ \mu m$；

包层直径：$(125\pm3)\ \mu m$；

模场同心度误差$\leq6\%$，包层不圆度$\leq2\%$.

(2) 影响光纤接续损耗的光纤非本征因素即接续技术，主要包括光纤的对准情况、端面质量和光纤物理变形等，如图 5.4.1 所示是影响光纤对准的三种因素，即轴心位错、轴心倾斜和端面分离.

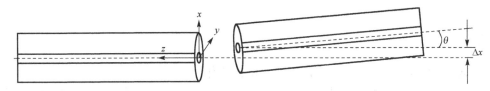

图 5.4.1 光纤的对准

①轴心错位：单模光纤纤芯很细，两根对接光纤轴心错位会影响接续损耗. 当错位 $1.2\ \mu m$ 时，接续损耗达 $0.5\ dB$.

②轴心倾斜：当光纤端面倾斜 $1°$ 时，约产生 $0.6\ dB$ 的接续损耗，如果要求接续损耗 $\leq0.1\ dB$，则单模光纤的倾角应 $\leq0.3°$.

③端面分离：活动连接器如果连接不好，很容易产生端面分离，造成较大的连接损耗. 当熔接机放电电压较低时，也容易产生端面分离，此情况一般在有拉力测试功能的熔接机中可以发现.

④端面质量：光纤端面的平整度差或清洁度不佳也会导致损耗甚至产生气泡.

⑤接续点附近光纤物理变形：光缆在架设过程中的拉伸变形以及接续盒中光缆夹固压力太大等都会对接续损耗有影响，甚至熔接几次都不能得到改善.

另外，光纤接续人员操作水平、操作步骤、盘纤工艺水平、熔接机中电极清洁程度、熔接参数设置、工作环境清洁程度等均会影响到熔接损耗的值.

用熔接法制作固定接头，在实际应用中最普遍，是光纤通信干线中光纤固定连接的主要方法. 它用加热的方法将光纤熔融结合在一起，熔接机自动操作，能够保证连接的插入损耗很小，反向反射光接近零，得到非常好的固定接头. 加热和熔化光纤的方法有三种：第一种是电弧熔接，它用电极高压放电的方法加热光纤，使之熔融连接，电弧放电和光纤的对准采用微机控制以实现自动化作业；第二种是氢焰熔接，用于一些特殊的场合，如海底光缆的熔接，其特点是接头强度高，但火焰的控制较为困难；第三种是激光熔接，采用 CO_2 激光加热熔接光纤，其特点是加热环境非常洁净，接头强度高，但设备昂贵.

四、实验装置及仪器

实验中使用的仪器与工具包括：光纤熔接机、光纤剥线钳、光纤切割刀、剪刀、光纤、酒精、清洁纸等.

实验中使用的住友 Type-81C 光纤熔接机为便携式一体化的低损耗光纤熔接工具，其采用的是电弧熔接法. 如图 5.4.2 所示，仪器主要包括四个部分：光纤的准直与夹紧机构、光纤的对准机构、电弧放电机构、电弧放电和电机驱动的控制机构. 通过阅读仪器说明书，对照仪器观察了解熔接机各部分构成和工作原理.

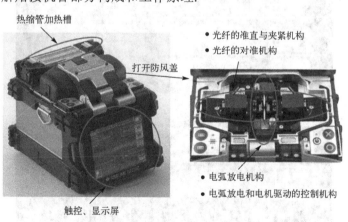

图 5.4.2　熔接机的结构组成

注意：放电电极和光纤准直与对准部件非常精密，是熔接机的核心部分，在实验过程中，严禁用手触摸或者清洁(必须由专业人员进行清洁)；头部和熔接机要保持一定距离，防止呼气和飞沫污染熔接机.

光纤剥线钳和光纤切割刀如图 5.4.3 所示，其用以去除光纤被覆、清洁光纤表面碎屑、切割光纤，以得到干净平整的光纤端面.

注意：光纤切割刀是精密仪器，是保证获得优质光纤端面的关键，必须认真学习和使用. 要认真观看实验视频资料，听取指导教师的讲解和演示后才能独立操作，注意操作步骤和规范.

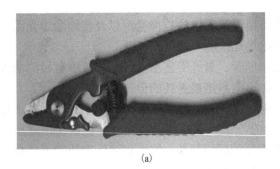

(a)   (b)

图 5.4.3　光纤剥线钳(a)和光纤切割刀(b)

五、实验内容

1. 接通电源后开机

打开箱子取出熔接机,将其放置于坚硬的水平工作台上. 打开盖子,竖起 LCD 显示屏. 将电源线连接至机身右侧的电源插孔,将开关置于 AC 位置. 熔接机启动完毕后,屏幕显示如图 5.4.4 所示的"熔接条件"菜单. 光纤熔接机必须在指导教师监督下使用,注意操作步骤和规范.

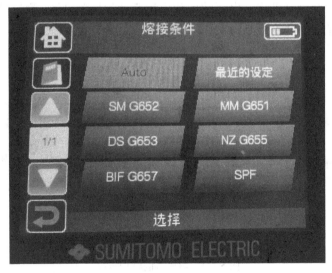

图 5.4.4　住友 Type-81 C 光纤熔接机操作界面

2. 检查/设定熔接条件

光纤熔接机接通后,屏幕显示含有当前设定的"熔接条件"菜单,一般设定为"Auto",即自动识别光纤类型和设定熔接条件. 如果已知光纤类型,也可以直接选择,例如单模 SM G652、多模 MM G651、色散位移 DS G653 等. 还可以查看菜单了解光纤类型及其熔接条件.

每次使用前应使光纤熔接机在熔接环境中放置至少 15 min,特别是在其存放与使用环境差别较大的地方(如冬天的室内与室外)，根据当时的气压、温度、湿度等环境情况，重新设置光纤熔接机的放电电压及放电位置，以及使 V 形槽驱动器复位等.

3. 将热保护套管穿入需熔接的光纤

请确认在光纤剥线及切割之前，将热保护套管套在其中一根需要熔接的光纤上.

4. 去除光纤被覆

用光纤剥线钳一次性剥除 20～30 mm 长的光纤被覆. 剥除时，光纤保持平直，禁止用力弯曲光纤或者把光纤缠绕在手指上.

5. 清洁裸光纤

用蘸有酒精的清洁纸清洁光纤侧面，去除光纤表面的被覆残留. 两次湿擦，两次干擦.

6. 切割光纤

用光纤切割刀切断光纤，得到洁净、平整的光纤端面. 一般建议切断长为 14～16 mm、光纤切断后，不能再触摸或擦拭光纤，以防沾染灰尘. 练习过程中，可以在显微镜下观察光纤端头的情况，对比切割前后的端头. 多次练习以熟练掌握光纤切割的技巧，拍摄切割好的光纤端面，将照片存盘.

7. 放置光纤

光纤熔接机的参数调整完毕、光纤端面处理好后，需要将处理好的光纤放置于光纤熔接机的 V 形槽中. 打开防风盖，找到位于光纤熔接机中间位置的 V 形槽和光纤夹. 首先将光纤夹顶钮向后推，松开光纤夹. 打开光纤夹可同时抬起裸光纤夹和包层光纤夹. 将光纤放入 V 形槽中，使光纤端面悬伸至熔接部位上方，光纤端面应大致位于 V 形槽和电极之间空隙的中间位置. 包层末端应和光纤熔接机上的切断长标记对准(注意: 放置过程中请勿将光纤端面触及任何部位，以免弄脏或损坏光纤端面). 轻轻将光纤夹压片压下，使得光纤包层夹压紧光纤包层. 然后放下裸光纤夹，使光纤嵌入 V 形槽中. 以相同方法处理另一根光纤. 关闭防风盖，并确认光纤从防风盖两侧缺口中伸出.

8. 按 SET 按钮或 START 按钮开始自动熔接

在自动方式下，光纤熔接机会依次显示以下信息:
- 光纤端面间距调整;
- 聚焦;
- 瞬间电弧放电清除灰尘;
- 光纤端面检查;
- x、y 画面互换;
- 在 x 和 y 画面下对准光纤纤芯或光纤外径;
- 电弧放电，高温熔化光纤端面;
- 检查 x 和 y 画面中的熔接结果;
- 推定熔接损耗.

熔接过程监控图像如图 5.4.5 所示，熔接过程非常快速，用手机可以拍摄熔接过程画面，记录熔接过程.

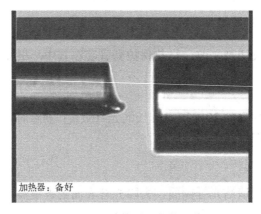

图 5.4.5　熔接过程监控图像

9. 检查熔接结果，推定熔接损耗

熔接完成时，会显示熔接损耗，要记录下来，若熔接结果良好，屏幕显示"请开防风盖"，并提示是否保存结果，请选择保存，输入年份和组号. 实验中有可能出现推定熔接损耗为 0.00 dB 的情况，因为推定精度为 1%，但实际的损耗并不为零，只是说明损耗已经非常小，一般单模光纤熔接损耗已经可以控制在 0.02 dB 以内.

10. 加热补强

小心取出熔接好的光纤，移动热保护套管使熔接点位于其中心位置，并将它们一起放入顶盖前部的加热器中央. 按 HEATER SET 键，光纤熔接机进入加热循环，收缩热保护套管，形成对光纤接点的稳固保护. HEATER SET 键上的绿色 LED 指示灯表示加热器正在工作，如需取消加热，请再按 HEATER SET 键.

11. 取出熔接和加热补强完毕的光纤

约 90 s 后，光纤熔接机蜂鸣器提示加热补强完成. 由于加热器加热过程中可能达到 200℃以上，所以刚刚加热完毕的套管会粘在加热器上，打开加热器盖板后，要待套管冷却，再小心取出光纤，谨防烫伤.

12. 可视红光检查

利用裸纤转接器将熔接好的光纤一端接上可视红光故障定位仪，观察熔接点是否漏光，以及光纤的输出光斑模式.

13. 光纤熔接考核

计时完成三对裸光纤接头的处理和熔接，熔接完成后光路接通并即时点亮指示灯. 8 min 内完成为良好，6 min 内完成为满分.

六、使用光纤熔接机的注意事项

开始实验前，先洗净双手并擦干. 实验中，如果弄脏双手或者手汗太多，都应该将手清洁后再继续实验，并注意以下事项.

(1) 为保证低损耗、高强度的熔接，请在熔接准备时先将光纤清洁干净，并尽可能精确地切断光纤.

(2) 光纤熔接机是精密仪器，为获得良好的接续效果，请在清洁的环境中小心使用. 温度和湿度条件对于熔接质量的稳定十分重要.

(3) 保证光纤熔接机和光纤切割刀周围清洁整齐. 小心使用光纤，因为光纤极易刺破皮肤并折断. 切断光纤时，请勿随处丢弃碎纤，要集中放置，实验后，将其小心收集并丢弃到废纤盒.

(4) 在熔接作业开始前应进行放电实验(初学者勿试！)，以确保放电条件适合施工现场环境. 放电实验能自动调节因光纤不同、环境变化及电极劣化而产生的放电条件差异.

(5) 光纤熔接机应远离易燃易爆气体. 请按要求进行各项实验、清洁及通风操作.

七、思考题

(1) 了解光缆的结构及其相应尺寸：纤芯、包层、涂覆层、外套管、加强丝等.
(2) 什么因素可能影响光纤的接续损耗？如何减小熔接损耗？
(3) 了解光纤接续的各种方法(光纤熔接法、V 形槽法、毛细管法、套管法等)及其特点.
(4) 掌握光纤熔接机的基本工作原理.

八、参考文献

李玲，黄永清. 1999. 光纤通信基础. 北京：国防工业出版社.

林学煌, 等. 1998. 光无源器件. 北京：人民邮电出版社.

住友电气工业株式会社. 2001. ETK9724098Type-36 光纤熔接机操作手册. 大阪：住友电气工业株式会社.

住友电气工业株式会社. 2014. 纤芯直视型光纤熔接机 TYPE-81C 使用说明书. 大阪：住友电气工业株式会社.

5.5　光纤连接器的制作与测试实验

一、实验目的

了解光纤连接器的结构和功能，学习光纤连接器的制作和测试.

二、实验要求

学习 FC/PC 型光纤连接器的制作流程和规范，测试评估接头质量.

三、实验原理

光纤连接器也称光纤活动接头，是光纤与光纤之间进行可重复性活动连接的器件，它把光纤的两个端面精密对接起来，以使发射光纤输出的光能量最大限度地耦合到接收光纤中去. 光纤连接器的主要用途是实现光纤的低损耗、可重复性连接，其广泛应用在光纤通信和光纤传感系统中. 光纤连接器种类众多，结构各异，但各种类型的光纤连接器的基本结构却是一致的，即绝大多数的光纤连接器都采用高精密组件(由两个插针和一个耦合管共三个部分组成)实现光纤的精密对准连接.

如图 5.5.1 所示，光纤连接器按连接头结构形式可分为 FC(ferrule connector)、LC(lucent connector)、SC(subscriber connector)、ST(straight tip)等很多类型，按光纤端面形状分 PC(physical contact)和 APC(angled physical contact)型. 本实验所用的 FC/PC 型光纤连接器最早是由日本电报电话公司(NTT)研制的. 其外部加强采用金属套，紧固方式为螺丝扣，光纤插芯对接端面为呈球面的物理接触，插入损耗≤0.3 dB，回波损耗≥50 dB. 本实验重点研究 FC/PC 型光纤连接器的结构、组装、研磨抛光及测试应用.

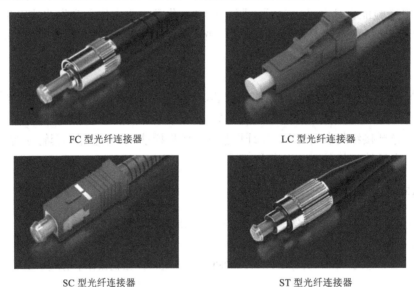

FC 型光纤连接器   LC 型光纤连接器

SC 型光纤连接器   ST 型光纤连接器

图 5.5.1   几种类型的光纤连接器

四、实验装置及仪器

FC/PC 型光纤连接器散件两套、研磨盘、玻璃研磨垫、抛光砂、抛光液、水、牙签、环氧胶、加热固化炉、多模 62.5 μm/125 μm 光纤 2 m、光纤剥线钳、光纤端面放大镜、通信用红外光源、光功率计、红光故障定位仪、擦镜纸等.

五、实验内容

1. 组装连接器配件，并黏胶固化

(1)按照图 5.5.2 的配件顺序组装两套连接器散件成为两个两接头.

(2)将环氧树脂胶的中心夹子取下，使得两侧的环氧树脂和催化剂充分混合，剪开包装的一角挤出环氧胶备用.

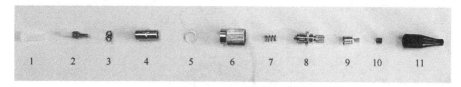

图 5.5.2 FC/PC 型光纤连接器的配件和装配顺序

(3)用光纤剥线钳剥除光纤两头的涂覆层大概 1 cm，用牙签蘸取少量环氧胶涂抹到剥除涂覆层的光纤外表面.

(4)把光纤头插入到已经组装好的连接器的光纤插针内，轻微转动连接器有助于光纤穿过陶瓷插芯精密的孔内，使环氧胶充满陶瓷插芯内部，光纤头微微突出陶瓷插芯外面 1 mm 以内.

(5)将组装好的光纤接头放入加热固化炉，温度 100℃，加热 5 min，使环氧胶充分凝固，稳固光纤.

2. 连接器端面研磨抛光

(1)一套研磨砂纸包括灰色、蓝色、紫色、白色四种，研磨砂纸由粗到细粒径依次为 60 μm、9 μm、1 μm 和 0.3 μm，如图 5.5.3(a)所示. 先将最粗的 60 μm 粒径的研磨砂纸放在玻璃研磨垫上，可以先加几滴水在玻璃上，用表面张力将研磨砂纸固定在适当的位置，将固化好的连接器插针装入光纤研磨盘，如图 5.5.3(b)所示.

(2)滴几滴研磨液(也可以用水代替)到研磨砂纸上，放上研磨盘，轻微施加一点点压力，单方向去胶和粗磨，直至研磨盘的盘面和研磨砂纸可以紧密接触，粗磨需要 20～30 次，直至环氧树脂和凸出部分的光纤等多余材料都被磨掉.

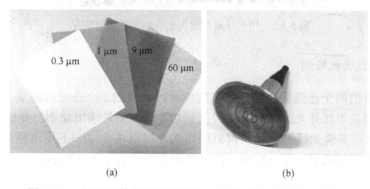

(a)   (b)

图 5.5.3 (a)不同粒径的研磨砂纸；(b)光纤连接头装入研磨盘

(3)用水冲洗研磨盘和连接器插芯并擦干. 这是十分重要的一步，它能防止砂粒和环氧胶等大大小小颗粒的污染，务必在后续研磨和抛光的每一步重复这个步骤.

(4)换用 9 μm 粒径的研磨砂纸进行中间抛光. 持续滴入研磨液，保持研磨砂纸润滑，并按照图 5.5.4 所示的 8 字运动方式研磨. 不要忘记用水彻底清洗，冲洗掉脱落的砂粒和环氧胶等污染物.

(5)依次使用 1 μm 和 0.3 μm 粒径的研磨砂纸，重复步骤(4)的方式，对端面进行精细抛光. 在每步之间记得用水冲洗和清洁连接器.

图 5.5.4　使用 8 字运动方式抛光光纤端面

(6)用光纤端面放大镜或另外的高倍显微镜检查抛光过的光纤端面(注意甩掉连接头里面的水分，并用擦镜纸擦干)，判断光纤端面是否足够光滑，应确保没有明显的划痕和缺陷．如果从另一侧用光源照射光纤，应能看到连接头的纤芯部位有比较亮的光出射，如图 5.5.5 所示．如果达不到要求，可以重复步骤(5)．

图 5.5.5　用光纤端面放大镜观察光纤端面情况

3．光纤跳线通光检测

当一根光纤的两个连接头表面都抛光完成后，就得到了一条光纤跳线．可以从光纤跳线的一头接入通信用红外光源，另一头接上光功率计，测量输出功率，并计算连接器的插入损耗．如果你用多模光纤可以做出很好的接头，可以再尝试一下用单模光纤来做．对单模光纤跳线插入损耗要求小于 0.5 dB，而对多模光纤要求小于 0.2 dB．

六、思考题

(1)光纤的连接和电线的焊接要求有什么不同？
(2)你对连接器制作流程有什么改进或优化的建议？

七、参考文献

Barnoski M K. 1981. Fundamentals of optical fiber communications. 2 nd ed. New York: Academic Press.

Newport corporation. 2001. Projects in fiber optics applications handbook. Irvine: Newport corporation.

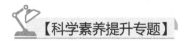
【科学素养提升专题】

光纤通信之父

　　高锟(Charles Kuen Kao，1933～2018)，生于江苏省金山县(今上海市金山区)，华裔物理学家、教育家，光纤通信、电机工程专家，被誉为"光纤之父""光纤通信之父"．

　　1966 年，高锟发表了题为"光频率介质纤维表面波导"的论文，开创性地提出了光导纤维在通信上应用的基本原理，描述了长程及高信息量光通信所需绝缘性纤维的结构和材料特性．在论文中，高锟明确提出，利用石英基玻璃纤维，可进行长距离及高信息量的信息传送；当玻璃纤维的衰减率下降到 20 dB/km 时，光纤通信即告成功．简单地说，只要解决好玻璃纯度和成分等问题，就能够利用玻璃制作光学纤维，实现高效的信息传输．这一设想提出之后，有人觉得匪夷所思，也有人对此大加褒扬．就在这场争论中，高锟的设想逐步变成了现实．1970 年，美国康宁公司利用管外气相沉积法(outside vapour deposition，OVD)，使用掺钛纤芯和硅包层，成功制造出了损耗为 17 dB/km 的光纤，这标志着正式开启了光通信时代．高锟还开发了实现光纤通信所需的辅助性子系统．他在单模纤维的构造、纤维的强度和耐久性、纤维连接器和耦合器以及扩散均衡特性等多个领域都做了大量的研究工作．1976 年，第一条传输速率为 44.7 Mbit/s 的光纤通信系统在美国亚特兰大的地下管道中建成，1979 年，日本电报电话公司(Nippon Telegraph and Telephone Corporation，NTT)研制出了 0.2 dB/km 的极低损耗石英光纤，到了 20 世纪 80 年代，光纤已经全面进入商业化阶段，全球各地都开始兴建商用光纤通信系统，高锟"光纤通信之父"的美誉传遍世界．高锟因在光通信光纤传输方面取得突破性成就，获得 2009 年诺贝尔物理学奖．高锟对人类的贡献是革命性的，因为光纤改变的不仅仅是通信方式，更重要的是它改变了人类的生活，没有光纤就没有互联网、移动通信，就没有社交网站、自媒体……

光通信简史

第6章 光纤光学

6.1 光纤数值孔径测量实验

一、实验目的

掌握光纤数值孔径的原理定义和实验测量方法.

二、实验要求

(1) 了解光纤结构参数，学习光纤端面处理方法.

(2) 了解数值孔径的物理意义和实验测量方法，采用平面波发射接收法测量光纤数值孔径.

三、实验原理

1. 光纤结构参数

光纤的结构如图 6.1.1 所示，由半径为 a、折射率为 n_{core} 的纤芯和外径为 d、折射率为 n_{cl} 的包层构成. 对通信用单模光纤来说，典型的芯径是 4~8 μm，对通信用多模光纤来说，芯径是 50~100 μm，功率传输中使用的大芯径光纤芯径达到 200~1000 μm. 通信光纤的外径一般在 125~140 μm，有些单模光纤的外径小至 80 μm. 通信用光纤的纤芯和包层由高纯度石英组成，通过在纤芯或包层中掺杂，使纤芯折射率略高于包层折射率，形成波导结构. 包层外面是涂覆层，通常是有机聚合物，用于增强光纤的韧性；再外面是各种级别的

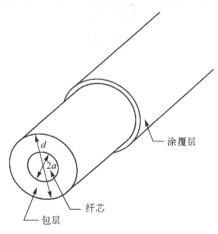

图 6.1.1 光纤结构

保护套层，用于增强光纤的机械性能(如抗弯折、防断裂等). 光纤除用于通信外，还可用于光学传感、传导图像和传送能量，根据功能不同，所用光纤材料和结构参数也不同. 本实验中使用的光纤为石英光纤，纤芯直径为 100 μm，包层外径为 140 μm，厂商给出的光纤数值孔径为 0.3.

2. 光纤的数值孔径

数值孔径(NA)是光学系统收集光的能力的度量标准，这个光学系统可能是光纤、显微镜物镜或摄影镜头等. 数值孔径定义为入射介质的折射率和最大入射角正弦的乘积

$$\text{NA} = n_i \sin\theta_{\max} \tag{6-1-1}$$

设光纤纤芯和包层之间的相对折射率差为

$$\Delta = (n_{\text{core}} - n_{\text{cl}}) / n_{\text{core}} \tag{6-1-2}$$

光线在纤芯和包层界面发生全反射的临界角决定了具有相对折射率差 Δ 的光纤所能接收的光锥尺寸. 如图 6.1.2 所示，光线以临界角 θ_{crit} 入射到纤芯-包层界面，如果入射光锥角为 θ_c， 根据斯涅尔定律

$$
\begin{aligned}
n_i \sin\theta_c &= n_{\text{core}} \sin\theta_t \\
&= n_{\text{core}} \sin(90° - \theta_{\text{crit}}) \\
&= n_{\text{core}} \cos\theta_{\text{crit}} \\
&= n_{\text{core}} \sqrt{1 - \sin^2\theta_{\text{crit}}}
\end{aligned}
$$

而 $\sin\theta_{\text{crit}} = n_{\text{cl}} / n_{\text{core}}$， 因此

$$n_i \sin\theta_c = \sqrt{n_{\text{core}}^2 - n_{\text{cl}}^2} \tag{6-1-3}$$

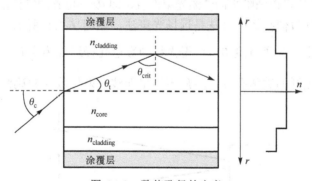

图 6.1.2　数值孔径的定义

大多数情况下，光是从空气中入射，$n_i = 1$，此时阶跃光纤的数值孔径由方程(6-1-1)和方程(6-1-3)得到

$$\text{NA} = \sqrt{n_{\text{core}}^2 - n_{\text{cl}}^2} \tag{6-1-4}$$

当 $\Delta \ll 1$ 时，满足弱导近似，方程(6-1-4)可近似为

$$
\begin{aligned}
\text{NA} &= \sqrt{(n_{\text{core}} + n_{\text{cl}})(n_{\text{core}} - n_{\text{cl}})} = \sqrt{(2n_{\text{core}})(n_{\text{core}}\Delta)} \\
&= n_{\text{core}} \sqrt{2\Delta}
\end{aligned} \tag{6-1-5}
$$

典型的多模通信光纤 $\Delta \approx 0.01$，即 $\Delta \ll 1$，是符合弱导近似的，对石英光纤，n_{core} 近似为 1.468，根据方程(6-1-5)，估算其数值孔径约为 0.21，对应图 6.1.2 中最大入射角约为 $11.5°$，全锥角约为 $23°$. 一般通信用单模光纤的数值孔径约为 0.12，多模光纤的为 0.2～0.3.

3. 光纤数值孔径的测量方法

图 6.1.3 是平面波发射接收法测量光纤数值孔径的示意图. 从激光器发出的光近似为沿 z 方向传播的平面波，激光束的宽度约为 1 mm，这比光纤芯径 100 μm 大很多. 当平面波入射在光纤端面时，可以保证所有发射到光纤中的光有同样的入射角 θ_c. 如果光纤端面绕着图 6.1.3 中的 O 点旋转，我们可以测量到光纤所接收光的量随入射角 θ_c 的变化，接收的光量降到特定值的位置用于确定最大接收角.

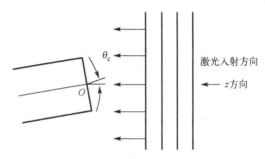

图 6.1.3　平面波发射接收法测量光纤数值孔径的示意图

美国电子工业协会采用接收光功率降低到峰值功率的 5%所对应的接收角作为实验上确定数值孔径的最大入射角，选定 5%强度点是用于鉴别背景噪声所需功率水平的折中方法. 注意，光功率辐射水平测量是对光纤正、反方向转动进行的，NA 是由两个 5%强度点之间全角的一半来确定的，这样可以消除平面波激光束准直，即 $\theta_c=0$ 位置的定位偏差.

另一种测量光纤数值孔径的方法是远场光斑法，如图 6.1.4 所示，测量光纤出射光传输 L 距离后在卡片上的光斑宽度 W，可得光纤的数值孔径近似为 $\frac{1}{2}W/L$. 实验前可以先用这个方法近似粗测光纤的数值孔径，然后再用平面波发射接收法精确测量.

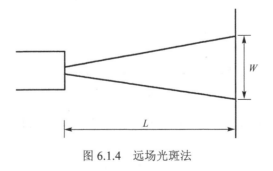

图 6.1.4　远场光斑法

四、实验装置及仪器

He-Ne 激光器及其支架、带刻度转盘、光纤调节架和光纤夹具、光纤剥线钳、光纤切割刀、100 μm/140 μm 多模光纤、光探头和功率计、接杆和杆座等(图 6.1.5).

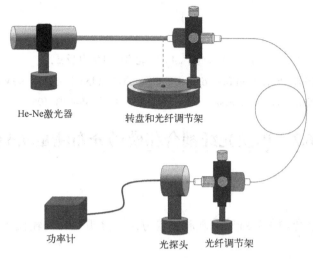

He-Ne激光器　　　转盘和光纤调节架

功率计　　　光探头　光纤调节架

图 6.1.5　实验光路图

五、实验内容

1. 制备光纤端面

用光纤剥线钳剥除裸光纤最外层的涂覆层，并清洁干净，用光纤切割刀切割光纤两头，制备出平整的光纤端面.

2. 安装积木式仪器配件，搭建实验测试系统

实验仪器配件包括 He-Ne 激光器、带刻度转盘、光纤调节架、光学底座和光探头及功率计等，调节器件高度和位置.

3. 放置光纤到实验系统中，进行数值孔径测量

注意接收激光的光纤末端要保持在转台的转动中心，这是得到光纤数值孔径的精确值最关键的一步. 同时，也要保证转台转动时，光纤末端始终在激光束的中心，确保平面波射入光纤端面. 出射端的光纤末端则要对准光探头的中心，以使从光纤输出的光束全部进入探头感光面. 选择合适的功率计挡位，读数前要挡住激光束进行调零.

测量光纤所接收的光功率随激光束入射角的变化. 为了获得最好的连续性，根据接收光功率的大小，从一侧的功率最小值连续旋转测量到另一侧的功率最小值，注意选取合适的角度间隔.

六、思考题

(1) 实验中如何保证接收激光的光纤末端始终保持在转台的转动中心？

(2) 对于芯径比较细的单模光纤的数值孔径可否用本实验的方法来测量？难点可能有哪些？

七、参考文献

刘德明, 孙军强, 鲁平, 等. 2021. 光纤光学. 4 版. 北京: 科学出版社.

New corporation. 2001. Projects in fiber optics applications handbook. Irvine: Newport corporation.

Output far field radiation pattern measurement. ANSI/EIA/TIA 455-47B: 1992.

6.2 单模光纤耦合和模场分布测量实验

一、实验目的

学习激光聚焦耦合输入光纤的原理和实验方法，分析光纤传输模式，测量单模光纤出射模场分布.

二、实验要求

(1) 学习光场传播和光纤模式传输理论.
(2) 掌握激光聚焦耦合输入光纤的原理和实验方法.
(3) 采用狭缝扫描法测量单模光纤出射模场分布.

三、实验原理

1. 光纤模式传输理论

光纤传播特性的详细描述可通过求解圆柱光纤导波的麦克斯韦方程得到，还可得到光纤中允许传播的电磁场分布，即传导模式. 当所允许传导模式数目很大时，正如在大芯径的多模光纤的情况，光的传播特性可以按照光线传播路径来描述. 光线理论对描述具有很多模式的大芯径光纤是合适的，但描述仅有少数几个模或仅有一个基模的小芯径光纤时就不能胜任了.

表征光纤波导传输特性的一个重要物理量是光纤的归一化截止频率 V，可表示为

$$V = K_f \cdot a \cdot NA \tag{6-2-1}$$

其中，$K_f = 2\pi/\lambda_0$ 是自由空间波数，λ_0 是自由空间光波长；a 是纤芯半径；NA 是光纤的数值孔径. V 可用于判断哪些导波模式可以被允许在一个波导结构中传播. 如图 6.2.1 所示，当 $V<2.405$ 时，只有最低阶的基模即 HE_{11} 模或 LP_{01} 模 (在弱导波近似时 $(\Delta \ll 1)$，波导传输方程的精确解可以用线性偏振模 LP 模来代替) 可在波导中传播，这就是单模状态. $V=2.405$ 时对应的波长，称为截止波长 (用 λ_c 标记)，因为超过这个波长，光纤只能传播一种模式 (基模)，下一个高阶模被截止. 本实验中使用的光纤纤芯直径是 4 μm，NA 为 0.11，根据式 (6-2-1)，这种光纤对 He-Ne 激光波长 633 nm 来说，$V=2.19$，符合单模传输条件.

如图 6.2.1 所示，当 $V>2.405$ 时，下一个线性偏振模 LP_{11} 可存在于光纤中，这样 LP_{01} 和 LP_{11} 模将同时在光纤中传播. 当 $V>3.832$ 时，LP_{21} 和 LP_{02} 模也可在光纤中传播. 这种少模光纤中低阶模式的传播激发和实验测量将在实验 6.3 中研究.

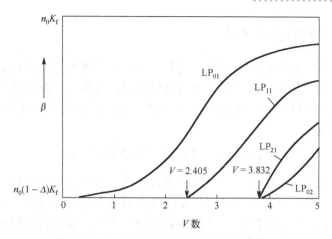

图 6.2.1　光纤中的低阶线偏振模

光纤中最低阶模即基模呈现近似高斯型的辐射分布，即随离光轴距离 r 而变化的辐射场，如图 6.2.2 所示，其形式为

$$I(r) = I(0)\exp(-2r^2/r_0^2) \qquad (6\text{-}2\text{-}2)$$

其中，$I(0)$ 是在光纤中心的辐射；r_0 是光束半径的测量值，在该半径处辐射强度是光束中心的 $1/e^2$.

当靠近截止波长时，光纤中的 HE_{11} 模或 LP_{01} 模非常接近高斯分布，如图 6.2.3 所示，是 $V=2.4$（也就是 V 略小于 2.405）基模的辐射分布曲线，图中的虚线表示实际的模场分布，实线是高斯函数，两条曲线非常相似，因此，近截止波长的精确解通常用高斯线型近似. 本实验中，我们将探索研究单模光纤模场的高斯近似.

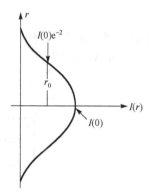

图 6.2.2　高斯光束的辐射

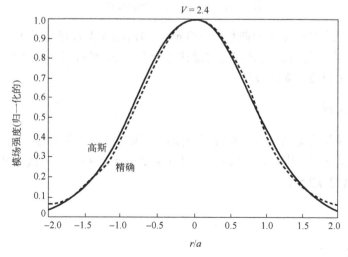

图 6.2.3　光纤基模辐射场分布

2. 激光聚焦耦合输入单模光纤

把光耦合输入到多模光纤中是相当容易的，但最大限度地把光耦合到单模光纤中却是相当困难的。除了需要让光纤与入射光束精确地准直，还需让入射电磁场分布和光纤传播的模场大小相匹配。单模光纤的模场直径 W_0 可用具有 $1/e^2$ 空间半宽度的高斯分布近似，由下面的经验公式给出：

$$W_0 = a(0.65 + 1.619V^{-1.5} + 2.879V^{-6}) \tag{6-2-3}$$

其中，a 是光纤纤芯直径。对于本实验中所用的光纤，$a=4$ μm，$V=2.19$，计算出模场直径约为 4.7 μm。在这种情况下，入射光应在光纤端面聚焦为光束直径为 4.7 μm 的焦斑。

如图 6.2.4 所示，本实验中使用 20 倍显微物镜来聚焦从激光器发射出来的光束，聚焦后激光束腰的光斑直径 d_1 可用显微物镜的焦距 $f=8.3$ mm 和在物镜后焦面激光束的直径 d 通过以下公式来确定：

$$d_1 = 4\lambda f / (\pi d) \tag{6-2-4}$$

而 d 可以由激光器输出端光束直径 d_0、激光束的发散角 θ 和激光器到物镜后焦面的距离 z，借用下面的高斯光束发散方程得到

$$d = d_0\sqrt{1 + (z\theta / d_0)^2} \tag{6-2-5}$$

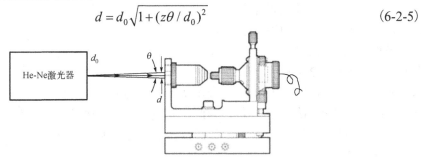

图 6.2.4 光束聚焦耦合输入光纤

实验中所使用的 He-Ne 激光波长是 633 nm，输出端光束直径 d_0 为 0.63 mm，光束发散角为 1.3 mrad。请先计算出满足 $d_1=W_0$ 的最佳耦合距离 z，然后调整光纤五维调节架和激光器之间的距离，达到最佳耦合条件。

四、实验装置及仪器

He-Ne 激光器及其支架、五维光纤调节架、三维光纤调节架、显微物镜、带刻度旋转台、光纤夹具、光纤剥线钳、光纤切割刀、4 μm/125 μm 单模光纤、接杆和杆座、光探头、功率计、刀片等(图 6.2.5)。

五、实验内容

1. 制备光纤端面

用光纤剥线钳剥除裸光纤最外层的涂覆层，并清洁干净，用光纤切割刀切割光纤两头，制备出平整的光纤端面。

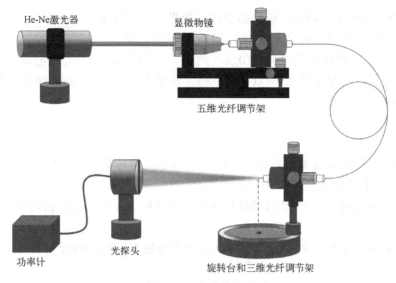

He-Ne激光器　　显微物镜

五维光纤调节架

功率计　　　光探头　　　　旋转台和三维光纤调节架

图 6.2.5　实验装置图

2. 安装积木式仪器配件,搭建激光聚焦耦合实验系统

根据实验原理第 2 部分的计算结果,搭建最优化的激光聚焦耦合系统,将切割好的光纤一端放入五维光纤调节架,光纤另一端对准功率计探头中心,仔细调节五维光纤调节架的三维对准旋钮和两个倾斜旋钮,使得激光耦合进入光纤输出的效率达到 50%以上.

3. 测量单模光纤出射模场分布

将光纤的出射端安装在刻度旋转台上,注意光纤末端要保持在转台的转动中心. 测量光纤输出的远场分布. 光纤出射的远场通常被认为是离开光纤出射端距离 $z_0 = (2a)^2 / \lambda$ 以上,对于 633 nm、芯径 4 μm 的光纤,意味着远场距离在 1 mm 之外,综合考虑光斑大小和探测器感光面积等因素,一般选取 10 cm 左右即可.

如图 6.2.6 所示,用胶带把两个刀片粘在探测器前面,刀口沿竖直方向,刀口之间间隙约为 1 mm,即做成一个缝宽为 1 mm 的狭缝.

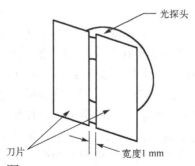

光探头

刀片　　　　　宽度1 mm

图 6.2.6　利用刀片制作狭缝探测器

为了获得最好的连续性,从光束剖面一边的最小值连续扫描,经过最大值直至相反方向的最小值的功率读数,测量光纤所接收的光功率随旋转角的变化. 注意选取合适的角度

间隔，选择合适的功率计挡位，读数前要挡住激光束进行调零.

画出光纤远场分布随角度的变化，将所得到的数据绘制成图，找到最大输出功率点，即为 $I(0)$，找到输出功率为 $I(0)\mathrm{e}^{-2}$ 的点，测量这两点之间的全宽，取全宽的一半，称它为 θ_0. 在方程(6-2-2)中以 θ 代替 r，θ_0 代替 r_0，并做高斯函数拟合，评价基模的高斯近似的有效性.

六、思考题

(1)调节激光聚焦耦合输入单模光纤时，移动激光器远离聚焦物镜，聚焦后激光束腰的光斑直径 d_1 是增大还是减小？为什么？

(2)本实验所用的光纤对于通信波段 1310 nm/1550 nm 波长是否仍是单模光纤？模场直径为多少？

(3)本实验测量了单模光纤出射模场垂直于光传输方向的横向分布，请设计实验测量出射模场的三维分布.

七、参考文献

刘德明, 孙军强, 鲁平, 等. 2021. 光纤光学. 4 版. 北京: 科学出版社.

New corporation. 2001. Projects in fiber optics applications handbook. Irvine: Newport corporation.

6.3　光纤低阶模式激发和观测实验

一、实验目的

分析少模光纤传输模式，选择激发和鉴别四个低阶传导模式，分析各个模场的横向分布.

二、实验要求

(1)学习光纤模式传输理论.

(2)选择激发和鉴别四个低阶传导模式，采用图像处理方法分析模场的横向分布.

三、实验原理

如实验 6.2 所介绍，当光纤的归一化截止频率 $V<2.405$ 时，只有最低阶的基模即 HE_{11} 模或 LP_{01} 模可在波导中传播，光纤工作在单模传输状态. 如图 6.3.1 所示，当 $V>2.405$ 时，下一个线性偏振模 LP_{11} 可存在于光纤中，这样 LP_{01} 模和 LP_{11} 模将同时在光纤中传播. 当 $V>3.832$ 时，LP_{21} 模和 LP_{02} 模也可在光纤中传播. 这些模的电磁场分布示于图 6.3.2，根据线偏振模的标记方法，LP_{mn} 中第一个字母 m 的数值代表模场旋向一周光强经历极大值的个数，n 代表模场径向极大值的个数. 如果我们有合适 V 值的光纤，这些低阶模可以通过改变适当波长并聚焦激光束投射到光纤芯上的位置和角度来选择发射，这样光纤输出个别模的场分布就可以被鉴别.

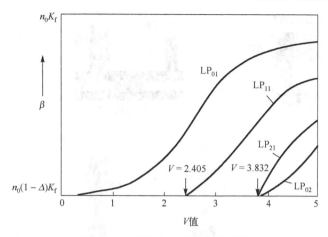

图 6.3.1　光纤中的低阶线偏振模

通信用单模光纤设计为在通信波长 1310 nm 和 1550 nm 单模传输的光纤，它的数值孔径约为 0.12，纤芯半径为 4 μm. 在 1310 nm 和 1550 nm 波长，其归一化截止频率 $V<2.405$，但是 He-Ne 激光发射的 633 nm 波长，其 $V = 4.76$，参考图 6.3.1 可以发现，该光纤可允许线性偏振模 LP_{01}、LP_{11}、LP_{21} 和 LP_{02} 传播. 在本实验中，我们将使用 He-Ne 激光在一段长度 2 m 的通信用单模光纤中选择激发不同的线性偏振模，并观察测量各个模式的分布. 实验中能观察到的比较纯净的模式分布如图 6.3.2 所示，对于一些芯径稍大的单模光纤，有可能观察到 LP_{31} 模，但是大多数时候你看到的可能是两个或多个模式以一定强度比例混合在一起的组合模.

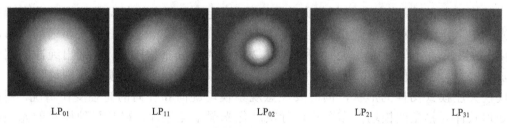

| LP_{01} | LP_{11} | LP_{02} | LP_{21} | LP_{31} |

图 6.3.2　一些低阶线性偏振模的辐射图样

四、实验装置及仪器

He-Ne 激光器及其支架、五维光纤调节架、三维光纤调节架、显微物镜、白屏、光纤夹具、光纤剥线钳、光纤切割刀、8 μm/125 μm 少模光纤、接杆和杆座、光探头和功率计、照相机、图像处理软件等（图 6.3.3）.

五、实验内容

1. 制备光纤端面

用光纤剥线钳剥除裸光纤最外层的涂覆层，并清洁干净，用光纤切割刀切割光纤两头，制备出平整的光纤端面.

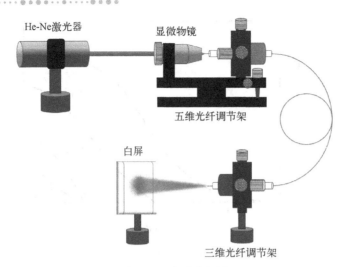

五维光纤调节架

白屏

三维光纤调节架

图 6.3.3　实验装置图

2. 安装积木式仪器配件，搭建激光聚焦耦合实验系统

搭建最优化的激光聚焦耦合系统，将切割好的光纤一端放入五维光纤调节架，光纤另一端对准功率计探头中心，仔细调节五维光纤调节架，使得激光耦合进入光纤输出的效率达到 80%以上.

3. 选择激发四种传导模式并拍摄测量模场分布

调节五维光纤调节架中光纤横向位置的 *x-y* 旋钮和两个倾斜调整旋钮，改变耦合到光纤中聚焦激光束的位置和角度，注意观察这如何引起光纤输出模式和远场分布的变化. 拍摄模场分布图片，把它们和图 6.3.2 中的模式分布相比较，鉴别出纯净的四种低阶 LP_{mn} 模的图样和两个或更多个 LP_{mn} 模组合模的图样. 注意模式鉴别过程中，不要仅仅关注模式图样的形状，同时要注意观察模场旋向和径向的光强变化情况. 用图像处理软件对拍摄的模场分布图片进行灰度化光强量化处理，得到每种模式的光强剖面分布曲线.

六、思考题

(1)请尝试对 LP_{01}、LP_{11}、LP_{21} 和 LP_{02} 四种低阶线性偏振模式按不同权重混合叠加进行理论仿真模拟，并和实验中观察到的混合模进行对比分析.

(2)除了借助五维光纤调节架对光纤模式激发条件进行调整来改变光纤传输模式外，你还能想到其他方法调整和控制光纤输出模式吗？

七、参考文献

刘德明, 孙军强,鲁平, 等. 2021. 光纤光学. 北京: 科学出版社.

New corporation. 2001. Projects in fiber optics applications handbook. Irvine: Newport corporation.

6.4 半导体光源耦合实验

一、实验目的

将半导体光源如激光二极管(LD)和发光二极管(LED)发出的光耦合到光纤中,并算出耦合损耗.

二、实验要求

(1)了解不同类型光源的辐射特性.
(2)掌握半导体光源与光纤的耦合方法.

三、实验原理

1. 半导体光源类型

光纤光学系统中主要使用两种类型的半导体光源,即 LD 和 LED. 任何光源可以用从它表面所发射的所有可能方向光线的光功率分布来说明其发光特征. 根据光源在整个空间的辐射分布,可以分为朗伯体光源和准直光源. 朗伯体光源是指其面单元在所有方向上发射光,如面发射 LED 接近于朗伯体光源. 仅在围绕着垂直于其表面的法线非常窄的角范围内发射光的光源是准直光源. 如 He-Ne 激光输出就近似于准直光束.

一般来说,光源亮度的角分布可表示为下式:

$$B(\theta) = B_0(\cos\theta)^m, \quad \theta < \theta_{\max} \tag{6-4-1}$$

其中,$\theta_{\max}$ 是发射光线与发射面法线的最大夹角,由光源的几何形状确定. 对于朗伯体光源,$m=1$,对于准直光源,m 是一个大数. 介于两者之间的可称为部分准直光源. LD 的发射面尺寸很小,其光束的远场发散角在 pn 结的水平面内约为 15°,在 pn 结的垂直面内约为 30°. 图 6.4.1 表示两个光源(一个 $m=1$,典型的 LED;另一个 $m=20$,典型的 LD)在极坐标下的输出辐射特性.

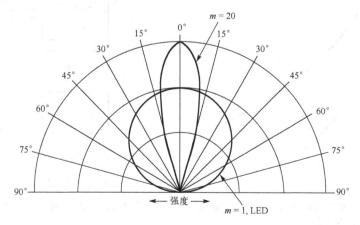

图 6.4.1 光源在极坐标下的输出辐射特性

2. 耦合效率

可以耦合到光纤中的光能量依赖于光纤的数值孔径 NA. 光纤仅接收被光纤的 NA 和芯径限定的锥内所包括的光线，光源角发射锥大于光纤 NA 接收锥时会发生耦合损耗.

在某些情况下，光纤需对接耦合到光源上. 对接耦合定义为让平整的光纤端面直接对准光源进行耦合，不借助任何透镜系统. 当光源封装在玻璃窗内时，就不能实现对接耦合. 当光纤直接对接耦合到光源上时，光纤接收的功率 P_f 与光源发射的功率 P_s 之比可表示为

$$\frac{P_f}{P_s} = 0.5(m+1) \cdot \frac{\alpha}{\alpha+2} \cdot NA^2 \tag{6-4-2}$$

其中 α 是光纤的折射率分布指数，对于渐变光纤，$\alpha=2$，对于阶跃光纤，$\alpha=\infty$. 两种光纤的耦合效率都和数值孔径的平方成正比，并随光源的方向性增加而增加. 用 dB 表示的耦合损耗是 $-10\lg\frac{P_f}{P_s}$. 图 6.4.2 表明对不同 m 值光源，耦合损耗随光纤 NA 的变化. 为达到最佳耦合效率，需使光源光束直径和 NA 的乘积与光纤芯径和 NA 的乘积相匹配.

3. 渐变折射率棒状透镜

本实验使用渐变折射率(GRIN)棒状透镜来进行光源与光纤的耦合. GRIN 棒状透镜是直径 1.0～3.0 mm 的玻璃棒，径向折射率可表示为

$$n(r) = n_0(1 - Ar^2/2) \tag{6-4-3}$$

式中，n_0 是在该透镜轴上的折射率；A 称为二次梯度常数. 可以看出，GRIN 棒状透镜的轴上折射率最大.

GRIN 棒状透镜的长度通常是 0.25 节距，在这个距离上光束精确地走过四分之一正旋周期，在透镜一端准直入射的光束将聚焦在透镜另一端的焦点上，相反地，在此透镜表面上，任一点光源都将在远端变为准直光束，如图 6.4.3(a)所示. 另一个广泛使用的是 0.29

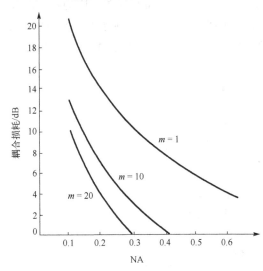

图 6.4.2 不同 m 值光源的耦合损耗随光纤数值孔径 NA 的变化

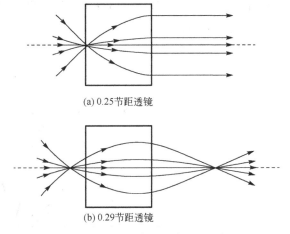

(a) 0.25 节距透镜

(b) 0.29 节距透镜

图 6.4.3 GRIN 棒状透镜通光示意图

节距透镜，这种透镜用于激光二极管与光纤或光纤与探测器的耦合. 因为 0.29 节距透镜的长度稍大于 0.25 节距，从点光源来的光将转变为聚焦光束，而不是准直光束，如图 6.4.3 (b) 所示. 本实验中所用的 0.29 节距透镜 $n_0 = 1.599$，$A^{1/2} = 0.332$ mm^{-1}.

四、实验装置及仪器

半导体光源耦合实验装置如图 6.4.4 所示，所需实验仪器为 LD 及 LED 驱动电源、LD 及 LED 光源、光功率计及探头、光纤剥线钳、光纤切割刀、移动平台、光纤固定器、GRIN 棒状透镜、偏振片、红外感光卡等.

图 6.4.4　半导体光源耦合实验装置图

五、实验内容

1. LD 的耦合

将 LD 组件安装到光学支架上，并连上驱动电源.

将功率计探头直接放在激光器窗口前方，将 LD 电流缓慢增加到其工作电流，记录其输出光功率随二极管电流的变化，并画图. 记录 LD 阈值电流. 当达到最佳工作电流 I_{op} 时，记录测得的功率.

用红外感光卡观察激光输出，在与二极管结宽度平行和垂直的方向测量光束宽度，并结合红外感光卡到 LD 的距离来计算光束的发散度. 本实验中 LD 厂商给出的发散度是 15°×30°. 用已知偏振方向的偏振片确定激光输出的偏振面.

将 0.29 节距的 GRIN 棒状透镜放于光纤耦合器的 V 形槽中. 将一端切平的光纤裸纤插入光纤耦合器的光纤固定器中，通过 GRIN 棒状透镜将 LD 发出的激光耦合输出到光纤中. 将光纤另一端切平，并用光纤固定器固定，用功率计探头测量输出的光功率. 调整耦合端光纤与 GRIN 棒状透镜的距离及位置，确定最佳耦合条件，并算出耦合损耗.

2. LED 的耦合

将 LED 组件安装到光学支架上，并连上驱动电源.

把 LED 接到驱动器上. 增大电流到最佳工作电流 100 mA 时记录 LED 的输出功率.

降低 LED 电流到零. 电流从零缓慢增加到 110 mA（超过最佳电流 10%），记录 LED 输出功率随电流的变化，并画图.

用红外感光卡观察 LED 的输出辐射特性. 因 LED 芯片封装有微透镜，其输出的准直度会比图 6.4.1 中的表示要好，然而与 LD 输出相比仍有明显差别.

用偏振片测量 LED 输出光的偏振状态.

用前面讲到的"LD 的耦合方法"进行 LED 与光纤的耦合，调整光纤与 GRIN 棒状透镜的相对位置，确定最佳耦合条件，并算出耦合损耗.

3. 实验注意事项

本实验使用的 LED 和 LD 是红外器件，发光不可见但同样能损伤人眼. 务必清楚地知道光束路线，避免光束进入眼睛.

半导体红外光源是高灵敏的器件，容易因为过载或人体静电而烧毁，需注意限制电流大小，并在操作时佩戴接地腕带.

六、思考题

(1)LD 和 LED 有何根本差异？
(2)如何提高半导体光源与光纤的耦合效率？

七、参考文献

蔡志岗, 雷宏香, 王嘉辉, 等. 2004. 光学与光电子学专门化实验. 广州: 中山大学出版社.

姚建铨, 于意仲. 2006. 光电子技术. 北京: 高等教育出版社.

Newport corporation. 2001. Projects in fiber optics applications handbook. Irvine: Newport corporation.

6.5　双波 WDM 器件实验

一、实验目的

学习掌握波分复用器和解复用器的工作原理、实现方法及其主要技术参数的测量方法.

二、实验要求

(1)学习干涉镀膜型分波器和合波器的原理和制作方法.
(2)测量波分复用器的插入损耗和隔离度.

三、实验原理

实验 6.4 中我们学习了如何利用 0.29 节距自聚焦透镜将半导体光源(LD 和 LED)发出的光聚焦后耦合输入光纤. 本次实验将要学习制作基于 0.25 节距自聚焦透镜组合安装的波分复用器和解复用器，搭建双波 WDM 系统，并测量其插入损耗和隔离度. 在这两个实验的基础上，实验 6.6 将加入音频调制和光电转换解调装置，实现双波复用的音频传输系统.

一个 WDM 分波器或合波器的主体包含两个 0.25 节距自聚焦透镜，如图 6.5.1 所示，左侧的透镜(FK-GR25 F)的右侧端面镀有干涉滤光膜，可以透射 LD 发射的 780 nm 波长，并反射 LED 发射的 830 nm 波长,透镜另一侧端面镀有增透膜. 另一个透镜(FK-GR25 P)则是一端镀增透膜,另一端未镀膜.

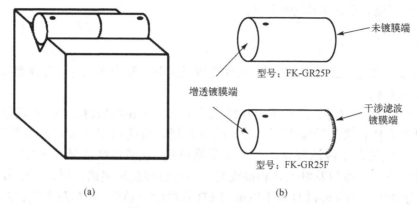

图 6.5.1　WDM 元件组装示意图

如图 6.5.2(a)所示是 WDM 合波系统结构和光路图,λ_1=830 nm LED 光波入射自聚焦透镜后被干涉滤光膜反射然后聚焦耦合入传输光纤,λ_2=780 nm LD 光波透射后被聚焦耦合入传输光纤,这样就实现了两波长的合波. 光信号经过长距离传输后在接收端进行分波检测,如图 6.5.2(b)所示,根据光路可逆原理,830 nm LED 光波被干涉滤光膜反射后聚焦耦合入接收光纤,780 nm LD 光波透射后被聚焦耦合入另一条接收光纤,实现两波长的分波和检测.

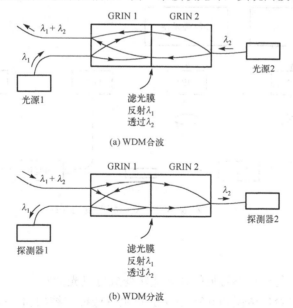

图 6.5.2　WDM 合波和分波光路图

WDM 系统插入损耗和隔离度的测试方法同实验 5.1,这里不再赘述.

四、实验装置及仪器

780 nm LD 及其驱动电源、830 nm LED 及其驱动电源、红外显示卡、光纤耦合调节架、

0.29 节距自聚焦透镜、0.25 节距自聚焦透镜(带滤波镀膜 FK-GR25F 和不带滤波镀膜 FK-GR25P)、自聚焦透镜架、光纤夹具、光纤剥线钳、光纤切割刀、100 μm/140 μm 多模光纤、接杆和杆座、光探头和功率计等.

五、实验内容

(1)在实验 6.4 基础上调节 LD 和 LED 光源最大效率耦合入光纤,分别测量两个波长从光纤输出的功率.

(2)组装 WDM 合波器,注意区分 0.25 节距自聚焦透镜的增透膜和干涉滤波膜面,方法是:用镊子夹住自聚焦透镜中间部分,略微倾斜,将两侧端面来回地向着室内光线,反射最亮的一侧带有干涉滤波膜,另一侧是增透膜. 注意仔细微调图 6.5.2(a)中左侧上下两根光纤的位置,微调发射光纤和接收光纤相对自聚焦透镜的位置,实现最大效率的功率耦合. 分别测量 780 nm LD 和 830 nm LED 合波输出功率,计算两个波长的合波插入损耗.

(3)用类似的方法来组装 WDM 分波器,如图 6.5.2(b)所示,分波后测量主通道输出功率,计算分波插入损耗;测量隔离通道输出功率,计算分波隔离度.

(4)将组装好的合波器和分波器连接起来,就构成了一个双波的波分复用实验系统,可以传输两波长的红外线信号,如图 6.5.3 所示. 实验 6.6 我们将要加载音频信号进行传输,并评估和优化传输系统的性能.

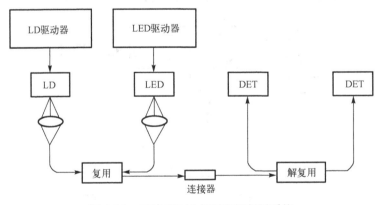

图 6.5.3　双波 WDM 复用和解复用系统

六、思考题

(1)红外显示卡是怎样将不可见的红外线转变成可见光的?

(2)0.29 节距的自聚焦透镜和 0.25 节距的自聚焦透镜在结构和功能上有什么不同?

七、参考文献

刘德明, 孙军强, 鲁平, 等. 2021. 光纤光学. 4 版. 北京: 科学出版社.

Exfo electro optical engineering. 2000. Guide to WDM technology testing: a unique reference for the fiber-optic iIndustry. 2nd ed. [S.l.]: [s.n.].

Kartapopoulos S V. 2000. Introduction to DWDM technology. New York: IEEE Press.

New corporation. 2001. Projects in fiber optics applications handbook. Irvine: Newport corporation.

6.6　双波 WDM 音频传输实验系统

一、实验目的

学习搭建 WDM 音频传输实验系统，分析影响传输效果的各种因素.

二、实验要求

(1) 设计搭建 WDM 双波复用音频传输系统，并优化各种实验条件，实现高质量音频传输.

(2) 设计搭建双工音频传输系统，并优化各种实验条件，实现高质量音频传输.

三、实验原理

实验 6.5 中我们搭建了一个双波的波分复用实验系统，这个系统可以用来复用和传输两波长的红外线信号，本实验我们将两个音频信号加载到两路光波并波分复用到单根光纤中，经过一段距离的传输，在接收端进行解复用和音频输出.

如图 6.6.1 所示，两个不同的音频信号分别加载到两个二极管的驱动器上以实现对光源的内调制，光信号耦合进入光纤后经过波分复用和一段距离的传输，在链路接收端，解复用器将会把两个光信号分开并把它们传送入各自的光电探测器，两个探测器的输出信号驱动扬声器，这样就能听到音频信号在光纤通信链路中传输的效果，从而判断声音是否失真，也可能听到串扰，由此得到对重要的通信链路参数定性的了解. 整个通信链路中的发送、传输和接收三个环节有很多需要调节和优化的参数，也可以人为加入一些干扰和噪声，研究其对传输系统的影响. 实验中主要需要测量和优化的参数有如下几个.

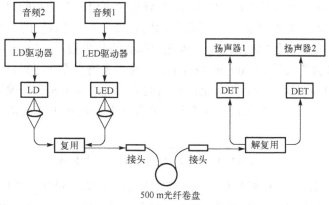

图 6.6.1　双波复用音频传输系统

1. 系统总损耗

评估光纤通信系统性能特征通常需要考虑以下几个因素：光源特性、固有的光纤传输损耗，耦合和连接损耗、接收器的灵敏度. 光源特性包括总输出功率、输出波长、光纤数值孔径以及光源与光纤的面积失配程度等. 光纤损耗是在特定波长传输时的衰减系数乘以光纤链路长度. 在每根光纤的连接处，不管是连接器还是固定接头都存在一定的损耗. 链路中总的损耗应该是所有这些损耗之和再加上光电探测器量子效率所引起的损耗. 针对本实验系统，上面所有功率损耗估算示于表 6.6.1 中，对于 LD 和 LED 系统，总损耗估算分别为 9.8 dB 和 24.8 dB.

表 6.6.1 功率损耗估算

光源类型	LD	LED
光源输出功率	0.0 dBm	7.0 dBm
光源-光纤连接损耗	4.0 dB	18.0 dB
WDM 合波滤波器损耗	0.5 dB	1.5 dB
WDM 合波器-光纤连接损耗	0.5 dB	0.5 dB
光纤传输(0.5 km)损耗	1.8 dB	1.8 dB
光纤-WDM 分波器连接损耗	0.5 dB	0.5 dB
WDM 分波滤波器损耗	0.5 dB	0.5 dB
光纤-探测器(η)损耗	2.0 dB	2.0 dB
总损耗	9.8 dB	24.8 dB

2. 系统带宽

当链路中传输的光的调制速率较低时，探测器可真实再现原信号，当光调制以高速率变化时，探测器可能无法跟踪这个变化，这个频率响应的限制可能是由于电路的限制或半导体器件本征电子-空穴复合时间的限制. 探测器的带宽是它能响应的调制速率的衡量标准. 探测器的带宽和等效上升时间有关，这个时间是当光脉冲入射其上时，探测器从零电流上升到最大电流所需的时间，在本实验中探测器的上升时间小于 1 ns.

除了探测器的带宽，我们还需要考虑光纤的等效上升时间和带宽，其影响因素主要有两个：光纤的模式色散和材料色散. 模式色散由光纤的带宽和长度乘积确定，对于本次实验所用光纤而言，这个乘积是 300 MHz·km，光纤带宽可用这个乘积除以光纤长度得到. 光纤的等效上升时间近似为 0.35 除以光纤带宽，因此，1 km 光纤对应的上升时间约为 1.2 ns. 光纤中的材料色散导致波长相关的延迟，因此也称为波长色散. 在 750~900 nm 传输窗口，光纤波长色散的典型值大约为 100 ps/(km·nm)，对于光谱宽度为 50 nm 的 LED，产生约 5 ns/km 的延迟. 对激光源来说，除非是超高速通信系统，这个延迟一般可以近似为零.

考虑以上三个因素，一个级联链路系统的累积上升时间由下式决定，当用 LED 光源时，我们有

$$1.1 \times \sqrt{(1\,\text{ns})^2 + (1.2\,\text{ns})^2 + (5\,\text{ns})^2} = 5.8\,\text{ns}$$

对于 LD 光源的情形，材料色散导致的延迟近似为零，计算得到其上升时间约为 1.7 ns. 通信系统总的 3 dB 带宽可用 0.35 除以系统总的上升时间来得到，对 LED 光源，其结果约为 61 MHz，LD 光源的则为 206 MHz. 从这点上很容易明白为什么激光源可以用于高速数据通信. 在本实验的模拟信号通信链路中，LD 和 LED 光源以音频驱动，最大频率仅为几十千赫兹量级，信号所需的带宽比我们上面估算的系统带宽低几个数量级，系统的带宽非常充足.

3. 信噪比或误码率

信噪比(SNR)是衡量模拟通信系统可靠性的指标. 本实验中的信号是直接光源强度调制的模拟信号, 对模拟信号来说, 典型的信噪比要求为 50～70 dB. SNR 可以通过比较信息信号接收的功率与探测器和放大器中所产生的噪声功率来确定. 对给定的探测器噪声电平,存在一个接收功率值使得 SNR=1,该功率被定义为噪声等效功率(NEP), 这是衡量探测器性能特征的重要指标. 因为探测器噪声与系统带宽成正比, NEP 通常用 $W/Hz^{1/2}$ 来表示. 用在 0.8 μm 通信波段中的典型的硅 pin 探测器对 10 MHz 带宽系统的 NEP 为 10^{-13} $W/Hz^{1/2}$ 量级. 本实验并不需要如此低 NEP 值的探测器, 因为要传输的信号为音频, 所需的带宽仅是几千赫兹. 衡量数字通信系统可靠性的指标是误码率, 表示误码率的常用方法是误码数与传输脉冲数的平均比, 即比特误码率(BER), 现代数字系统 BER 小于 10^{-9}.

建立通信链路的另外一个选择是交换其中一个光源和它的探测器的位置, 建立全双工工作的两通道通信系统, 如图 6.6.2 所示, 系统性能分析方法同上, 此处不再赘述.

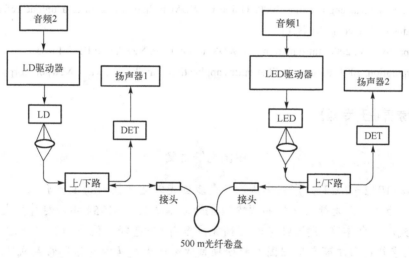

图 6.6.2　全双工音频传输系统

四、实验装置及仪器

780 nm 激光二极管及其驱动电源、830 nm 发光二极管及其驱动电源、音频发生器、扬声器、光纤耦合调节架、0.29 节距自聚焦透镜、0.25 节距自聚焦透镜(带滤波镀膜 FK-GR25F 和不带滤波镀膜 FK-GR25P)、自聚焦透镜架、光纤夹具、光纤剥线钳、光纤切割刀、100 μm/140 μm 多模光纤、接杆和杆座、光探头和功率计等.

五、实验内容

(1)先断开实验 6.5 所做的复用器和解复用器之间的接头, 将 500 m 长的多模光纤圈接到波分复用器的输出端和解复用器的输入端之间, 分别测量两个波长输出功率, 计算系统总的传输损耗, 并和表 6.6.1 对比分析.

(2)将两个音频信号加载到二极管的驱动器上，调制光波发送信号；在接收端将探测器输出信号接到扬声器，外放发出声音. 每次打开一个电源，听每个扬声器发出的声音，调节驱动器的电流，保证声音不会发生畸变. 两个电源一起打开，分别听每个扬声器的声音，判断是否有信号串扰导致的噪声和畸变. 给传输光纤和链路系统施加不同形式不同程度的噪声和扰动，评估其对传输质量的影响.

(3)(选做)按照图6.6.2搭建全双工音频传输系统，并按照前面两个步骤的要求做传输损耗测量和音频信号传输分析.

六、思考题

(1)本实验中影响系统传输总损耗的因素有哪些？相应地有哪些优化方法？

(2)怎样在实验传输系统中加入一些干扰和噪声，研究其对传输质量的影响？

七、参考文献

刘德明, 孙军强, 鲁平, 等. 2021. 光纤光学. 4版. 北京: 科学出版社.

Exfo electro optical engineering. 2000. Guide to WDM technology testing: a unique reference for the fiber-optic iIndustry. 2nd ed. [S.l.]: [s.n.].

Kartapopoulos S V. 2000. Introduction to DWDM technology. New York: IEEE Press.

New corporation. 2001. Projects in fiber optics applications handbook. Irvine: Newport corporation.

【科学素养提升专题】

中国光纤之父

赵梓森(1932~2022)，广东中山人，是我国光纤通信技术的主要奠基人和公认的开拓者，被誉为"中国光纤之父"和"中国光纤通信之父". 1954年，赵梓森大学毕业后被分配到武汉邮电学院(武汉邮电科学研究院前身)当老师，他一边工作一边钻研技术. 1969年，北京邮电科学研究院把国家科研项目"激光大气传输通信"移到武汉邮电学院. 1971年，该项目由赵梓森牵头负责，他"土法上马"，利用太阳光，实现了10 km的大气传输光通信. 1974年8月，赵梓森提出石英光纤通信技术方案并申报国家科研项目，经过与中国科学院福建物质结构研究所的多组分玻璃光纤方案的"背靠背"辩论之后终获立项(普通项目). 经过近三年的努力，我国第一根实用型、阶跃型、短波长石英光纤终于在武汉邮电学院诞生了. 1976年，在邮电部(1998年已撤销)组织"邮电工业学大庆"展览会上，武汉邮电学院的展品有光纤通信产品，用的是赵梓森研制的16 m光纤和PSM脉冲调相系统(PSM是临时方案，准备一旦有PCM芯片就改为PCM系统)，光源是中国科学院上海光学精密机械研究所研制的激光器，传输了一路黑白电视信号(当时中国只有黑白电视)，此项目随后成了国家重点项目. 1981年9月，邮电部和国家科学技术委员会(现科技部)确定在武汉建立一条光缆通信实用化系统，即"八二工程"，意在通过实际使用，完成商用试验以定型推广. 按照设计方案，这是一个市内电话局间的中继工程，跨越长江、汉江，贯穿武汉三镇，连接武汉四个市话分局. 1982 年 12 月 31 日，中国光纤通信的第一个实用化系统——"八二工程"按期全线开通，正式并入市话网，标志着中国进入光纤数字化通信时代.

光纤通信
发展潜力无限

赵梓森 二〇一二年五月三日

光纤小传